AULOS
LA OTRA LUZ
EL HAZ EN FUGA

Domingo Gomez Morín

*Dedicado a Nanci Leal y mi hijo Santiago, a quienes agradezco infinitamente su apoyo para poder terminar este trabajo.
Gracias a Nanci por el diseño de la portada por todo su significado.*

Derechos de autor © 2020 Domingo Gomez Morin

Todos los derechos reservados

Autor: Domingo Gomez Morin
c. Copyright. Todos los derechos reservados. 2020
Ninguna parte de esta publicación puede ser transmitida, ni reproducida, ni almacenada en ningún sistema o hardware, bajo ningún concepto y de ninguna manera: mecánica, electrónica, grabación, escaneo, fotocopia, o de cualquier otra forma, sin el previo permiso del autor Domingo Gomez Morin.

Los personajes y eventos que se presentan en este libro son ficticios. Cualquier similitud con personas reales, vivas o muertas, es una coincidencia y no algo intencionado por parte del autor.

ISBN-13 : 979-8697552018
ASIN : B08L4GMRF1

INTRODUCCIÓN

Quien haya simplemente levantado su vista al cielo y haya soñado poder alcanzar un paraje solitario y desconocido en la cima de alguna montaña que se eleva distante en el horizonte. Quien haya admirado el inmenso poder del mar. Quien haya percibido el olor a tierra mojada por la lluvia. Quien se haya quedado absorto escuchando el crujir de los chopos de agua de lluvia caer en la acera de la calle, y aquella hoja que flotando hace su camino por los senderos que le traza el agua. Quien haya afinado la cuerda de una guitarra. Quien haya caminado de la mano con ese vapor del calor tremulante y refractante sobre la arena de médanos. Quien haya dejado escurrir esa arena entre sus manos. Quien haya tratado de percibir el aroma de la flor del cactus y le saludaran con árido y puntiagudo amor sus espinas. Quien haya lanzado una piedra a un estanque de agua mientras desde su asiento en el salón de clases escuchaba lecciones de moral y cívica en una casa de bahareque que ayer estaba, pero al día siguiente no, en la aridez y el calor de aquel distante pueblo nuevo. Quien de niño haya alborotado un panal de abejas, jugado o experimentado con un puntero laser, con un anemómetro, o calentado un imán, o improvisado un barómetro fundiendo tubos de vidrio la cocina de la casa experimentando con el azogue y el clima. Quien haya conducido un vehículo por más de doce horas atravesando la noche hasta el amanecer cuando despunta aquella hermosa vista de la sabana, con esa música relajante en la radio y esa tan lejana tormenta que baña con una gris y hermosa cabellera aquellos campos. Quien haya sentido el olor de la espuma del mar sobre la arena, el ardor de la aguamala, o el dolor y parálisis que provoca el aguijonazo de un pequeño pez raya. Quien se haya cubierto en una hamaca para protegerse de esa nube de insectos que huye desde la tormenta hacia la quietud de los hogares de los habitantes de aquel pequeño y alejado pueblo nuevo. Quien haya montado caballo al pelo en alguna madrugada en la pampa argentina, o jugado un partido de futbol con los amigos en un potrero. Quien haya estrellado su raqueta contra ese pequeño sol aterciopelado sobre una cancha de arcilla. Quien haya visto en peligro su vida. Quien haya plantado un árbol, quien haya sentido amor. Quién nunca toma como palabra sagrada lo que le cuentan los libros. Quién haya realizado o sentido, por lo menos alguna de esas sencillas cosas, no necesitará nada más para entender plenamente todo el contenido de este libro.

TRAS LA HUELLA DE LO RELATIVO

Ya atardeciendo en pleno día de intenso trabajo, luego de aquella increíble revelación que nos dejó perplejos a mí y a mi entrañable amigo y compañero de labor Nasanti, decidimos tomar un descanso para reflexionar y discutir acerca de las acciones a seguir frente a todo lo que nos esperaba en adelante.

Nasanti siempre fue muy reservado, tranquilo, meticuloso y no muy dado a la tertulia, yo por el contrario siempre sentí la necesidad de discutir acerca de todas las actividades que realizaba durante el día, y es que siempre me ha parecido que el verme obligado a explicar una idea ayuda a visualizar caminos distintos. Por supuesto qué en los intercambios de ideas, siempre se recibirán críticas, pero por muy ácidas que pudieran ser, siempre las he tratado de utilizar como combustible para avanzar más rápido y mejor.

Recién dejamos las instalaciones especiales en la cual realizamos nuestros experimentos muy cerca del hogar de Nasanti, para hacer un receso en la biblioteca de su enorme casa; él sentado en aquella vieja silla frente a su gran escritorio de caoba oscura labrada, y yo en una cómoda poltrona desde la que atinaba a ver algunos de los muchos libros de antiguos eruditos en matemáticas, física, óptica y astronomía, entre otros temas. Algunos autores más o menos renombrados y seguramente desconocidos por el común de la gente como Charles de Comberousse, Paul Appell, Ferdinand Hoeffer, René Baire, Léonard Euler, Carl Friedrich Gauss, Joseph Serret, W. Rousse Ball, Adrien Legendre, M. J. Jamin, Edmond Lucas, Edouard Lucas, M. F. Bünnow, todos muy antiguos textos que reposaban en estantes de vitrinas que no habían sido abiertas desde hace largo tiempo; desde que la red de internet las clausuró definitivamente. Y en medio de mi fervor por hojearlos, aunque fuese un instante, al mismo tiempo sentía esa voz desde mi interior que me suplicaba no hacerlo por el temor a que sus hojas se deshicieran entre mis manos de tan antiguos que son.

Entre tantos diviso uno que llama mi atención porque viene justo al tema que discutíamos recién, el autor: René de Cléré del año 1899; y cuyo extraño título:

"Nécessité Mathématique de L´existence de Dieu"

resulta ahora demasiado atractivo y sugerente como para pasarlo por alto; pero por lo pronto me conformo solo con disfrutar lo intrigante de ese título. Permanezco en mi sillón, y solamente el agradable aroma de aquel café recién preparado mitiga la alergia que me produce todo este ambiente repleto de papeles antiguos. Y todos esos títulos, menciones honoríficas y reconocimientos que apenas se asoman arrumbados detrás de esas antiguas vitrinas, como si no valieran nada para él, son la evidencia fehaciente que Nasanti valora mucho más su trabajo que cualquier reconocimiento que le hubieren otorgado; y eso era realmente digno de mi estima y respeto. Degustando ese café y comentando brevemente el título de ese misterioso ejemplar, damos ahora rienda suelta a la tormenta de ideas que se agolpan en nuestras mentes en este momento; y así sin pausa ni apuro inicio la tertulia dibujando unos esquemas en una pizarra colgada en la pared. Nasanti por favor considera esto, en el espacio originario, la infinitud del espacio y el vacío eran los únicos elementos con que contaba Dios para crear, solo él podía entender y lidiar con sus nexos, que por necesidad dieron origen a su existencia; y es que Dios existió porque era una necesidad, porque Él era en sí mismo la unión racional entre el Cero y el Infinito:

$$\infty \qquad 0$$
$$1/0 \qquad 0/1$$

El infinito y el cero, como extremos contrapuestos en forma y función, y al mismo tiempo en necesidad absoluta de conexión mutua, de cuyos inteligibles e infinitos nexos surgiría todo el conocimiento para crear, para destruir, para desarrollar, para dar vida o quitarla.

Los extremos de la Cantidad, cuya unión origina la Unidad:

$$(1+0)/(0+1) = 1/1$$

y como consecuencia todas las diversas manifestaciones de sus variados nexos y formas:

$$1/0, 2/0, 3/0, 4/0, \ldots$$
$$0/1, 0/2, 0/3, 0/4, \ldots$$

y así esa unión da origen al Número, el cual representa mucho más que un valor decimal como lo apreciamos los humanos hoy en día, el Número al igual que una flor tiene aroma, forma, color, y los caracteriza su naturaleza que es la necesidad de unión.

Pero antes que apareciera Dios esos nexos no existían, solo existían La Nada y el Infinito en contraposición total, en permanente conflicto; explosión sin principio ni fin. Lo que el Infinito construía la Nada lo desaparecía; y lo que la Nada desaparecía el Infinito lo construía, todo era tinieblas, todo oscuridad absoluta.

Entre esos extremos, en medio de esa oscuridad, solo existía la Necesidad de un nexo, de alguna comunicación. Y esa Necesidad era tan fuerte que finalmente dio origen a Dios, porque Dios es nexo, es unión; y solo a él le resultaba fácil manejar todas las formas y expresiones de los consecuentes nexos entre aquellos extremos; como el ave que juega con el aire; como el niño que siente la exaltación y felicidad de estar vivo.

Y así se dio origen al tiempo de creación de Dios: tiempo que cual mágico y eterno péndulo oscilaba ahora en medio de la serenidad entre el infinito y la Nada marcando el ritmo de las armonías del universo como música celestial. Ese compás, ese tiempo, le permitía ahora percibir los celestiales y consonantes acordes musicales que producían sus creaciones inimaginables;

ondulante océano de éter listo a ser explorado. Eran creaciones que no podrían ser comparadas con el mundo que conocemos los humanos, ni nada que pudiésemos imaginar.

Y a todo esto Nasanti replica exaltado:

¡Pero Simeón!, todo aquel que te escuche te responderá inmediatamente qué si no podemos ni tan siquiera imaginar ese universo originario, entonces:

¿Cómo podemos afirmar cómo surgió nuestro mundo?

Eso es correcto Nasanti, pero lo que tenemos ahora frente a nosotros nos autoriza a informar al mundo lo que realmente fue su origen, aunque no lo puedan comprender ni quieran aceptarlo; ahora sabemos que no les quedará otro camino, pero tienes razón, quizás podamos hacer una introducción menos traumática, la verdad siempre es dura; luego de cenar nos ocuparemos de los detalles ¿te parece? Por ahora permíteme continuar explorando lo que fue esa gran aventura de Dios, la cual finalmente lo condujo a esta desventura de nuestro mundo, y de la cual solo la nueva luz podrá mostrarnos el camino a seguir. Quizás podamos hilvanar toda la historia de su aventura cósmica, revisando en detalle el dramático resultado de sus ensayos con esos nexos.

Nasanti, seguramente Dios existía en pleno de disfrute con sus creaciones, sus pruebas, los mundos, los universos, sus expansiones y contracciones, el tiempo y el pensamiento, productos de esos nexos tejidos por él entre el infinito y la nada, como un manto de seda divina que arropaba infinidad de universos.

Y que más podía pedir él siendo Dios en plena juventud eterna: ! Si tenía hasta el poder de crear entidades iguales él mismo! porque su existencia lo era todo, podía inclusive crear otros dioses; y no había paradoja en ello, ni contradicción, ni eso podía conllevar a su final, todo lo contrario, todo era siempre un inicio. El origen divino, el origen de Dios residía exclusivamente en la existencia del Infinito, la Nada, y la necesidad de nexo.

Y así era en ese entonces, todos esos nexos con los que lograba sus creaciones, constituían el Conocimiento Puro Divino; y ese conocimiento solo tenía dos anclas como diría cualquier navegante, dos restricciones de frontera como diría un experto en elasticidad de cuerpos sólidos: el Infinito y el Cero, entrelazados por una estructura de nexos creados por Dios como producto de una necesidad. Esa Necesidad era entonces el origen del conocimiento puro:

> La Necesidad era entonces Dios mismo.

Eso es un pensamiento hermoso Simeón exclama Nasanti, y no sería una anomia afirmar entonces que la Creación no era obra de Dios, sino que la Necesidad de un vínculo lo creó todo, incluyendo a Dios.

A ver cómo te parece Simeón, veámoslo así:

El infinito: la abundancia, la creación, la construcción, el desarrollo, el inicio.

Por otro lado:

La Nada: la destrucción, la eliminación, el final.

El Bien y el Mal podría alguien aventurarse a afirmar; pero no somos maniqueístas, gnósticos, ni mazdeos, se trata más bien de la antítesis de la Cantidad que es el origen de todo. En muchas ocasiones eliminar o destruir algo puede ser bueno para alguien o para algo, por lo tanto, es una visión muy limitada el restringir el origen de la creación solo al dualismo: Bien y Mal. Dios es construcción y destrucción, amor y odio, felicidad y desdicha; porque todos se necesitan entre sí. Ese nexo necesario entre todos ellos se constituye en Dios mismo. No hay dualismo, solo existe una Antítesis y una Necesidad.

Estoy de acuerdo con tu apreciación Nasanti; y Dios era Dios, él debía deleitarse en su obra y aprender de ella; producir cada día más conocimiento a partir de esos nexos que manejaba a voluntad. No se trataba entonces solamente de crear por crear; la Necesidad del Infinito de construir y la Necesidad de la Nada de destruir, debían vincularse armoniosamente para perdurar eternamente sin peligro de desaparecer. Y así fue en el inicio de los tiempos en que Dios nació, joven y eterno, pleno de vida y muerte, de creación y destrucción, de disonancia y armonía; y por entre todas las cosas pleno de luz, porque antes del nacimiento de Dios cuando el Infinito y la Nada luchaban en eterna incertidumbre, las tinieblas imperaban entre ellos, no existía la luz. Y la luz fue el primer vínculo creado por Él entre el Infinito y a la Nada, porque Dios necesitaba ver la causa de su existencia. Sin embargo, ni siquiera creando la luz pudo percibir con claridad aquella antítesis, no podía distinguir entre la Nada y el Infinito; pero sí podía detallar lo que creaba, gracias a la luz podría ver y medir con claridad sus creaciones.

Esa luz que Dios creó en ese entonces no era ésta que conocemos los humanos, porque la luz de nuestro pequeño universo es luz codificada. La luz originaria lo iluminaba todo desde el Infinito hasta la Nada, luz sin tiempo y sin distancia, luz absoluta en cada punto del espacio. Y con esa luz comenzó a tallar su obra y a experimentar su conocimiento.

Espera un momento Simeón, quizás sería mejor exponer algunos datos experimentales y pruebas contundentes antes de explayarnos completamente en el tema de Dios y la creación de nuestro pequeño universo, como dijimos, hay que utilizar alguna diplomacia: La historia de todas las religiones está en juego ahora, pero no solamente las religiones tradicionales, sino inclusive las religiones científicas modernas: recuerda por ejemplo que temas como el de la teoría del tiempo y espacio relativos se ha convertido hoy en día en la moderna inquisición conformada por académicos e instituciones que reciben financiamiento de grandes corporaciones, y las cuales serían capaces de eliminar moral y económicamente a cualquiera que intente rebatir su dogma. Por otro lado, recuerda que por ejemplo en Silicon Valley están prohibidas las palabras: Dios y religión.

Es cierto Nasanti, ya tendremos tiempo para preparar los modelos que utilizaremos para mostrar claramente todos nuestros hallazgos después sin descuidar en adentrarnos sin temor en la desventura en la que se embarcó Dios. Y es que es necesario por lo menos intuir como fue el viaje de ese navegante cósmico que surcó esos océanos con oleajes de tejidos de seda celestial enhebrados con haces de esa luz originaria entre el Infinito y la Nada.

Simeón, por mi parte siento que frente a lo que hemos descubierto, no proceso ahora las cosas de la misma manera que antes; esto es un vuelco total a las teorías y leyes físicas conocidas.

De hecho, interrogantes cómo:

¿Por qué los seres vivos poseen tan variadas formas, características y funciones?

¿Quién le imprimió las instrucciones a una célula para que se divida y dé origen a una entidad viviente?

¿Qué es realmente la atracción de la gravedad?

Entre muchas otras, todas esas preguntas quedarán definitivamente sujetas a un nuevo código; y muchas de las leyes aceptadas hoy en día aun siendo válidas aproximaciones, tendrán que ser expuestas desde un punto de vista muy distinto, y dentro de un contexto mucho más general y preciso. Nuevas constantes físicas y matemáticas surgirán, mientras que otras serán sustituidas en el nuevo esquema universal de la cantidad.

Y en verdad te dijo Simeón que me quedo muy corto, no tengo el alcance visionario lo suficientemente amplio como para comprender lo que todo esto significará para el ser humano. Lo sorprendente es que siempre estuvo allí, frente a nuestros ojos, dentro de nuestros ojos, en el interior de nuestras células, de nuestros pensamientos, lo cruzamos todo el tiempo, reposamos en él, convivimos en él; pero era imperceptible a nuestros sentidos. Y ahora que conocemos su existencia, ahora que podemos medirlo y sentir su influencia, ahora que sabemos que somos el resultado de eso; y por sobre todas las cosas: ahora que sabemos que Dios no está aquí con nosotros, tenemos que descifrar su viaje, toda su aventura, tenemos que analizar la huella que dejó para ayudarlo a recuperar el código. Y así en un lapso de tiempo que no podemos predecir, quizás pueda la humanidad disfrutar de una nueva existencia universal, impensable hasta ahora para nuestra limitada imaginación.

Repentinamente, la amable voz de la esposa de Nasanti nos interrumpe, y nos informa que el estado de salud de su amado perro Kazán se había agravado, y que por instrucciones del veterinario debía ser sacrificado cuanto antes para evitarle grandes sufrimientos. Muy desagradable noticia, aunque esperada, ya que conozco a ese noble animal desde hace años, y ahora ya anciano lamentablemente ha venido adoleciendo de un tumor incurable. Sin duda me dispongo a acompañarlos, el noble Kazán siempre me recibió en esta casa con enorme cariño, era parte de la familia. Camino al veterinario no podemos sino sentir pesadumbre y resignación; y mirando el paisaje por la ventana del auto pienso que quizás el nuevo conocimiento adquirido nos hace asumir todo de una manera un tanto distinta; pero el dolor de su pérdida sigue y seguirá inmanente, y eso me hacía reflexionar acerca del lugar que ocupa el amor, símbolo de unión, en todo lo que estamos analizando. Luego de despedir con gran dolor a Kazán, decidimos posponer la cena y reunirnos para almorzar mañana, día sábado.

Reposando ya en mi hogar luego de esa jornada tan fuera de lo común, mientras daba las buenas noches a mi esposa y mi hijo, medito en silencio acerca del enorme cariño que sentíamos hacia ese animal y como ese sentimiento superó por mucho toda la exaltación que teníamos previamente por el gran descubrimiento con el que recién habíamos topado; y pienso que el amor y el cariño son nexos, vínculos producto de una Necesidad tan poderosa como la que ahora intuimos que dio origen a Dios.

En medio de aquella disertación conmigo mismo, muy tarde en la noche suena el teléfono: es Nasanti comunicándome que lo llamó desde el exterior el padre de Zahid Advani para consultarle si lo había visto últimamente, ya que desde hace un mes no saben de él y están muy preocupados porque nunca ha permanecido tanto tiempo sin llamarlos, y no ha contestado sus mensajes. Zahid es un técnico especializado que viaja continuamente; su familia vive en Estados Unidos y es la persona que siempre nos ha suministrado todos los materiales y equipos para nuestro trabajo. El trabajo de Zahid era contactar empresas distribuidoras, y en algunas ocasiones nos ayudaba con instalaciones de equipos de alta complejidad; y además es amigo de mucha confianza de Nasanti. Ciertamente es mucho tiempo para no haber contactado a su familia, me remarca Nasanti. Lo que atino a pensar en ese instante es que nosotros no hemos requerido de sus servicios desde hace tres meses ya que para ese entonces terminamos la instalación de equipos para nuestro proyecto. Por tanto, solo puedo responderle a Nasanti que le informe a su familia que intentaremos contactarlo por todos los medios posibles.

Zahid Advani siempre me ha parecido una muy buena persona aparte de ser un trabajador incansable; y no me extraña, ya que es amigo de Nasanti, quien a su vez aparte de ser también mi gran amigo es un tipo realmente noble, sin malicia, su padre un inglés culto y su madre nativa de la India brillante en matemáticas. Nasanti heredó su inteligencia de ambos padres y la multiplicó; su interés siempre ha sido el conocimiento, y le resultaban desagradables aquellas personas que leen o estudian con el único objetivo de aparentar una imagen y lograr un status, o una ventaja social frente a los demás. Nasanti es un verdadero hombre de ciencias que lamentablemente nunca impartió clases en la universidad; él se graduó en física hace ya muchos años, con varios premios y reconocimientos a su trabajo.

Y yo por mi parte no me considero más que su amigo y compañero de investigación, ingeniero estructural sin mayores logros más que algunas publicaciones modestas, con especialización adicional en ciencias de la computación; y al igual que él con gran afición hacia la física, las matemáticas y la música. Y tengo que decir además que siempre tuve mucha más afición hacia esos temas que a la profesión que escogí, la cual adopté únicamente como medio para obtener los necesarios recursos económicos, pero mi interés siempre estuvo orientado a lograr algún descubrimiento científico.

Ambos siempre tuvimos intereses comunes en algunos negocios; y muy especialmente similares inquietudes científicas, aunque la situación económica de Nasanti fue muy superior a la mía, siempre tuvimos un muy fuerte lazo de amistad desde niños, siempre fuimos como hermanos. Ambos nacimos por azares del destino en sudamérica, el padre de Nasanti era ingeniero mecánico y junto a su esposa llegaron desde Inglaterra para desempeñar labores en la industria petrolera; tiempo después nació Nasanti.

En mi caso particular, por infortunios del destino no conozco realmente la historia del azar que me llevó a nacer en sudamérica, no sé realmente si nací allí, todo fue muy confuso acerca de mi nacimiento y nunca pude conocer la verdad de mi historia. De hecho, solo llegué a enterarme que algo extraño había ocurrido en mi infancia por un comentario de mi madre cuando estaba a punto de fallecer debido a una enfermedad terminal. Fue en ese entonces que me enteré que quien había jugado el papel de mi padre no era tal y que quizás uno de sus hermanos fallecido por razones políticas era mi verdadero padre, no puedo asegurarlo; y por otro lado, descubrí que quien había jugado el rol de mi madre tampoco era mi madre sino alguien contratada para cuidar de mí.

Lamentablemente y por alguna extraña razón los protagonistas de esa historia se fueron sin revelarme la verdad, derecho humano fundamental. Y los familiares allegados por alguna extraña razón también callaron, o evadieron darme respuestas cuando más las necesitaba; quizás tampoco conocían los detalles, nunca lo sabré.

Durante la época en que nací fueron tiempos de convulsión política, la caída de una dictadura en mi país, el surgimiento del comunismo en Cuba, y la batalla política entre Estados Unidos y Rusia. Por esa época varios familiares de mi padre fallecieron por motivos políticos, estaban relacionados con actividades de gobierno desde los tiempos de mi abuelo quien ocupó un muy alto cargo gubernamental. En general todos los familiares por parte de mi padre eran adversarios de quienes se encargaron durante años de destruir la moral y la economía de mi país, y todavía lo siguen haciendo: se hacían llamar: adecos. La manipulación, la envidia, el crimen, la corrupción y el engaño fueron siempre los únicos atributos de muchos líderes que controlaron mi país, responsables de la crisis que ha tenido que soportar durante décadas hasta llegar casi a su destrucción total. Pero ellos no sienten responsabilidad alguna por eso y jamás la admitirán, y la culpa la arrojan sobre aquellos que tan solo fueron una triste consecuencia de la obra destructora que ellos iniciaron; y es que fui testigo desde mi infancia de toda la destrucción que día a día durante tantos años ocasionaron en las bases morales de la sociedad y en la educación, de hecho, para ellos educación era simplemente conseguirle becas a los votantes para una universidad reconocida, o láminas de asbesto para los invasores de tierras del Estado, todo a cambio de votos. Empezaron por prohibir los reconocimientos en las escuelas públicas y privadas porque eso era discriminatorio, luego instauraron una ley con la cual la persona podía pasar de grado en el colegio con solo asistir a clases aunque no presentara exámenes o no los aprobara, y continuaron con muchas otras cosas a nivel social y familiar, como la cultura del carnet del partido adeco, para poder abusar a todo nivel y tomar ventajas sobre los demás.

Toda esa subcultura primitiva adeca quedó profundamente grabada en la psiquis del pueblo, la clase media no estudiaba por el gusto a las ciencias, estudiaba simplemente para obtener una ventaja sobre otros, una imagen ficticia, siempre buscando imitar lo extranjero, todo apariencia, y las instituciones estaban dispuestas y organizadas no para una educación real y honesta, sino para satisfacer esos apetitos primitivos. Ahora doy gracias a Dios haber tenido desde niño una gran aversión contra toda esa aberración, y haber sido receptor con agrado del gusto de mi padre por las ciencias, así estuviera bastante equivocado en sus modos y argumentos; lo que siempre tuvo inmenso valor para mí es esa necesidad de cultivar el alma, ese es el mayor tesoro, y eso fue el motor que me impulsó a disfrutar de una educación muy particular, radicalmente distinta a la que recibía la gran mayoría en el país, para esa época.

En definitiva y regresando al punto, aunque viví una niñez algo tranquila únicamente perturbada por constantes mudanzas de un sitio a otro, no puedo estar seguro acerca de mi origen, y ahora estoy seguro que nunca lo sabré. A fin de cuentas, lo que importa es que aquí estoy con demasiadas cosas por pensar y por hacer como para perder más tiempo que el que ya inútilmente le dispensé en el pasado a ese tema.

Debido a la grave situación de mi país, hace algunos años Nasanti, junto con su esposa e hijos emigraron a Canadá, donde su situación mejoró notablemente; y fue luego de algún tiempo que decidí emigrar también a ese país, principalmente impulsado por las constantes sugerencias de Nasanti, que me invitaba a continuar nuestras investigaciones en un ambiente más favorable. Fue una muy agradable ocasión rencontrarlo a él y su familia ya instalado, y muy especialmente al ver la sorpresa que me tenía preparada: instalaciones especiales con los todos los equipos que se necesitaban para ir más allá en nuestras exploraciones científicas. Nasanti tan solo estaba esperando mi llegada para ponerlas a funcionar y emprender la gran tarea que tanto tiempo atrás habíamos planificado. Comprendí que su deseo de emigrar fue especialmente con la finalidad de lograr un ambiente de trabajo como el que logró construir, una muy afortunada decisión, por lo que le estoy infinitamente agradecido.

A veces siento el impulso de escribir un libro de ciencia ficción, y desearía además incluir una introducción con hermosas palabras semejantes en profundidad a las que expresaba Cervantes en el prólogo de su libro Don Quijote de la Mancha; y rendir la narración al juicio del desocupado lector de la misma manera que lo hizo en la introducción, y en su carta dirigida al Duque de Béjar, marqués de Gibraleón, conde de Benalcázar y Bañares, vizconde de La Puebla de Alcocer, señor de las villas de Capilla, Curiel y Burguillos. ¡Y por Dios que escritos aquellos los de Cervantes!; y tanto es así que los recuerdo palabra por palabra, porque mi padre me obligaba a memorizarlos a la edad de 8 años, como ejercicios para la mente, cuando me llevaba cada dos semanas a jugar a aquel hermoso parque a las faldas de esa enorme y hermosa montaña El Ávila. La verdad es que ese parque era como un gran salón de clases, allí mi padre evaluaba las tareas que me había encomendado en nuestro paseo anterior: recitar de memoria aquellos tres increíbles segmentos de la obra de Cervantes: El Prólogo, la dedicatoria al duque de Béjar, y el Discurso de las Armas y las Letras (Capítulo XXXVIII), textos que aunque restaron mucho del tiempo que debía dispensar a los estudios y juegos de mi niñez, hoy los atesoro como valiosas joyas luminosas impresas en mi alma.

Posponer la discusión para el almuerzo al día siguiente, me ayudó a organizar un poco las ideas; y volver al punto que inició toda esta historia. Y mientras tanto, luego de lograr dormir a nuestro hijo, mi esposa se incorpora de nuevo de la cama, me visita muy de paso en la sala y se dirige a la cocina para preparar un té para ambos; según ella porque notó en mis buenas noches un dejo de ansiedad y exaltación poco habitual. Me incorporo entonces de mi sofá y miro hacia afuera por la ventana, empezaba a llover y me quedo absorto mirando como se estrellan las gotas de lluvia en suelo. Ese sonido, ese aroma a tierra que empezaba a sentir en el ambiente. La tenue luz que iluminaba las gotas al caer y las hacía lucir como largos hilos luminosos que llegan hasta el suelo, y que luego se diluían en pequeños riachuelos que arrastraban hojas que ahora empezaban a ser protagonistas de un viaje; cuyo recorrido no podía dejar de seguir, en sus avances y retrocesos, en sus vaivenes, hasta que se perdían de vista en la calle. Y al mismo tiempo pensaba:

¿Cómo fue que empezó todo esto y por qué?

Las condiciones en mi país de origen, no conformaban un ambiente propicio para la investigación científica ni nada relacionado con eso. En términos generales las personas en ese país en su mayoría no parecían tener ningún interés real por temas científicos a menos que les representara un ingreso de dinero inmediato. Introducir temas científicos durante la conversación en cualquier grupo de personas siempre parecía estar totalmente fuera de lugar y le resultaba odioso a la mayoría; los chistes con doble sentido o las risas por cualquier evento sin importancia recogían siempre el mayor interés y la atención de los grupos de conversación en general.

Pero cuidado, que esas circunstancias sociales aparentemente triviales tienen más importancia de lo que podemos imaginar, y no son producto de una herencia genética, ni tienes nada que ver con razas, o condiciones económicas. La razón profunda de la descomposición social y cultural en Latinoamérica es parte de un plan muy bien orquestado y orientado, el cual ha venido siendo desarrollado poco a poco y desde hace mucho tiempo por intereses extranjeros que recién ahora descubrimos como operan desde las sombras. Y digo que recién ahora lo descubrimos, porque para nuestra desgracia fue como resultado de nuestro trabajo que terminamos en manos de los esbirros de la cúpula que controla y usufructúa de la destrucción social, y el fomento de tiranías en Latinoamérica.

Más adelante ya tendré tiempo de desentrañar los detalles de toda esta trama, pero en este momento no quiero perder el hilo de lo que debe ser el foco de mi atención en esta narración, estoy seguro que toda la información acerca de ese plan llegará tarde o temprano a los ojos y la conciencia de muchos en el mundo, y surgirán líderes que actuarán frente a eso.

En resumidas cuentas, pienso que en mi país no existían estímulos especiales que generaran la atracción que siempre sentí desde pequeño por la ciencia. No sé, aparte de la educación particular que ya describí, tal vez fueron algunos textos que llamaron mi atención; o quizás fue que ahora siendo más adulto se incrementó realmente mi interés, por ejemplo, al leer aquellos estudios sobre los interesantes experimentos de Michelson y

Morley; o tal vez fue gracias a los momentos de entretenimiento o mejor dicho desagrado: al leer textos como FlatLand; o quizás aquellos textos sobre los principios de la geometría no-euclideana de Bernhard Riemann con su influencia en la posterior creación de la teoría de la relatividad general y el concepto de mundos de dimensiones superiores.

Y aunque todas esas lecturas pudieron servir en algún momento como combustible para mi interés, tengo que remarcar que todos esos textos nunca me resultaron agradables, siempre me dejaban más inquietudes y dudas que ninguna otra cosa, sentía que con esas lecturas no adquiría conocimiento útil sino la habilidad de descubrir trucos y mañas. En mi condición de ingeniero dedicado durante muchos años al diseño y construcción de estructuras en la industria del gas, petróleo e industrias, me consideré siempre bastante realista, sin embargo, me resulta curioso el hecho que todos los temas que atraían mi atención estaban siempre relacionados con el Espacio y la Luz, y no directamente con las áreas de mi carrera. Y sí, probablemente fueron esas lecturas el principal incentivo para mi interés, y muy especialmente aquellas que menos me gustaban, parece extraño, pero ahora que lo pienso es así. Lamentablemente en mi país era una extravagancia el dedicarse a carreras como la física o la matemática, porque no ofrecían oportunidades de trabajo.

¿Mundos Independientes?

Recuerdo por ejemplo la primera vez que leí el conocido libro titulado: Flatland, haciendo a un lado la sátira implícita de la narración como gancho para atraer adeptos a esas ideas, esa lectura sugiere al lector el imaginar la existencia de un mundo constituido solamente por una línea recta de longitud infinita. Ese mundo está habitado entonces únicamente por segmentos de líneas rectas de diversas longitudes (entes vivientes longitudinales); y por tanto los habitantes de ese mundo desconocerían la existencia de cualquier figura geométrica en 2D o en 3D, por ejemplo: Triángulos, cuadrados, círculos, cubos etc.

Y si existiese luz en ese mundo lineal, ella solo iluminaría dentro de esa línea recta, de lo cual surge inmediatamente la pregunta:

¿Podría existir una luz lineal?

Y la respuesta es: claro que no, la teoría dice que la luz consiste en ondas electromagnéticas conformadas por dos campos vectoriales que vibran en dos direcciones perpendiculares y se desplazan en la otra dirección de nuestro espacio 3D, por lo tanto, la luz no podría actuar en un espacio de una sola dimensión (1D), sin embargo, detalles como esos hay que obviarlos para tratar de disfrutar la particular narrativa.

En el texto descrito inducen al lector mediante sátiras y una simpática narración a pensar que cualquier habitante de ese mundo lineal solo podría ver a sus vecinos como puntos, ya que no existiría la posibilidad de ver hacia ninguna otra dimensión sino solamente a lo largo de la línea en que habitan.

Posteriormente, la narrativa propone la existencia de un mundo plano con solo dos dimensiones (2D), donde todos sus habitantes serían: puntos, líneas y figuras geométricas que conviven en el plano y no conocen la existencia de una tercera dimensión (altura). Los habitantes de ese mundo 2D se verían entre sí exclusivamente como segmentos de líneas y puntos.

Además, si un objeto en tres dimensiones llegase a cruzar ese mundo plano, sus habitantes solo verían aparecer repentinamente un segmento de línea frente a ellos, tal como aparecería repentinamente un fantasma, o el conejo del sombrero de un mago. Y cuando ese objeto termine de cruzar ese mundo plano entonces los habitantes de ese mundo 2D lo verían desaparecer repentina e inexplicablemente.

Debo detenerme aquí, porque hay dos elementos importantes introducidos en ese cuento fantástico:

1.- Imaginar partes o regiones de nuestro mundo 3D como mundos totalmente independientes y aislados de todo.

2.- La facultad de los habitantes de esos mundos de poder mirarse entre sí.

Y uno puede observar que esos dos elementos se repiten en la mayoría de los textos originados desde la época en que se publicaron los primeros conceptos de las geometrías no-euclideanas.

Y la verdad es que podría considerarse divertido imaginar cosas así, y especialmente si se toman como lo que son: sátiras para entretener. El problema comienza cuando se intenta manipular a la gente utilizando esos argumentos para otros fines muy distintos al entretenimiento.

En ese sentido, recuerdo que la diversión terminó para mí cuando empecé a percibir que para muchas personas no era simplemente un cuento o una sátira.

Era algo extraño comprobar que inclusive académicos asumían ese tipo de historias como evidencia clara de la existencia de otros mundos y otras dimensiones.

Desde mi punto de vista, siempre advertí que es imposible afirmar que se pueda visualizar un punto o una línea sin tener un plano de referencia como fondo, y más importante aún: Sin tener una distancia de visual hasta ese plano, sin estar sumergido en el espacio 3D.

De manera que todos esos argumentos acerca que los habitantes de ese mundo 2D se verían entre sí como líneas o puntos carece de todo sentido, porque cuando ves un punto o una línea también ves un plano o espacio a su alrededor, por lo tanto, la parte frustrante de ese tipo de sátiras es que ni siquiera es posible imaginar lo que es narrado en esos textos.

Es hermoso leer una historia y poder recrear en la mente imágenes de lo que se narra en ella, pero ese tipo de historias al estilo de FlatLand carece totalmente de esa belleza.

Los puntos y las líneas son creaciones de un espacio de tres dimensiones, y nuestra propia imaginación no puede escapar a la visualización 3 D.

Entonces, es una falacia afirmar que lo imaginamos, porque todo lo que imagine en mi mente estará siempre acompañado de un plano de fondo y una distancia hasta ese plano, es decir: del espacio 3D. Es falso afirmar que imagino que observo líneas si fuese habitante de un mundo 2D, porque para verlas necesito un fondo y si veo un fondo y la línea sobre él, entonces estoy en el mundo 3D.

Recuerdo las muchas discusiones que tuvimos Nasanti y yo al respecto, creo que desde el punto de vista anímico e intelectual ese tipo de lecturas me afectaban mucho más a mí que a él, y es que siempre me molestó que puedan manipular a las personas con esos temas para obtener algún beneficio.

Una idea alternativa para explicar esa narrativa fantástica, que me resultaba más atractiva, era la que afirma que un punto que se desplaza en una dimensión genera un segmento de línea; y si ahora ese segmento de línea se desplaza en la dirección perpendicular genera un cuadrado; y si el cuadrado se desplaza en la dirección perpendicular genera un cubo.

Entonces, extrapolando podríamos imaginar al cubo desplazándose en una imaginaria cuarta dimensión, generando así un hipercubo (Teseracto) del cual solo podríamos apreciar su proyección en nuestro espacio 3D, ya que no podemos imaginar el espacio 4D.

¿Y cuáles son los argumentos que persisten ocultos dentro de esa narración e imperceptibles a los ojos del incauto?

Al detallar esos argumentos, es cuando empecé a perder también todo interés en ese tema del Teseracto y otros tópicos relacionados, porque la secuencia de extrapolación utilizada, resultaba ser siempre semejante a la de sátira de Flatland, y básicamente responde siempre al siguiente patrón:

Imaginar un mundo especial que contiene objetos que extrajimos de nuestro mundo real 3D, y luego le otorgamos por decreto a esos objetos la condición de ser únicos en un mundo aparte totalmente distinto al nuestro. Y cualquiera de esos objetos los disponemos a desplazarse o ejecutar cualquier otra acción en una dirección que no existe en ese mundo, lo que resulta una inmensa contradicción, porque si puede hacer un movimiento en alguna dirección, es porque esa dirección ya existía de antemano en ese mundo.

Si eres habitante de una línea, esa línea no puede desplazarse en un plano porque el plano no existe para ella. Entonces la descripción de los objetos y la secuencia de pasos propuesta en esa narrativa carece de sentido; no hay proyecciones de mundos independientes sobre otros; no son entidades independientes; no hay extrapolación; todo siempre fue realizado en el espacio 3D.

Pero veamos esa historia desde otro punto de vista que pareciera aún más lógico y atractivo, de manera que visualicemos todas las perspectivas del tema:

En un mundo plano, un cuadrado solo se compone de líneas. Sus bordes son líneas y ellas se miden por unidad de longitud.

En un mundo 3D, un cubo solo se compone de cuadrados. Sus bordes son cuadrados y ellos se miden por unidad de área.

Entonces: siguiendo el mismo patrón "lógico" podemos imaginar un mundo 4D donde un Teseracto solo se compone de cubos; y su superficie se mide por unidad de volumen.

Ahora veamos otra versión más atractiva de esa narrativa, en la que parece "lógico" que se pueda hallar la proyección de ese Teseracto en nuestro espacio 3D:

La proyección de una línea en un punto, serían dos puntos (los vértices de la línea) superpuestos o entrelazados uno sobre el otro en ese punto.

La proyección de un cuadrado en la primera dimensión (lineal) son 4 líneas, montadas unas sobre las otras.

La proyección de un cubo en el plano estaría representada por 6 cuadriláteros con todos sus correspondientes vértices unidos entre sí, los cuales pueden aparecer deformados ya que es una proyección y falta la Tercera dimensión.

Recuerdo que de niño disfruté muchas veces tratando de simular figura de un cubo en una hoja de papel, dibujando dos cuadrados superpuestos y uniendo sus vértices, es decir, lo que conforma finalmente 6 cuadriláteros con todos sus vértices unidos.

Tenemos entonces hasta ahora, la secuencia 2,4,6, la cual debería continuar con el número 8. Entonces, como extrapolación "lógica" la proyección de un Teseracto de la cuarta dimensión en nuestro mundo 3D serían 8 cubos con sus vértices unidos entre sí; y donde algunos de esos cubos aparecerían deformados debido a que es una proyección y no tenemos la cuarta dimensión, similar a lo que ocurre al tratar de simular un cubo en el plano 2D.

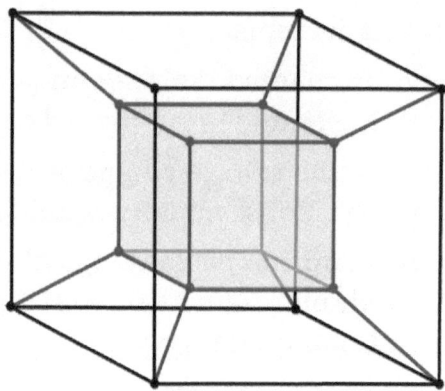

Inclusive siendo condescendientes, el problema que se presenta, es que aceptando el concepto de mundos independientes, entonces nunca debería hablar de la "proyección de un cubo en el plano", porque si yo soy habitante del plano entonces mi punto de vista para esa proyección solo puede ser desde el plano 2D, y en ese plano solo podría ver segmentos de líneas montados unos sobre otros sin nexos entre ellos, nunca vería un cuadrado. Y si busco la proyección de un cuadrado en el mundo lineal, entonces, estando en ese mundo lineal solo vería puntos, de manera que la narrativa es engañosa y manipuladora.

De antemano, resulta absurdo afirmar que se puede ver algo estando en un plano, una línea, o en un punto, pero aun participando de ese atrevimiento, vemos que la secuencia lógica que conducía finalmente a los 8 cubos ahora se rompió.

Por tanto, perteneciendo al mundo plano solo vemos segmentos de líneas montadas unas sobre otras sin poder diferenciar nexos entre ellas, y en el mundo 3D veríamos solo figuras rectangulares montadas unas sobre otras sin poder diferenciar sus nexos, es decir que ese teseracto no es una proyección de 4D porque no deberíamos poder diferenciar los nexos entre los vértices de los rectángulos.

Es resumen, en esas narrativas siempre se diferencia a los objetos (puntos, líneas, cuadrados y cubos) como si fuesen mundos separados independientes los unos de los otros, a los cuales puedo mirar sin requerir un plano de fondo; y puesto que eso es una premisa falsa, se llega necesariamente a una conclusión falsa. Las proyecciones de esos elementos 3D son siempre proyecciones en el mismo ambiente 3D, no son proyecciones independientes de mundos independientes sobre otros mundos independientes.

Otro aspecto interesante que me vino a la mente al leer por primera vez sobre el Teseracto, fue el prisma de cristal usado por Newton para generar los colores primarios: rojo, verde y azul, a partir de un rayo de luz del sol que entraba por su ventana; y fue entonces que pensé:

¿Cuáles colores generaría un Teseracto si lo utilizáramos para descomponer la luz como lo hizo Newton?

Acaso el campo electro-magnético de la luz en el espacio de la cuarta dimensión:

¿Estaría conformado por Cuatro campos vectoriales de los cuáles tres estarían vibrando en las direcciones 3D, mientras la luz se desplazaría en la dirección de la Cuarta dimensión?

¿Y qué sucedería con la luz en aquellos mundos que tengan más de tres dimensiones?

Y eso me llevaba de nuevo a la sátira de Flatland en que supuestamente los habitantes se podían ver los unos a los otros; la vibración electromagnética de la luz y su influencia en nuestros ojos para visualizar los colores primarios es un fenómeno exclusivamente 3D.

Entonces, frente a todos estos pensamientos, finalmente reflexionaba: Es que cualquiera puede argumentar cualquier cosa; ciertamente yo podría argumentar que imagino colores de la cuarta dimensión totalmente distintos a los que conocemos; pero sabría dentro de mí que eso no es cierto, que ni tan siquiera puedo imaginarlos. De igual manera, siendo honesto debería admitir que ni siquiera puedo imaginar un punto si no está contenido en un plano y menos aún si no existe una distancia a ese plano; y también debería admitir que es totalmente falso simular una secuencia lógica evolutiva de eventos de mundos independientes (puntos, líneas, áreas) porque no es ni secuencia ni lógica, y no tienen existencias propias independientes, todos son elementos de un mismo espacio 3D.

Todas esas historias son divertidas y hacen volar la imaginación, eso es bueno, pero no es correcto el intentar convertirlas en hechos comprobados para lograr financiamiento o hacer negocios.

Esas lecturas siempre me proporcionaron más inconformidad que entretenimiento. Recuerdo con una sonrisa, una oportunidad que conversaba con mi esposa sobre estas inquietudes, ella quien siempre ha sido gran admiradora de Borges, cuando me contestó jocosamente las mismas famosas palabras de Borges:

>   *"Tu incapacidad para verlo o imaginarlo,*
>   *no invalida mi testimonio"*

Esa si que me pareció una respuesta ingeniosa y graciosa realmente. Otras personas con las que en varias oportunidades abordé estos temas compartiendo algún café me replicaban:

Pero Simeón, tú utilizas argumentos basados en el Infinito y la Nada, pero yo tampoco puedo verlos ni imaginarlos; y entonces considerando eso te pregunto:

¿Por qué no aceptar ideas fantásticas?

A lo cual inmediatamente yo replicaba:

¡Claro que puedes imaginar al Cero y el Infinito, ambos son inteligibles a nuestra naturaleza humana!

Es un hecho que Descartes ubicó esos conceptos en su Sistema Cartesiano y les dió una identidad específica; y jugamos con ellos en todas las ecuaciones, en los límites de las funciones y en tantas otras expresiones.

Cuando Descartes construyó su sistema, los matemáticos empezaron a sentir el poder de manipular funciones, límites y secuencias; realizando iteraciones y recursiones libremente entre el Cero y el Infinito. Precisamente, gracias a ese sistema que incluía el Cero y el Infinito ellos podían ahora predecir hacia donde se dirigen los resultados de cualquier evento.

Los estudiosos tenían ahora un control que no habían ostentado antes; y eso los hizo sentirse especialmente poderosos, lo cual no siempre es bueno, porque algunas veces el poder puede cegar y no dejar ver el verdadero camino a la verdad.

¿Pero por qué ese intento de darle una existencia independiente, una vida propia a objetos cuya naturaleza y origen es exclusivamente 3D?

Una de las razones que influyó fue ese poder que sintieron con el uso del sistema cartesiano y el análisis infinitesimal de Newton y Leibniz; y otra explicación razonable para no pensar que sus originadores tenían intención de aprovecharse de la ingenuidad de otros, consiste en que en geometría analítica los vectores que indican las direcciones (x, y, z) de nuestro espacio 3D son consideradas variables que actúan de manera "independiente"; y cualquier lugar geométrico en ese espacio puede ser representado como una función en ellas.

Esa idea de independencia se generalizó de manera indebida, y se arraigó en el pensamiento científico, pero la independencia de esas variables no puede ser extrapolada a todos los campos, incluyendo el área existencial, es decir, el hecho de en determinada circunstancia: para cualquier valor de una de ellas, las otras dos no cambien, no significa que existencialmente no dependan las unas de la otras:

¡Ellas existen gracias a que la primera existe, y puede tomar cualquier valor sin afectarlas!

Por otro lado, hay eventos que dependen de un número de variables superior a tres y las expresiones analíticas que representan esos fenómenos son llamadas multidimensionales; pero muy distinto es extrapolar eso hasta trascender esas variables otorgándoles existencia y residencia en otros mundos imaginarios, eso es una extensión indebida de los hechos.

Hace muchos años atrás cuando era muy joven me apasionó mucho la lectura del libro titulado "Robinson Crusoe" del escritor inglés Daniel Defoe; sin embargo, la versión moderna y modificada en cine de Tom Hanks me recordó mucho todo este tema. En esa historia el náufrago en su soledad y divagaciones pasó tanto tiempo acompañado de una pelota de volley-ball, tanto la manipuló, tanto la miró, que llegó el momento en que ese balón empezó a adquirir existencia propia e independiente en su imaginación. Esa historia nos recuerda que hay que tener cuidado con el tiempo de contemplación que le dispensamos a cosas que nos rodean, como por ejemplo la independencia de las variables que representan los ejes cartesianos, porque pueden terminar cobrando vida propia en la mente de algunos.

Y a todas estas, me resulta gracioso qué estando tan sumergido en mis reflexiones, todavía continúo absorto mirando por la ventana, y no he despegado mi vista de las gotas de lluvia chasqueando contra el suelo y aquellas pequeñas naves retorcidas que surcaban esos pequeños riachuelos a través del jardín de la casa, surgidas espontáneamente de los restos que iba recogiendo y armando el agua en su camino.

Pero el hilo de recuerdos continúa y la lluvia no alcanza a interrumpirlo, que impresión tan duradera me dejaron aquellos textos sobre los principios de la geometría no-euclideana de Riemann y Lobachevsky, y el postulado y la definición de líneas rectas paralelas de Euclides el cual fue catalogado de incompleto por los pensadores modernos.

En realidad la definición dada por Euclides en su Libro I, proposición 23, era un concepto muy preciso relacionado estrictamente con la geometría en el plano:

> *"Parallel straight lines are straight lines which, being in the same plane and being produced indefinitely in both directions, do not meet one another in either direction"*

Es decir: "Lineas Rectas paralelas son líneas rectas las cuales, estando en el mismo plano y extendiéndose indefinidamente en ambas direcciones, no se intersecan."

En la proposición 31, Libro I, Postulado Quinto, indicó el método para construir las líneas rectas paralelas:

> *"If a line segment intersects two straight lines forming two interior angles on the same side that sum to less than two right angles, then the two lines, if extended indefinitely, meet on that side on which the angles sum to less than two right angles"*

Si un segmento de línea interseca dos líneas rectas formando dos ángulos interiores en el mismo lado que sumen menos que dos ángulos rectos (180°), entonces las dos líneas (Rectas), si son extendidas indefinidamente, se encuentran en ese lado en el cual los ángulos suman menos que dos ángulos rectos. Tal como ocurre en la siguiente figura dónde α+β es menor a 180°:

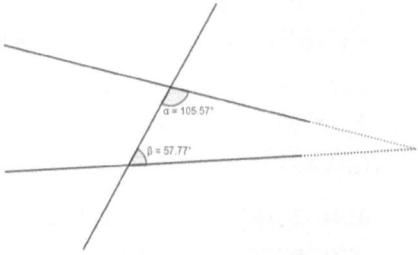

La definición de paralelas fue simplificada muy convenientemente por autores modernos de la siguiente manera:

"Por un punto A fuera de una línea L, solo pasa una línea que no interseca a L"

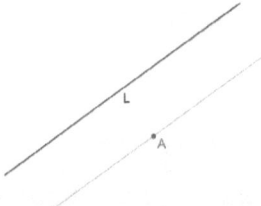

Los autores modernos deseaban ser los creadores de nuevos postulados y definiciones, de nuevos mundos, la época se los demandaba. Y afirmaron que el postulado de Euclides fallaba en explicar el hecho que en una superficie hiperbólica existen infinitas líneas (curvas) que pasan por un punto A y no intersecan a otra línea S (curva) que no contiene el punto A y está en la misma superficie; y por tanto, el argumento de Euclides acerca de la condición necesaria para que dos líneas sean paralelas dejaba de tener validez en el "mundo hiperboloide".

En este punto es obligatorio detenerse, para advertir que en sus argumentos algunos autores modernos modifican y trasponen el uso de las palabras y las frases para crear una imagen distorsionada que les sirva para su objetivo.

En otros casos, cuando les conviene, algunos académicos se convierten en abogados litigantes defensores del uso más riguroso de las palabras.

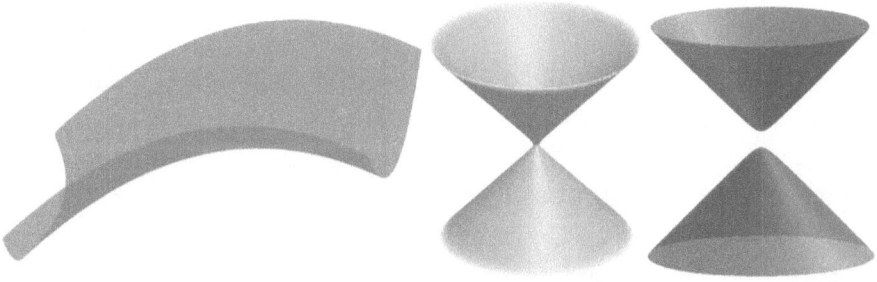

Algunos argumentarán que los modernos autores no han pretendido decir que Euclides estaba errado sino que era necesario ampliar la visión que él utilizó, pero eso no es correcto, la intención cierta era arrasar con todo lo que implicara la existencia de un Orden Universal, y sustituirlo por muchos mundos regidos por la relatividad, o inclusive el caos, y donde un pequeño grupo de personas privilegiadas sostienen la lamparita que puede iluminar la oscuridad del caos-relativista, y mostrarle el camino a esos a quienes el Minotauro de Borges llamaría:

"Plebe con caras aplanadas"

En el caso de la esfera y superficie elíptica argumentan que existen líneas (curvas) que se intersecan en dos puntos, cosa que no sucede en la geometría plana de Euclides. Y me pregunto:

¿Acaso Euclides no mencionó expresamente que estaba trabajando con "líneas rectas"?

Siguiendo el mismo ritmo, la ley euclideana de la suma de los ángulos internos de un triángulo no se cumplía para las "superficies no-euclideanas": El elipsoide, la esfera, el paraboloide elíptico, el paraboloide hiperbólico, el hiperboloide de una o dos superficies, entre otras.

Sin embargo, la realidad es que el postulado de Euclides no tiene por qué ser expuesto a escrutinio con base a esas superficies. De hecho, intencionalmente yo siempre resalto la palabra: 'recta' al describir el postulado de Euclides; y la palabra 'Línea' cuando menciono la Geometría Hiperbólica, principalmente porque los críticos de Euclides sustituyeron los términos 'recta' y 'curva' por la conveniente palabra 'Línea' que es un término de alcance mucho más general; pretendiendo resaltar que lo postulado por Euclides para las 'Líneas' en el plano no se cumplía para las 'Líneas' del mundo hiperbólico.

Mediante esa dialéctica procedieron a defenestrar y echar a un lado el V postulado de Euclides como deficiente, para así darle vida a los nuevos postulados de aquello que bautizaron como Geometrías No-Euclidianas: La Geometría Hiperbólica y la Geometría Elíptica, entre otras; mundos independientes con características especiales y únicas, mundos similares a Flatland y el Teseracto. Se evidenciaba entonces, que el encuentro con otros mundos comenzó a ser la mejor vía para conseguir los objetivos finales del consorcio científico mundial que estaba naciendo.

Es importante el caso de la suma de los ángulos de un triángulo esférico (triángulo formado por tres arcos sobre la esfera) y su comparación con el otro postulado de la geometría Euclideana que nos dice:

> *"La suma de los ángulos internos de un triángulo es 180 grados".*

En la esfera esa suma es mayor a 180° y en el hiperboloide es menor. Los modernos decidieron definir el ángulo entre dos círculos de la esfera como el ángulo que forman las tangentes de esos círculos en su punto de intersección. Pero veamos cuáles son esas tangentes:

¿Serán tangentes esféricas o usarán las mismas tangentes definidas Euclides?

Por ejemplo, el ángulo formado entre los segmentos de líneas curvas AB y AC es definido en estas geometrías supuestamente no-euclideanas como: el ángulo en el punto A entre las tangentes a la esfera: T1, T2:

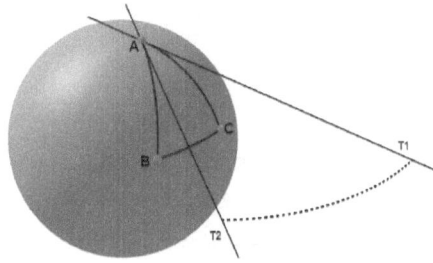

Sin embargo, las tangentes T1,T2 no pertenecen al mundo esférico, pertenecen al mundo euclideano.

Utilizar ángulos euclideanos planos para definir ángulos entre líneas de superficies curvas, eso no muestra mucha rigurosidad en el análisis.

Eso implica que en la siguiente imagen, el ángulo entre los arcos AB y AC sería igual al ángulo entre AB y AD (el punto D está sobre un círculo de la esfera que es tangente a T2), y también igual al ángulo entre AC y AD.

El mismo ángulo euclideano para un infinito número de triángulos esféricos.

Sin embargo, nada de esto importó, porque la creación de estos nuevos mundos no-euclideanos no debían ser cuestionados, porque ellos habrían de servir de apoyo a la gran mesa de redonda de los caballeros de la relatividad del tiempo y del espacio.

De igual manera que en todos los textos de Flatland y el Teseracto, los autores utilizan elementos del mundo original, en este caso: Tangentes Euclideanas 2D, para establecer conceptos y definiciones de un supuesto nuevo mundo no-euclideano independiente; cuando lo correcto sería crearlos basándose únicamente en los elementos de ese nuevo mundo.

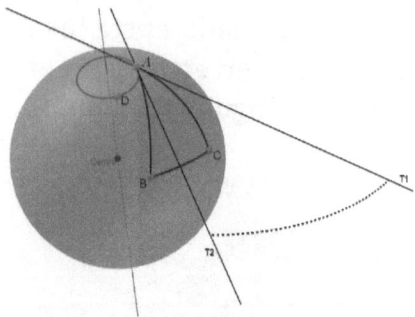

Si había aversión por los postulados de Euclides y deseaban crear sus propios mundos geométricos independientes; entonces, debían definir los ángulos en una superficie curva de manera totalmente distinta a la Euclideana, no debieron utilizar esas rectas tangentes, ni tan siquiera mencionarlas, debieron crear su definición propia y única del concepto de ángulos mediante el uso de líneas sobre esa superficie. Inclusive, ni siquiera debían mencionar elementos como el radio o el diámetro de la esfera; porque esos son también elementos pertenecientes a otro espacio que no existe dentro del mundo independiente esférico. Y esta reflexión aplica también a las otras superficies.

Siendo condescendiente, quizás no querían acabar con la fama inmutable de los postulados de Euclides, quizás se trataba de la lucha por abrirse paso en un ambiente donde personas entronadas en posiciones importantes y exégetas de antiguas filosofías se habían convertido en un gran obstáculo para las expectativas de personas que necesitaban su puesto en la escena. Pero aún a pesar de la arbitrariedad existente en todo esto, y no queriendo encerrarme en una interpretación negativa de lo que los motivó, imagino que en algunos casos seguramente privaba una urgente necesidad de indagar alternativas nuevas, experimentar, hallar nuevos caminos para analizar el mundo, y en ese esfuerzo son muchos los errores que naturalmente se cometen, y hasta allí eso está bien, pero el problema es otro.

Este tipo de argumentaciones acerca de nuevos mundos realmente reafirmaba cada día más mis convicciones, y estoy seguro que fue lo que nos condujo a la necesidad de profundizar nuestras investigaciones hasta encontrarnos ahora en una encrucijada del destino.

El inapropiado artilugio de utilizar conceptos o elementos propios e intrínsecos de la Geometría Euclideana al mismo tiempo que se argumenta haber creado Geometrías No-Euclideanas, es similar a lo que significaría para nosotros si en el caso de Euclides, quien impuso la norma de utilización estricta y exclusiva de regla no-graduada y compás para todas sus demostraciones, descubriéramos que en realidad ¡Hizo trampa!, y utilizó escalímetros y transportadores graduados para medir distancias y ángulos directamente y deducir así todos sus postulados. Estoy seguro que eso sería considerado un engaño por todo el mundo; sin embargo, nadie se ha molestado en criticar que se construyan geometrías No-Euclideanas, utilizando herramientas euclideanas como las tangentes y ángulo planos.

La ciencia no es una carrera de vehículos donde todo vale para llegar a una meta y ganar un status. El problema es que quien hoy en día muestra reticencia a rendir culto ante este tipo de cosas, ante FlatLand y el Teseracto, ante la postura relativista general, quien pone en duda tantos tótems modernos, es catalogado inmediatamente de retrógrado; y es colocado en apartheid por la comunidad académica, tal como se hacía en tiempos de la Inquisición con gente como Galileo y Copérnico. Por esa razón, muchas personas prefieren mantenerse al margen de posiciones polémicas, y ven más provechoso el seguir simplemente la corriente del uso logrando así un cómodo y agradable puesto en el status-quo, que no rinda problemas sino beneficios.

Por otro lado, la historia reciente muestra muchos casos de fraudes, errores y malas interpretaciones científicas que en su momento han tenido gran difusión como símbolos de excelencia, y existen libros muy voluminosos donde han sido registrados y compilados. Es por eso, que siempre me he sentido orgulloso de sentir esa inquietud por lograr un equilibrio crítico en cuanto a todo lo que leo. No se trata de limitar la imaginación sino todo lo contrario, porque lo que realmente puede terminar limitando la imaginación es tratar de hacer aparecer como imaginables cosas que en realidad ni siquiera pueden ser imaginadas; es decir, argumentos que en realidad son manipulaciones engañosas.

¿Principios De La Armonía?

Se trata entonces simplemente de no repetir como autómata todo lo leído; ni mostrar inmediata admiración para alcanzar un puesto en el status-quo, como el caso del famoso cuento del sastre y el invisible traje del Rey. Se trata de criticar, de poner en duda todo, para de esa manera generar el verdadero conocimiento. Lamentablemente, existen hoy en día estructuras económicas y de poder alrededor de ciertas áreas del conocimiento que solo contribuyen a afianzar esa conducta autómata en la gente, obstaculizando el progreso humano, y no me refiero solo al progreso técnico.

Por mi parte siempre me preocupó y traté de evitar esa actitud autómata. De cualquier modo, siento que la naturaleza se abre paso sí misma, uno no tiene por qué engancharse demasiado en estos temas, porque mientras muchos intereses económicos se mueven con el objetivo de lograr una sociedad de zombis, sin pretenderlo, producen a su vez condiciones para que otra gran cantidad de gente desarrolle al máximo su intelectualidad y sentido crítico. La vida se abre paso y busca caminos.

No obstante, lo que ahora tenemos en nuestras manos nos permitirá intervenir en este tema para ayudar a la gente a ir más allá de la luz que los ilumina ahora. Ahora que podemos hablar libremente del Infinito y la Nada.

Y aunque en este camino se abren ante mi infinitas galerías y pasajes, no quiero acabar emulando al minotauro de Borges en la casa de Asterión. Especialmente ahora que encontramos el verdadero Aleph, y no precisamente aquel escondido al final de la escalera del sótano de Carlos Argentino; sino el Aleph contenido en todos los puntos del espacio; en todas las escaleras; en todos los sótanos del Universo.

Y ahora que rememoro alguno de sus cuentos, pienso que en verdad Borges fue el Cervantes de nuestra época, ese genio al que no otorgaron los reconocimientos que merecía, tan solo por no arrodillarse ante políticos y funcionarios de izquierda.

Y mientras empezaba a cesar la lluvia, vuelvo a la realidad al escuchar unos acordes disonantes de guitarra que invadieron el ambiente; y al voltearme veo al padre de mi esposa quien nos visitaba ese fin de semana. No eran muchas las ocasiones en que teníamos el placer de su visita. Mikael, una persona siempre muy agradable y amable, quién acentuando el rasgado de las cuerdas con gesto de quien degusta un limón, y luego de saludarme efusivamente me pregunta:

¿Pero qué cosa es esto, Simeón?

¡Nunca había tocado una guitarra así, suena terrible!

Y lo peor es que no veo como afinarla; los trastes no están dónde deben estar.

Y yo, que siempre me mostré reticente a conversar acerca de ese tema sino exclusivamente con muy contadas personas; y ahora que lo pienso, creo que únicamente con mi esposa; le contesto como resistiéndome a dar muchas explicaciones:

Se trata de un instrumento experimental Mikael. Pero contrario a lo que yo esperaba esa respuesta no le satisfizo, y quizás por su gran afición a la música su curiosidad se entusiasma y replica:

¿Experimental con cuál objetivo Simeón? ¿Cómo se gradúa? Muéstrame por favor todos los detalles; no sabía que eras aficionado a la música también.

Y con un sonido en mi voz similar al de un motor que ha estado sin ser encendido desde hace largo tiempo; y al cual le cuesta remontar camino en los primeros movimientos, le contesto:

Seguro Mikael; pero antes, por favor cuéntame acerca de lo que conoces acerca de las escalas musicales para tratar de enfocar y resumir mejor mi respuesta.

Y dándole descanso a las cuerdas; y reposando la guitarra sobre el mesón Mikael me contesta:

Con gusto Simeón, la historia de la música es muy antigua y sus principios científicos se remontan a los antiguos griegos, ellos conocían la consonancia que se producía entre los sonidos de una cuerda y otra con el doble de su longitud, el acorde de esos dos sonidos se percibía muy agradable, como un único sonido, como una unidad, y a ese acorde se le llama actualmente la Octava (Diapasón para los griegos).

Pero el acorde de Octava, no era suficiente, y por consiguiente se interesaron en saber si existía esa misma sensación de consonancia entre otros sonidos distintos, y fue a partir de allí que crearon las escalas musicales basándose en razones numéricas entre las frecuencias de los sonidos. A partir de allí no es mucho lo que puedo agregar.

Excelente resumen Mikael, que agradable ver que conoces acerca de las bases que sustentan la Música. Es correcto lo que has dicho, y te puedo agregar que lo que se conoce de esa época acerca de la relación entre los números y los sonidos ha sido gracias a las referencias de Nicómaco de Gerasa (100 D.C.) quién describió los trabajos del filósofo matemático Filolao (479 A.C.) de la escuela pitagórica, y quién a su vez describía el trabajo de los pitagóricos contemporáneos o predecesores.

Los antiguos griegos reconocían también la consonancia de la razón 4/3 (Diattesaron) entre las frecuencias de dos cuerdas de longitudes 1/4 y 1/3 de una longitud unidad, así como también la razón 3/2 (Diapente) entre los sonidos de dos cuerdas de longitudes 1/3 y 1/2. Ellos notaron que la razón 3/2 es la que más se acercaba a la consonancia observada para la Octava 2/1.

Es importante tener en cuenta que el principio fundamental que regía todo estudio de la música (y en la actualidad sigue siendo así) era la Razón Geométrica entre las frecuencias de dos sonidos, es decir, desde el principio la consonancia entre el 1/1 y 2/1 fue atribuida al hecho que una frecuencia era el doble de la otra, la razón geométrica es 2.

Antes de continuar te debo aclarar Mikael, que el símbolo utilizado por los griegos para denotar la Razón entre dos magnitudes son los dos puntos ':', de manera que la razón 2:1 indica la razón geométrica 2 con respecto al sonido fundamental 1, es decir: la razón geométrica entre dos frecuencias de referencia, y no pretende indicar solamente el valor decimal absoluto de la frecuencia de una nota como si sería el caso si utilizáramos la expresión 2/1.

Sin embargo, yo usaré en adelante el símbolo '/' simplemente porque le resulta más familiar a las personas, esto es, usaré esa expresión con doble intención: para indicar tanto la razón geométrica entre dos frecuencias, así como también el valor decimal absoluto de la frecuencia de una nota; todo dependerá del contexto en que se esté hablando en el momento.

Con eso en mente y continuando con mi desarrollo, los antiguos griegos (y en otras civilizaciones también) asumieron arbitrariamente que la consonancia del intervalo de la Octava es causada por la multiplicación por 2. Ese producto fue decretado entonces como la ley de la división del dominio de los sonidos desde el 1 hasta el infinito, división en Octavas sucesivas:

$$1, 2, 4, 8, 16, \ldots$$

Claro está, impulsados por el hecho que todas las notas de esa secuencia eran consonantes entre sí. La sensación de cualquier acorde de Octava al oído, para frecuencias por encima de los 100Hz se percibe similar e igualmente consonante, tanto que llegaron a considerar que una frecuencia y su doble eran el mismo sonido, sin embargo, eso no es cierto para algunos casos que detallaremos luego.

Desde ese punto de vista, al multiplicar o dividir una frecuencia por 2 se obtendría la misma nota, y por tanto las notas existentes en el intervalo una Octava son consideradas las mismas en cualquier otra Octava.

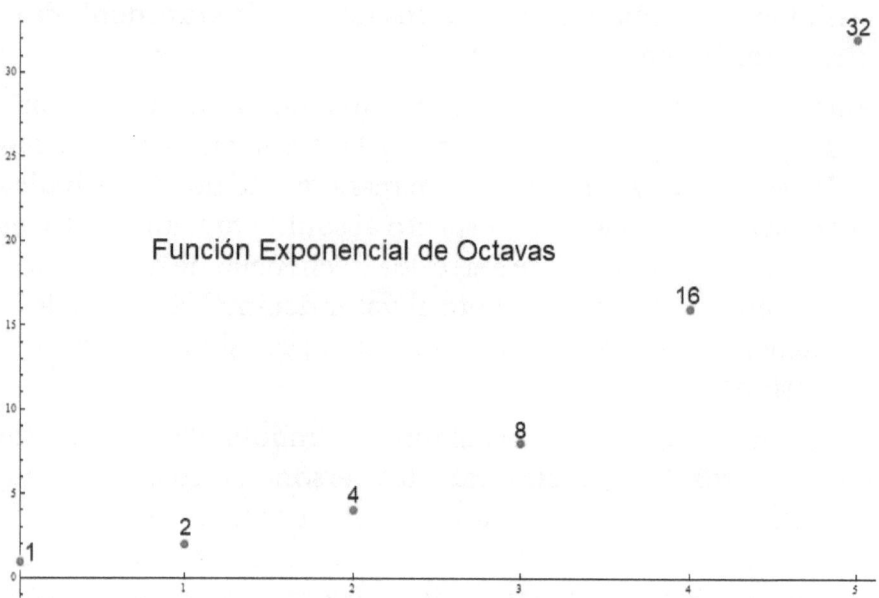

Sin embargo, aunque es cierto que la sensación de los acordes de un grupo de notas es similar en distintas octavas, hay que recalcar que no es cierto que son las mismas notas, porque esa extrapolación da lugar a otros errores. Decretar la igualdad de esas notas basados en la consonancia de la octava, era una arbitrariedad similar a afirmar que el producto por 2 era la causa de la armonía, así como el convertir la octava en la unidad de medida de todo el dominio de los sonidos. Esas arbitrariedades eran justificables en la era Pitagórica o la edad media, pero para esta época no lo son, en absoluto.

Inicialmente no es fácil acostumbrarse al tema de las cantidades relativas en la música. En términos generales, desde el punto de vista del efecto sonoro de un acorde de dos notas: se percibe la misma sensación con la razón entre dos frecuencias $f2:f1$ (la cual representaré siempre con su fracción decimal $f2/f1$), que hablar de la razón $(f2/f1)/1$.

Es decir, es lo mismo relacionar una frecuencia $f2$ con otra $f1$, que relacionar una frecuencia con valor $f2/f1$ con la frecuencia unidad. Y siendo m un número racional cualquiera, todo lo anterior también es igual que relacionar $m*f1$ con $m*f2$.

En ese sentido, 3/2 se percibe similar al acorde de dos cuerdas con longitudes 3 y 2, y al de longitudes 1/3 y 1/2, o longitudes 1 y 3/2, y así sucesivamente.

La sensación sonora (nivel de consonancia o disonancia) de acordes con la misma razón geométrica siempre es similar, para un amplio rango de frecuencias, pero como ya lo mencioné anteriormente eso no ocurre cuando se comparan acordes de frecuencias medias o altas con acordes de frecuencias bajas con la misma razón, eso lo veremos más adelante.

Por eso Mikael, los antiguos diferenciaban las cuatro ciencias principales así: La Música era considerada la Ciencia de la Cantidad Relativa, la Aritmética la Ciencia de la Cantidad Absoluta, la Geometría la ciencia de la Cantidad en reposo, y la Astronomía la ciencia de la Cantidad en Movimiento.

Sin embargo, aunque razones geométricas iguales indican similitud en la sensación percibida de los acordes, eso no significa que esa sea la ley general que rige la consonancia de los acordes. La misma razón geométrica mantenida entre cada par de frecuencias, simplemente ocasionará que la forma de la onda resultante (la suma de ambas ondas) tenga siempre una forma igual, el valor de las frecuencias simplemente escala esa resultante, y por tanto la sensación recibida en el oído siempre será similar, eso es todo.

Entre los valores 1 y 2 pueden establecerse otras relaciones muy distintas a la de la Razón Geométrica 1*2 = 2, de hecho hay infinitas curvas o funciones que pueden contener ese par de números, pero desde tiempos ancestrales decretaron la curva: 1,2,4,8,16, ... como la base sobre la que se fundamentan todas las leyes de la armonía universal de los sonidos. Y el mundo aceptó eso y aún hoy en día lo acepta, para mi sorpresa.

Los antiguos griegos pudieron comprobar que aparte de la Octava, también era aceptablemente consonante el acorde de dos cuerdas cuyas longitudes son 1/2 y 1/3 de la longitud unidad, es decir, que un acorde con frecuencias 2 y 3 era casi tan consonante como la Octava. Por esa razón, le dieron especial importancia a la razón geométrica: 3/2.

Entonces, así como se usó la razón geométrica 2, para dividir todo el dominio de los sonidos en los intervalos: 1,2,4,8,16..., y puesto que se requerían más notas para hacer más variada la música, decidieron multiplicar o dividir por 3/2 para obtenerlas. No hay una verdad científica en eso, simple experimentación para lograr intervalos razonables entre las notas dentro de la octava.

En resumen, primero obtuvieron una secuencia de notas multiplicando por 2 (secuencia de octavas), y ahora multiplicarían y dividirían por 3/2 para obtener más notas, pero muy importante: siempre confinando esos valores dentro del intervalo 1-2, y repitiendo las notas en los otros intervalos de octavas:

$$[2, 4], [4, 8], [8, 16], ...$$

Si al multiplicar o dividir, el resultado es menor a 1 o mayor a 2 entonces se aumenta o se reduce el valor en una octava para confinarlo al intervalo 1, 2.

Como nota curiosa, los griegos también observaron que la razón 4/3 era aceptablemente consonante, aunque no tanto como 3/2, y que además el intervalo entre la Octava y 3/2 es:

$$(2/1)/(3/2) = 4/3$$

esto es, el producto de ambos produce la Octava:

$$(3/2)*(4/3) = 2$$

Al valor 4/3 lo llamaron Intervalo de Cuarta, y a 3/2 Intervalo de Quinta, ya que esas son las posiciones que ocupan en la escala generada con ese procedimiento.

El procedimiento de generación de más notas dentro del intervalo 1-2 es así:

Al dividir la nota fundamental Unidad por 3/2, esto es:

$$(1/1)/(3/2) = 2/3 < 1$$

el resultado menor a 1, entonces puesto que por definición si ese valor se sube una Octava la nota es la misma:

$$(2/3)*2 = 4/3$$

El valor 3/2 desempeña ahora un papel tan importante como el de la Octava, en el dominio universal de los sonidos.

No había ciencia ni fundamentos matemáticos reales en todo esto, simplemente la percepción del oído convertida en ley de las armonías.

Muy interesante Simeón, hay detalles de la matemáticas de la música que realmente no conocía, y me interesa mucho, por favor, continúa con más detalles acerca de cómo fueron creadas las escalas, y todo lo que has trabajado en relación a eso.

¿Estás seguro Mikael?

¿Realmente quieres que profundice en los detalles?

Podría ser muy extensa la explicación, y no sé si mi narrativa estaría a la altura de tu interés, quizás podríamos hablar de otros temas como mi teoría del Reconocionismo para la búsqueda de una sociedad realmente justa, la cual considero muy importante porque rebate los fundamentos del socialismo y el capitalismo.

Por favor Simeón, no quiero causarte algún inconveniente, si el tiempo te lo permite y tienes la disposición ahora, extiende todo lo que quieras tu explicación, no quiero saltarme este tema de la música por extenso que sea, siempre habrá quien no le encuentre mayor interés a eso, pero yo sí y tengo mis razones. En cualquier otra oportunidad hablamos de otras teorías que no tengan que ver con música, física o matemáticas.

Bueno, con gusto Mikael, no muy a menudo tenemos la oportunidad de conversar, empezaremos con el análisis de la generación de las notas en la escala pitagórica.

La Escala Pitagórica

Como ya dije, la multiplicación o división por 3/2 se convertía entonces en la ley universal de la armonía dentro de todos los intervalos de octava que abarcan el dominio de los sonidos:

$$1, 2, 4, 8, 16, \ldots$$

En verdad, no existen escritos de Pitágoras sobre como fue creada específicamente la escala musical pitagórica, solo conjeturas y deducciones de autores modernos, y referencias directas de algunos autores posteriores a Pitágoras. La explicación más difundida acerca del origen de la escala cromática pitagórica es precisamente la división de la Octava en notas que sigan la razón 3/2. En ese sentido, desarrollaré todo el proceso, paso a paso, de la creación de la escala, que como ya vimos se inicia multiplicando la frecuencia Unidad 1/1 por el valor 3/2:

$$(1/1)*(3/2) = 3/2$$

y entonces las primeras dos notas de la escala son:

$$1/1 \quad 3/2$$

Continuamos ahora con el producto:

$$(3/2)*(3/2) = 9/4 = 2.25 > 2$$

que es un sonido mayor que la octava 2.

Se reduce ese valor en una octava para que quede ubicado dentro del intervalo [1,2] así:

$$(9/4) / 2 = 9/8$$

Agregamos esa nueva nota en orden ascendente, y tenemos ahora tres notas en el intervalo de la octava [1,2]:

$$1/1 \quad 9/8 \quad 3/2$$

Por favor Mikael, ten en cuenta algo muy importante, fíjate que se hizo el producto (3/2)*(3/2) afirmando que con eso se obtendría otro valor que estaría en razón 3/2 con la nota 3/2, pero al final, luego de bajar una octava se obtiene 9/8 que no está en razón 3/2 respecto a 3/2.

Al bajar o subir octavas se obtiene otra cosa, no lo que se sugirió al comienzo, todo nuevo valor obtenido de esa manera, no tiene razón 3/2 respecto a ninguna de las notas vecinas, con alguna casual excepción luego de avanzar varios pasos del proceso.

Entonces, eso contradice el principio en que se basó la multiplicación por 3/2, pero esto no es mencionado en la literatura porque se decretó que una nota es igual a su doble, y el resultado debe ser siempre el mismo, por supuesto, eso lo rebatiré científicamente más adelante.

Continuando con la explicación:

De igual manera multiplicamos la nueva nota por 3/2:

$$(9/8)*(3/2) = 27/16 = 1.6875 < 2$$

que es menor a 2, y está dentro de la Octava, entonces tenemos ahora 4 notas en la escala:

$$1/1 \quad 9/8 \quad 3/2 \quad 27/16$$

Repetimos el proceso:

$$(27/16)*(3/2) = 81/32 = 2.531 > 2$$

lo reducimos una Octava por ser mayor a 2:

$$(81/32)/(2) = 81/64 = 1.265...$$

Y la escala es ahora:

$$1/1 \quad 9/8 \quad 81/64 \quad 3/2 \quad 27/16$$

Y si continuamos ese proceso, lo que esperaríamos es obtener en algún momento el valor 2/1, pero lamentablemente eso no ocurre, de hecho, al multiplicar 12 veces por 3/2, solo se logra llega al valor:

$$531441/262144$$

cuya razón respecto a 2 es:

$$(531441/262144)/2 = 1.01364...$$

A esa diferencia le dan el título de:

Coma Pitagórica

Ese fue el nombre elegido en lugar de llamarlo: Error Pitagórico. El sonido entre notas que están en razón relativa de una coma, es muy desagradable por ser frecuencias muy cercanas y se genera modulación.

Si se ejecuta el mismo proceso pero dividiendo por 3/2 en lugar de multiplicar, y se sube una octava cuando se requiera, entonces las primeras dos razones que debían ser iguales en ambos procesos difieren por ese valor de la Coma pitagórica, y lo mismo ocurre con muchas otras razones.

Llamaremos Primer Proceso al proceso de multiplicación por 3/2, y Segundo Proceso al de división por 3/2. Te mostraré ahora el esquema:

Primer Proceso → multiplicando por 3/2:

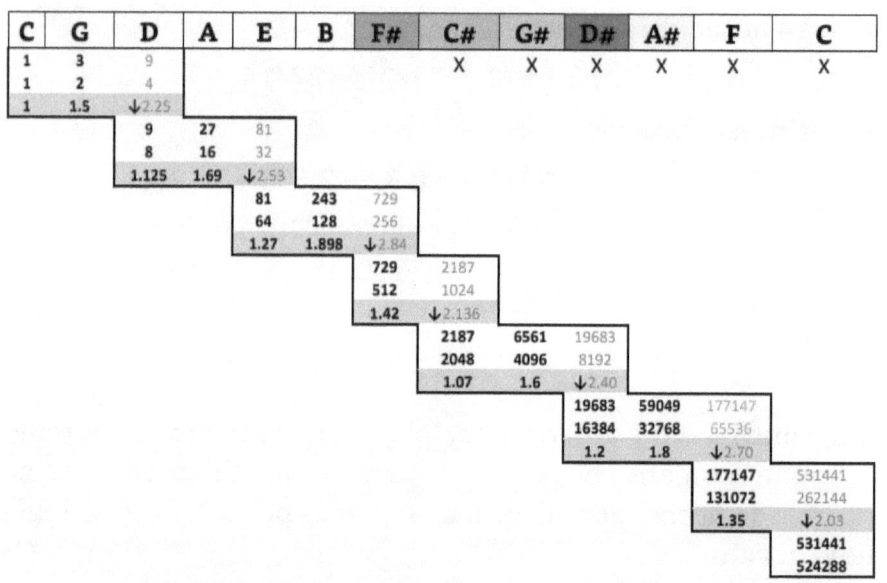

Primer Proceso, Tabla de razones seleccionadas:

C	D	E	G	A	B	C
1	9	81	3	27	243	2
1	8	64	2	16	128	1
1	1.125	1.27	1.5	1.69	1.898	2

Los números con dos decimales (con fondo sombreado en gris) representan el valor redondeado de la razón que aparece en la parte superior de la celda.

Algunos de esos valores tienen a su izquierda una flecha, hacia arriba o hacia abajo, la cual indica si luego de multiplicar o dividir por 3/2, se tuvo que subir o bajar una octava para llevarla al intervalo [1,2].

Los valores que ya han ubicados dentro de la octava aparecen resaltados en negrita.

En el primer proceso cada razón es generada multiplicando por 3/2, y dividiendo entre 2 en el segundo proceso. En la tabla utilizo la moderna nomenclatura de letras para las notas.

La construcción de la escala a partir de esos dos procesos, responde a una selección arbitraria. Las notas que debían ser iguales en ambos difieren en una coma pitagórica, y por esa causa se desecharon algunas de ellas de acuerdo al tamaño de los enteros que contienen.

En el Primer Proceso (multiplicación por 3/2), la tabla se asemeja a una escalera que desciende hacia la derecha.

Al ejecutar los primeros 5 pasos (cinco productos por 3/2), y colocarlas en orden ascendente de sus valores se obtiene la tabla de razones seleccionadas que como puedes ver aparece debajo de la tabla de cada proceso.

La nota C (2/1) se agregó arbitrariamente para completar el intervalo de Octava en la escala, pero se debe tener en cuenta que ese valor no fue resultado del proceso.

Igualmente, en el Segundo Proceso (división por 3/2), al realizar los primeros 5 pasos a partir de 1/1 (cinco divisiones por 3/2) se obtienen las razones seleccionadas que aparecen en la tabla incluida debajo del proceso.

Segundo Proceso → dividiendo por 3/2:

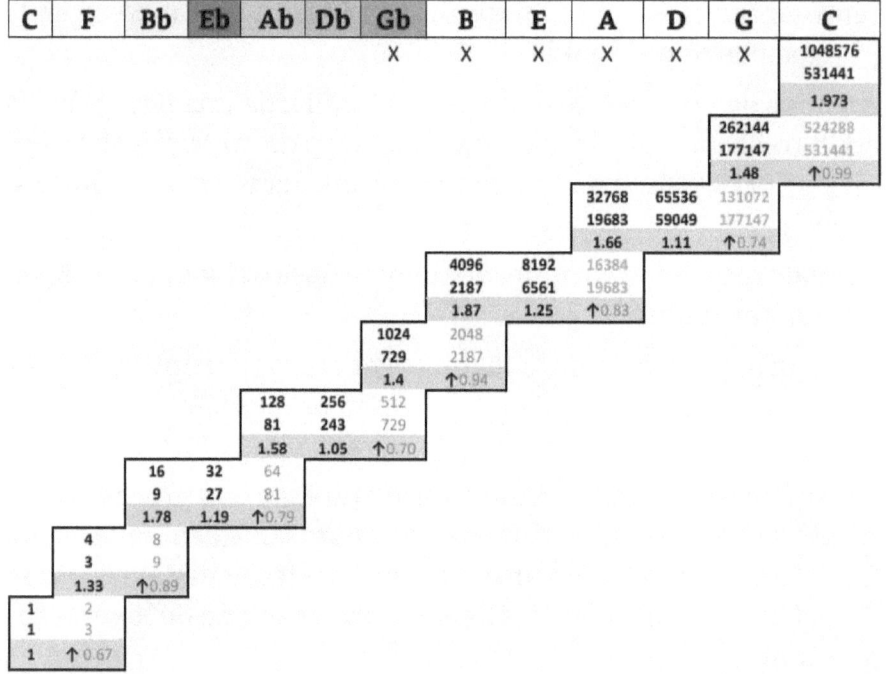

Segundo Proceso, Tabla de razones seleccionadas:

C	Db	Eb	F	Ab	Bb	C
1	256	32	4	128	16	2
1	243	27	3	81	9	1
1	1.05	1.19	1.33	1.58	1.78	2

Con las razones seleccionadas, tenemos 12 notas dentro de la Octava, y ahora es necesario revisar si algunas son iguales entre sí o están tan cercanas como para producir gran disonancia. Para comparar las razones de ambas tablas, dividimos cada razón de la primera tabla por la correspondiente en la misma columna de la segunda tabla (aquella cuyo valor es el más cercano):

C/C	D/Db	E/Eb	G/F	A/Ab	B/Bb	C/C
1	1.068	1.068	1.125	1.068	1.068	1

Las razones entre las parejas de notas:

$$D/Db \quad E/Eb \quad A/Ab \quad B/Bb$$

tiene el valor: 1.0679..., mayor que la Coma Pitagórica, de manera que son frecuencias cercanas, pero no tanto como para considerarlas iguales.

Por esa razón fueron pasaron a formar parte de la escala pitagórica, y se les colocó la letra *b* que indica que son casi la "misma nota" pero disminuida en una pequeña cantidad (Bemol):

$$Db < D \quad Eb < E \quad Ab < A \quad Bb < B$$

Por otro lado, la pareja:

$$G/F = (3/2)/(4/3) = 1.125 = 9/8 \text{ (Tono)}$$

difieren en un valor mayor al Bemol que acabamos de ver, entonces G, F, se consideran dos notas suficientemente diferentes, y por esa razón se agregó F a la Escala Mayor: la escala que no incluye sostenidos ni bemoles. Al intervalo 9/8 entre G y F se considera un tono completo, existen otras notas de la escala difieren en esa razón y por eso ese intervalo juega un rol especial.

En el paso 6, en ambos procesos se generan las notas:

$$F\#, Gb$$

que difieren entre sí en una coma pitagórica (debieron ser iguales para que fuese un proceso perfecto), decidieron elegir entre las dos el valor:

$$F\# = 729/512$$

en lugar de Gb= 1024/729, porque tiene números enteros más pequeños, la disonancia con Gb es mayor.

El símbolo # (Sostenido) se le coloca porque esa nota es mayor que F y tiene la misma razón geométrica que la que tienen los bemoles respecto a sus correspondientes notas en la tabla anterior. Esto es:

$$F\#/F = 1.0678711$$

Por tanto el sostenido # es de la misma naturaleza que el bemol *b*, eso lo veremos detalladamente más adelante.

En resumen, el valor de la coma pitagórica es el desfase producido luego de multiplicar 12 veces por 3/2:

12 intervalos de quinta: $(3/2)^{12}$

y bajar 7 razones en una octava: (2^7)

que es lo que se hizo al ejecutar todos los pasos del proceso hasta llegar a lo que debía ser la Octava:

Coma pitagórica = $(3/2)^{12}/2^7$ = 1.01364...

La nota F aparece en el paso 11 del primer proceso:

F = 177147/131072

mientras en el primer paso del segundo proceso:

F = 4/3

ambos valores de F difieren una coma pitagórica, se escogió el que contiene números enteros pequeños: F=4/3.

Escala Mayor Pitagórica:

C	D	E	F	G	A	B	C
1	9	81	4	3	27	243	2
1	8	64	3	2	16	128	1
1	1.125	1.27	1.33	1.5	1.69	1.898	2

Basados en que una nota es igual a su octava, si se multiplica cualquiera nota de la escala por 3/2, resulta equivalente a avanzar 5 puestos en la escala, ejemplos:

(9/8)*(3/2) = 27/16

valor ubicado a 5 celdas de 9/8, por eso a 3/2 se le llama intervalo de quinta.

(27/16)*(3/2) = 81/32

que se asume igual a su octava inferior: 81/64, lo cual no es cierto.

De manera similar si se multiplica por 4/3:

(9/8)*(4/3) = 3/2

valor ubicado a 4 celdas de 9/8, por eso a 4/3 se le llama intervalo de cuarta.

Si un grupo de esos valores de la escala pitagórica, se utiliza como escala para algún instrumento o composición musical, entonces dependiendo de la secuencia de tonos y semitonos que exista entre ellos, se les nombra acompañado de las palabras: Mayor o Menor.

Los Tonos y Semitonos son los intervalos que separan cada nota con la que la antecede en esa escala, como puedes ver en la siguiente tabla:

D / C	E / D	F / E	G / F	A / G	B / A	C / B
9/8	9/8	256/243	9/8	9/8	9/8	256/243
Tono	Tono	Semitono	Tono	Tono	Tono	Semitono

A esa secuencia específica de tonos y semitonos se le denomina Escala Mayor. Son dos tríadas compuestas por dos tonos y un semitono, y separadas ambas mediante un tono central (G/F). No ahondaré en ese tema que ya ha sido desarrollado abundantemente en la literatura, porque mi objetivo es solo mostrar el proceso de generación de la escala.

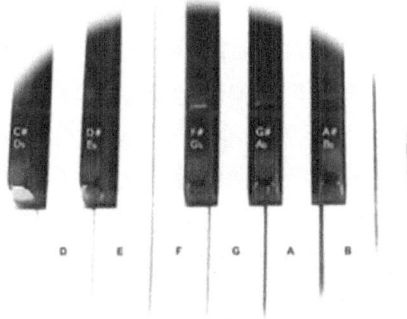

Ya mencionamos, que en el proceso hasta el 5to paso, también se generaron las siguientes notas:

Db, Eb, Ab, Bb

que son bemoles por su cercanía con las notas: D, E, A, B.

La escala se completa al agregar esos bemoles y sostenidos: en total 12 notas de la escala cromática Pitagórica.

Los Bemoles (b) y Sostenidos (#) representan la misma razón, son iguales:

F# = Gb   G# = Ab   A# = Bb   C# = Db   D# = Eb

Aquí es conveniente hacer la siguiente observación:

Ya mencionamos como se escogió en el paso 6 las notas:

F#, Gb

F# = Gb = 729/512

lo que llaman la Cuarta aumentada F# (sostenido) en lugar de la Quinta Disminuida Gb (bemolizada). Esos nombres junto con muchos otros rimbombantes, parecieran intentar arrojar un velo de misterio o importancia a todos estos elementos, que realmente no tienen; por el contrario: los errores son la base de este sistema, y por tanto no hay que dejarse influir por todos esos términos rebuscados, aquí no hay misterios divinos.

Retomando el análisis, en el primer proceso luego del paso 6 y hasta el final, se obtienen las notas:

C#	G#	D#	A#	F

Se observa, que todas ellas difieren en una coma pitagórica respecto a los más cercanos valores hallados en los primeros cinco pasos del segundo proceso.

El color de cada cuadro en ambos procesos, indica a cuál nota debía haber sido igual, pero es diferente por una coma. Luego del paso 6 en el segundo proceso se tienen:

F	Bb	Eb	Ab	Db

Por ejemplo: Db debió tener la misma frecuencia que C# (ambas celdas con color verde), Ab la misma frecuencia que G# (naranja), Eb la misma frecuencia que D# (rojo), Bb la misma frecuencia que A# (amarillo).

Se descartaron aquellas con números enteros más grandes, y por eso sus celdas aparecen marcadas debajo con una letra X en ambos procesos.

La nota C difiere en una coma de su valor, no es parte del proceso, pero incluyeron 2/1 en la escala por necesidad:

Tabla de la Escala Cromática Pitagórica:

C	C# = Db	D	D# = Eb	E	F	F# = Gb	G	G# = Ab	A	A# = Bb	B	C
1	256	9	32	81	4	729	3	128	27	16	243	2
1	243	8	27	64	3	512	2	81	16	9	128	1
1	1.05	1.125	1.19	1.27	1.33	1.42	1.5	1.58	1.69	1.78	1.898	2

Para elaborar esa escala bastaba con ejecutar solo los primeros seis pasos de los dos procesos. A continuación muestro la tabla de razones entre cada nota y la inmediata anterior en esa escala:

Tabla de intervalos entre notas de la escala pitagórica

C#/C	D/C#	D#/D	E/D#	F/E	F#/F	G/F#	G#/G	A/G#	A#/A	B/A#	C/B
256/243	2187/2048	256/243	2187/2048	256/243	2187/2048	256/243	256/243	2187/2048	256/243	2187/2048	256/243

Con excepción de F/E y C/B, el intervalo existente entre las notas de la escala mayor (sin bemoles ni sostenidos) es 9/8, pero entre cualquier nota de esa escala y su bemol (que es el sostenido de la nota anterior a ella) el intervalo es: 2187/2048, mientras que el intervalo con su sostenido es: 256/243.

¿Por qué interesarnos en esos intervalos entre notas y en su distribución?

Es la razón entre dos sonidos la que identifica el sonido resultante, la que impone la marca, la huella, el patrón.

Es la que indica si dos acordes con diferentes frecuencias se perciben igual, o si la huella que dejan en nuestro oído es completamente distinta.

Aunque hay que remarcar que la percepción de similitud entre acordes, ocurre solamente cuando se comparan acordes que están dentro de ciertos rangos de frecuencia, o que tengan el mismo grado de modulación, de lo contrario se debe indicar que las condiciones no son adecuadas para la comparación.

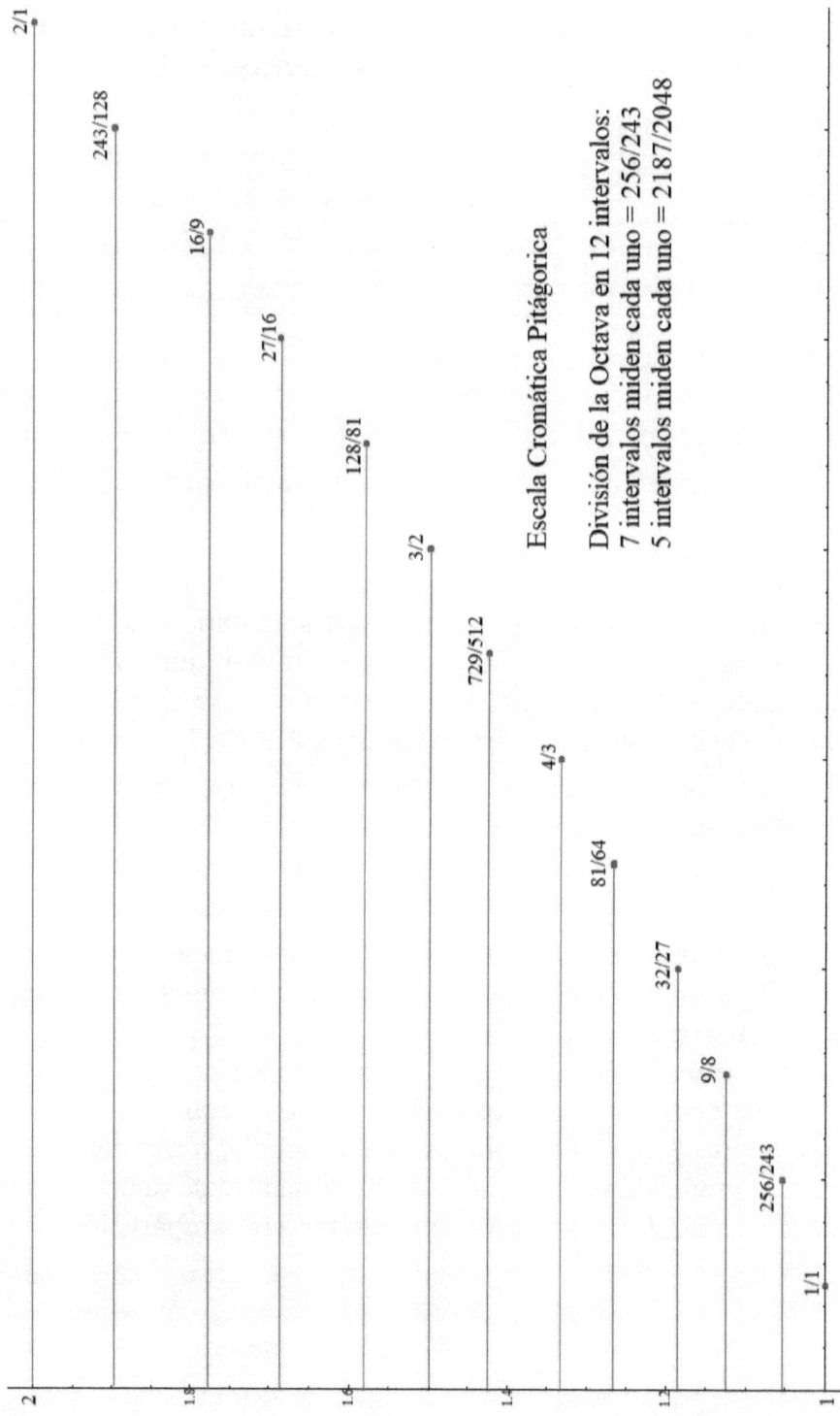

Entonces, en términos generales, cuando varias notas suenan en secuencia o en acorde siguiendo un patrón específico de intervalos, el oído puede identificar ese patrón de sonidos aun cambiando el valor de las frecuencias, siempre que se mantengan los intervalos iguales.

Si escogemos un grupo de notas a gusto dentro de la escala pitagórica, y decidimos que esa será la escala a usar en un instrumento o composición, entonces la distribución o patrón de los intervalos será el documento de identificación de esa escala, y además nos permitirá replicarlo a partir de cualquier otra frecuencia que elijamos como nota fundamental.

Según la opinión de algunos músicos si en una misma composición se utilizan varias escalas con patrones de intervalos distintos, entonces además de impráctico, el resultado aparentemente no resulta agradable, y puede ser confuso o desconcertante al oyente. Por mi parte, pienso que esa es una interpretación producto no solamente de las limitaciones de ejecución física y desarrollo tecnológico de épocas anteriores, sino de las fallas del concepto mismo que dio origen a estas escalas; hoy en día no se justifican esos argumentos, la música no tendría por qué ser restringida a un grupo de intervalos específicos, y mucho menos si el procedimiento de generación de esos intervalos no se fundamenta en la armonía de los sonidos, la música debería ser libre y sometida solo a las verdaderas leyes generales de la consonancia. Podríamos decir entonces:

Liberen la Música!

Hay que remarcar qué aunque manteniendo la misma razón entre las notas, es muy similar la sensación que se percibe cuando se ejecutan sus acordes a diferentes frecuencias, eso no implica que esas notas sean iguales, y mucho menos que puedo intercambiarlas como si fuesen lo mismo. Ese es el ancestral mito, extendido a lo que se denomina: acordes por inversión, lo revisaremos en detalle más adelante.

Retomando el punto, la distribución de los intervalos es clave para identificar una escala, y la desigualdad de esos intervalos en la escala cromática pitagórica, ocasionó serios problemas a los músicos.

En la siguiente imagen puedes ver las longitudes de cuerda o ubicación de los trastes para emitir cada una de esas notas.

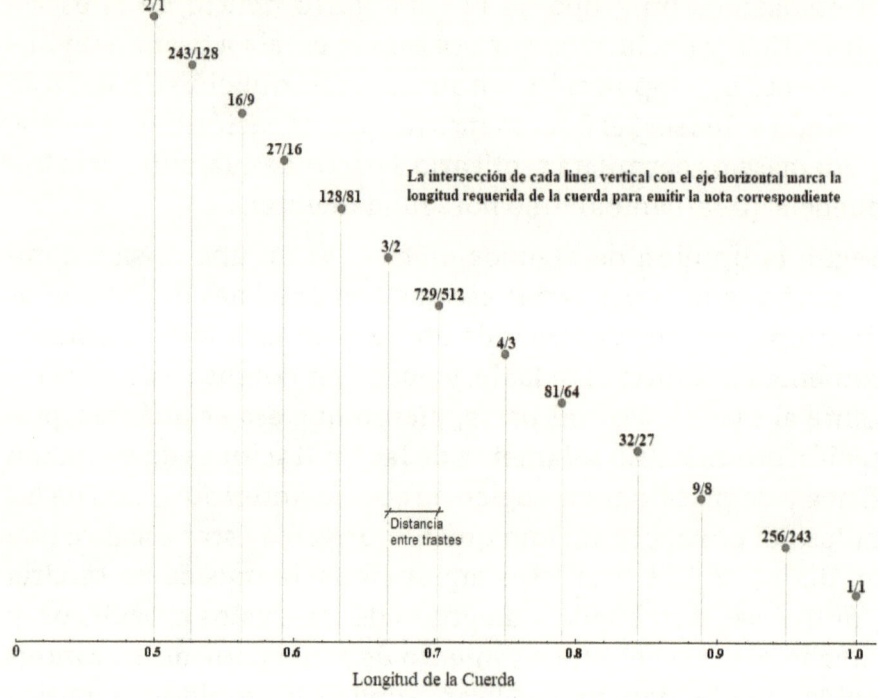

La imagen muestra que para la escala pitagórica la distancia entre los trastes varía de manera irregular.

Todas las notas bemoles o sostenidas se les nombra con el puesto en la escala de su nota mayor relacionada y el sufijo "Menor". Toda nota de la escala mayor se le nombra con su puesto en la escala y el sufijo "Mayor". Ejemplo: 256/243 es la Nota Segunda Menor, porque su nota mayor relacionada (por la cual es Bemol) es la Segunda Mayor: 9/8. Es decir que el sufijo Menor o Mayor lo establece el que sea una nota de la escala mayor o no.

Y tú Mikael, que sin duda alguna entiendes que todo el tema

de las escalas ha sido el resultado de criterios arbitrarios, sin más base que la de considerar intervalos con alguna separación aceptable al oído, y sin ningún fundamento realmente matemático o científico, me imagino que seguramente ahora vas comprendiendo la necesidad de responder a interrogantes como la siguiente:

¿Por qué en el proceso de generación de la escala, los valores que dan menores o mayores a 2 se bajan o se suben en una Octava, si se sabe que como consecuencia de eso la razón obtenida deja de estar en razón 3/2 con la anterior, y ahora su razón respecto a ella siempre será otra distinta?

No hay respuesta para eso Mikael, y no hay misterios en nada de esto, no hay fórmula secreta dictada por alguna mente divina, simplemente ellos decidieron que una nota era igual a su doble.

Simplemente estamos en presencia de cálculos arbitrarios y parches, que luego tuvieron que ser modificados de todas las maneras imaginables.

El método de los griegos era totalmente justificable para esa época, la multiplicación por 3/2 respondía a una lógica razonable basada en un caso particular de consonancia, aunque no en una ley general. Lo que no se justifica es que las modificaciones posteriores fueran tan o más arbitrarias, incluyendo la escala moderna de temperamentos iguales de Bach.

Una vez que descartas el principio de "Apelación a la autoridad", y desechas cualquier prejuicio de admiración hacia figuras históricas, o a nombres sonoros y llamativos usados para imponer autoridad, entonces eres un alma suficientemente libre como para poder discernir qué ocurre realmente con este tema de las armonías en la música.

La mejor referencia para entender el origen de las escalas de los antiguos fue la de Filolao, y la importancia de los escritos que nos dejó se refleja en el hecho que Platón en Timaeus 36 utilizó su trabajo y sus razones como elementos de su Creación del Mundo, la creación del alma del mundo.

La escala mayor pitagórica, fue descrita por Filolao utilizando la razón (3/2)/(4/3)=9/8. Explicaba que dividiendo y multiplicando por 9/8 utilizando como valores iniciales los sonidos: 1/1, 4/3, 3/2, 2/1 se puede generar esa escala mayor.

Posteriormente fue Ptolomeo (200 D.C.) quien construyó la escala que sería la base de la música europea.

La escala ptolemaica no fue elaborada con el método pitagórico, en su lugar usaron el tetracorde compuesto por el intervalo 9/8, un tono menor 10/9 y un semitono diatónico 16/15 llamado el Tetracorde Diatónico Intenso. Eso lo podemos comprobar dividiendo cualquier nota por su vecina en la siguiente tabla, para todas las razones de la escala de ptolemaica.

Tabla de la Escala de Ptolomeo:

C	D	E	F	G	A	B	C
1:1	9:8	5:4	4/3	3:2	5:3	15:8	2:1

Los antiguos denominaban Tetracorde a cuatro notas, que en el caso de Ptolomeo eran cuatro notas que guardan entre sí la tríada:

$$9/8 \quad 10/9 \quad 16/15$$

Como lo indiqué anteriormente, dividiendo cualquiera de las frecuencias por la que la precede en la escala, se obtiene:

$$(2/1)/(15/8) = 16/15$$
$$(5/3)/(3/2) = 10/9$$
$$(3/2)/(4/3) = 9/8$$

Se puede notar también, que entre las notas (C,E,G) (F,A,C), esto es, los llamados acordes mayores, los intervalos vienen definidos por la relación entre números enteros menores 4:5:6.

Por ejemplo, en el acorde mayor G,B,D la relación B/D es:

$$B/D = (15/8)/(9/8) = 5/3$$

Pero si asumimos que la nota D=9/8 de esa escala, es igual a su octava 9/4, entonces la relación resulta:

$$D/B = (9/4)/(15/8) = 6/5$$

y por esa razón, basados en el principio que una nota es igual a su octava, autores modernos argumentan, que en la escala de Ptolomeo los acordes mayores están regidos por los intervalos definidos por la tríada

$$4:5:6$$

es decir que las notas se construyen a partir de las razones entre esos números enteros, que son tres armónicos, de los cuales ampliaré detalles más adelante porque hay que tenerlos presentes cuando se analiza la razón entre cualquier grupo de notas.

El detalle y énfasis que he puesto en esto tiene su razón, porque resulta difícil aceptar que para explicar que la escala de Ptolomeo está controlada por la tríada 4:5:6 y basándose en que una nota es igual a su octava, entonces la relación entre dos notas pueda ser mágicamente convertida o transformada del valor 5/3 al valor 6/5, y por esa razón intentaré comprobar más adelante si es válido aplicar ese principio de igualdad o inversión de cualquier nota y su octava, porque esa es la base fundamental del edificio musical construido.

Retomando el tema, al parecer los tetracordes y/o las tríadas eran otra herramienta para construir escalas, de hecho, las liras antiguas tenían en muchos casos 4 cuerdas, aunque entre los actuales estudiosos parece haber muchos desacuerdos o confusión en este tema. Los contemporáneos y antecesores de Ptolomeo aparentemente utilizaron otros tretacordes.

Al final, todas las escalas desde Didymus y Ptolomeo utilizan los que luego se llamó: Entonación Justa, basada en tríadas con los números enteros 2,3,5.

Mikael por favor fíjate que la nota E en la escala ptolemaica vale 5/4 en lugar de 81/64 que es valor más cercano en la escala pitagórica, y la razón entre ellas es:

$$(81/64)/(5/4) = 81/80 = 1.0125 < \text{Coma Pitagórica}$$

A esa razón 1.0125 se le llama Coma Ptolemaica, llamada también syntonic comma, comma de Didymus.

Aunque el método pitagórico de multiplicar por 3/2 se suponía que sería perfecto, tanto como lo era la multiplicación por 2, la perfección de la Octava, sin embargo, habían casos donde se percibía gran disonancia como entre las notas E y la nota D#=Eb, entre otros problemas que detallaremos más adelante, y es lógico que existieran disonancias porque la escala fue construida con base a la razón 3/2 entre dos notas, es decir, la razón entre los amónicos 2,3. El hecho que 1 sea consonante con 3/2, o lo que es lo mismo: que 2 sea consonante con 3, no implica que cualquiera de las notas de la escala sea consonante con cualquier otra, porque no necesariamente están en esa misma relación 2,3.

Aunque el reinado de la escala pitagórica duró mucho tiempo, la escala de Ptolomeo fue finalmente bienvenida en la cultura europea, y se puede describir brevemente como la utilización de potencias de tres armónicos, lo que llaman Entonación Límite 5, con los tres números enteros:

2 3 5

Por ejemplo, se toma la razón 2/9 que está compuesta por potencias de 2 y 3, entonces se sube 3 octavas (se multiplica por 8) hasta obtener 16/9 que está dentro del intervalo 1-2. Pero aquí comienzan los problemas de siempre, porque hay otra razón 9/5 construida con base a potencias de 3 y 5 cuyo valor está a una coma ptolemaica de 16/9, y puesto que son casi iguales, la decisión es desechar la de números enteros más altos, y quedarse con 9/5. Lo mismo ocurrió con valores como 81/64 y 5/4 que ya mencioné para describir la coma ptolemaica.

Resumiendo, al hacer una tabla de multiplicar con potencias de 5 en una columna y potencias de 3 en una fila superior, se construyeron entonces todas las razones posibles asegurándose que siempre estén ubicadas en el intervalo 1-2, y desechando aquellas que son casi iguales (Coma) a otras pero que tienen números enteros más grandes.

Así la cultura europea utilizó finalmente la escala cromática de entonación límite 5 (La escala pitagórica se le llama de entonación límite 3, porque usa solo los enteros 2, 3).

Tabla de la Escala cromática Europea:

C	C♯	D♭	D	D♯	E♭	E	E♯/F♭	F	F♯	G♭	G	G♯	A♭	A	A♯	B♭	B	B♯/C♭	C
1	25	16	9	75	6	5	32	4	25	36	3	26	8	5	125	9	15	48	2
1	24	15	8	64	5	4	25	3	18	25	2	16	5	3	72	5	8	25	1

Todo sonido periódico con timbre, como el de la cuerda de una guitarra o piano, o también el sonido del acorde de varias notas, se puede replicar mediante la suma de los armónicos de un sonido fundamental.

Los armónicos son las distintas frecuencias naturales a las cuales vibra cualquier estructura, cada armónico participando con una amplitud particular, en conjunto le imprimen el timbre particular que sirve para identificar el tipo característico de sonido, sea guitarra, piano, violín, etc.

En resumen, los armónicos son los múltiplos enteros:

$$1, 2, 3, 4, 5, 6, 7\ldots$$

de una frecuencia Unidad, y todas las razones de las escalas mencionadas hasta ahora, son relaciones entre dos armónicos.

Hago un paréntesis en este análisis Mikael, para mencionarte un aspecto de la historia de la música muy interesante:

En la época de los antiguos griegos, las razones que dieron origen a sus escalas:

$$1/1 \quad 4/3 \quad 3/2 \quad 2/1$$

representaban en geometría la perfección del cubo.

Nicómaco de Gerasa (100 D.C.) hizo referencia a este respecto al analizar la escala musical descrita por Filolao, de la siguiente manera:

Un cubo se compone de: 6 lados, 8 vértices, y 12 aristas

1   6   8   12

Las razones entre los números que representan esos elementos constituirían la relación de frecuencias de sonidos que debían ser consonantes y armoniosos:

1/1   8/6   12/8   12/6

O lo que es lo mismo:

1/1   4/3   3/2   2/1

Las razones 4/3 y 3/2 ya eran conocidas como las medias Armónica y la media Aritmética entre los valores 1, 2. Los expertos han debatido durante mucho tiempo acerca del verdadero origen del término "Media Armónica", si es anterior o posterior a Filolao, y la tendencia generalizada es atribuir su origen a esos comentarios de Nicómaco de Gerasa acerca de la armonía del cubo. Algunos argumentan que el método de los pitagóricos utilizó esas medias.

Bueno Mikael, es oportuno revisar ahora algún ejemplo de los problemas que surgieron en la implementación de la escala pitagórica para los instrumentos musicales. Efectivamente, cuando surgieron instrumentos musicales más sofisticados en la cultura occidental, distintos a la lira, tuvieron que enfrentar un serio problema, en el caso de la guitarra al construir sus trastes siguiendo la secuencia de notas de la escala pitagórica, en efecto, asumiendo que los sonidos al aire de las 6 cuerdas de la guitarra se entonan de acuerdo a las siguiente notas:

E   A   D   G   B   E

Siguiendo la secuencia de notas de la escala pitagórica para generar más sonidos en cada una de esas cuerdas, es decir, al intentar colocar trastes para esas cuerdas para generar notas que cumplan la Tabla de la Escala Cromática Pitagórica.

Entonces las notas en el primer traste debían ser respectivamente para las 6 cuerdas:

$$F \quad A\# \quad D\# \quad G\# \quad C \quad F$$

En la Tabla de intervalos entre notas de la escala pitagórica, se puede observar que los intervalos entre las notas de este primer traste y los sonidos al aire son:

$$F/E = A\#/A = D\#/D = G\#/G = C/B = F/E = 256/243$$

Perfecto, todas iguales, y el inverso de ese valor es la relación de la longitud al aire y la longitud hasta el traste, por tanto, la longitud de la cuerda al aire L la multiplicamos por 243/256:

$$L*(243/256)$$

que es la longitud a la que debe estar el primer traste, es igual todas las cuerdas, así que el traste será una línea recta continua, muy conveniente y fácil de instalar.

A continuación, de acuerdo a la escala pitagórica, en el segundo traste las notas para cada una de las seis cuerdas deben ser respectivamente:

$$F\# \quad B \quad E \quad A \quad C\# \quad F\#$$

y en la Tabla de intervalos entre notas de la escala pitagórica, vemos que los intervalos de estas notas respecto al traste anterior son:

$$F\#/F = B/A\# = E/D\# = A/G\# = F\#/F = 2187/2048$$

$$C\#/C = 256/243$$

Esta vez no son todos iguales, en la quinta cuerda, esto es, en la cuerda que al aire tiene la nota B, el valor: C#/C es diferente: 256/243. Y eso representa un serio problema, porque entonces el segundo traste para esa quinta cuerda no irá alineado con los demás, tiene como consecuencia una relación diferente de longitudes, y ese pequeño desfase resulta totalmente impráctico, y ese problema se repite en otros puntos.

Aparte de ese problema, existían otras dificultades similares para ajustar escalas en distintos instrumentos para orquesta, y por esa razón es que finalmente Bach le implantó un nuevo parche a toda esta serie de fallas, y creó su escala de temperamentos iguales con un intervalo único.

Adicionalmente a esas fallas, existían problemas de disonancia muy marcada: En la escala cromática pitagórica la nota denominada Tercera Mayor E=81/64, y la nota Tercera menor D# = Eb = 32/27 son muy disonantes, y eso limitaba mucho la variedad musical, razón por la cual se vieron en la necesidad de modificar esas notas escogiendo otras de la escala de Ptolomeo.

Mediante el factor llamado Coma Ptolemaica o diatónica: 81/80 (también llamada coma simplemente), se pueden corregir esas notas:

$$E = (81/64)*(81/80) = 5/4$$
$$D\# = Eb = 32/27*(81/80) = 6/5$$

De hecho, modificando las notas E, A, B de la escala pitagórica con esa coma, se obtienen los correspondientes valores 5/4, 5/3, 15/8 de la escala de Ptolomeo.

Con eso lograban hacerlas más consonantes, pero no podían evitar otros problemas similares, y denominaron a esa disonancia el "Intervalo del Lobo" que es resultado directo del problema de la coma pitagórica.

Aparte del problema de los trastes de la guitarra y de consonancia en la escala pitagórica, se presentaba otro inconveniente cuando se trataba simplemente de mantener la misma escala para distintos instrumentos.

Para ver un ejemplo utilizaremos la escala intensa de Ptolomeo: Si se le colocan trastes para una cuerda al aire en las longitudes correspondientes a la inversa de las frecuencias de las notas de la escala ptolemaica:

1:1(L)   8:9(L)   4:5(L)   3/4(L)   2:3(L)   3:5(L)   8:15(L)   1:2(L)

Al pulsar la cuerda en esos trastes se generan la frecuencias correspondientes a la escala de Ptolomeo:

$$C \quad D \quad E \quad F \quad G \quad A \quad B \quad C$$

Pero los músicos tienen frecuencias a las cuales sus oídos están acostumbrados, de manera que si a la cuerda al aire se le asigna primero la frecuencia C=277Hz, y se elige el traste que produce la nota D:

$$D = 277Hz*(9/8) = 311.6Hz$$

y ese valor se utiliza como la frecuencia fundamental de otra cuerda, y aplicamos los mismos intervalos existentes entre las notas de la escala de Ptolomeo:

$$1:1 \quad 9:8 \quad 5:4 \quad 4:3 \quad 3:2 \quad 5:3 \quad 15:8 \quad 2:1$$

Esperaban sin éxito, poder obtener las mismas frecuencias que las obtenidas con la cuerda C=277Hz, aunque estuviesen colocadas en distintas posiciones:

$$D \quad E \quad F \quad G \quad A \quad B \quad C \quad D$$

Es decir, esperaban que utilizando los mismos intervalos se pudiera obtener la misma escala de notas, a partir de cualquier nota elegida entre las de la primera cuerda.

Pero está claro de antemano que utilizando los mismos factores eso no era posible, por ejemplo:

La nota E para la cuerda C=277Hz es:

$$E = 277Hz*(5/4) = 346.25Hz$$

Si se aplican todos esos intervalos en el orden correspondiente, la nota E para la cuerda D=311.6 es:

$$E = 311.6*(9/8) = 350.55$$

Por otro lado la nota F en la primera cuerda es:

$$F = 277Hz*(4/3) = 369.3Hz$$

mientras que en la segunda es:

$$F = 311.6Hz*(5/4) = 389.5Hz$$

En la primera cuerda la nota F era la cuarta nota correspondiente al intervalo 4/3, mientras que en la segunda cuerda (D=311.6), la nota F ocupa el tercer lugar correspondiente al intervalo 5/4.

Algunas difieren por muy poco, pero con diferencias perceptibles al oído adiestrado. De manera que la aparición de nuevas frecuencias, implicaba la necesidad de nuevos intervalos (bemoles y sostenidos) y hacían impráctica la aplicación de esa escala a los nuevos instrumentos musicales, mucho más elaborados y exigentes, que surgían en Europa.

Las modificaciones o parches de notas que debieron inventar, fueron innumerables, y mi objetivo no es profundizar en todos esos detalles han sido expuestos en la literatura musical como lindezas y agudezas de ese arte, utilizando siempre nombres muy importantes para describirlos, e inclusive usando frases como: "La majestad de la Música", "La Perfección de la Música". En lugar de consumir más tiempo en eso, plantearé más adelante una alternativa respecto a las escalas.

Lo que comenzó con alguna lógica en referencia a la Octava y el valor 3/2, terminó siendo emparchado a oído, y aunque puede ser digno de admiración el esfuerzo de tantos buenos oídos que se avocaron a corregir entuertos en la música, también es cierto que el método que utilizaron para hacerlo no puede ser considerado ni por lejos como Ley de las armonías.

Luego de muchos siglos, Johann Sebastian Bach modificó totalmente la escala cromática para lograr que la generación de notas fuese cíclica, manteniendo las 12 notas por razones prácticas, cosa que nada tiene que ver con leyes de consonancia o armonía. Así construyó 12 intervalos cuya razón geométrica era igual al valor de la raíz doceava de 2, es decir, que para construir una nota a partir de la anterior bastaba con multiplicar la frecuencia por el valor de esa raíz. La razón entre una nota y otra era ahora única e igual al valor de la raíz doceava de 2, y el proceso es cíclico, es decir que las notas se repiten si se multiplica por esa razón indefinidamente, desaparece la Coma.

Hay que resaltar que esa escala de Bach, valores tan representativos de la consonancia, como por ejemplo:

$$5/4=1.25 \quad 4/3=1.333... \quad 3/2=1.5$$

correspondientes a las notas E, F, G, en realidad tienen en su lugar los valores:

$$1.2599210 \quad 1.3348399 \quad 1.4983071$$

Es decir que ahora se estaba violando hasta el más sagrado principio de la relación de armónicos pequeños (enteros pequeños) como ley de la consonancia, establecido por ellos mismos, y uno se pregunta:

¿Cómo es posible que tantos hayan elevado todo esto a la categoría de "Perfección"?

¿Cómo es posible tan siquiera que lo hayan aceptado?

En realidad, todo era parche tras parche desde los inicios de las escalas musicales, y el enfoque del tema no fue revisado y corregido como se debía. Es totalmente justificable que en tiempos ancestrales ocurriera eso, y entrado el siglo 18 era medianamente justificable, pero no en esta época, especialmente considerando que con esos valores aproximados, con esos parches, han sido configurados los sintetizadores MIDI en la actualidad!

Aun disponiendo de equipos electrónicos avanzados, las nuevas teorías de escalas como por ejemplo las escalas microtonales, entre otras, todas están esclavizadas a los principios dictados en la antigüedad:

1.- Sometidas al encarcelamiento de las razones musicales en el intervalo de la Octava

2.- Sometidas a las razones, exclusivamente entre pares de notas, las cuales han sido percibidas a oído como consonantes, pero sin ninguna ley física o matemática que les de fundamento.

3.- Sometidas al principio de inversión: "Una nota es igual a su Octava". Con base a eso se construyen acordes de cualquier número de notas sin tomar en cuenta la diferencia real existente entre ellos.

4.- Sometidas al principio de la igualdad de intervalos entre notas. Es decir, que todas las notas de la escala deben tener intervalos iguales.

Pero nunca han estado sometidas a una ley universal de consonancia, y esa ha sido mi búsqueda Mikael.

Resumiendo, a partir de una escala inicialmente basada en la supuesta armonía perfecta de la geometría del cubo, y el poder numérico de las medias aritmética y armónica, fuimos degradando esa armonía al establecer definiciones y procedimientos totalmente arbitrarios y sin base científica. Y luego, al caer en cuenta que ese no era realmente un principio universal, porque surgían nuevas frecuencias desfasadas y disonantes, entonces fue necesario agregar parches llamados sostenidos y bemoles; y entonces, llegó Bach y coronó todo ese espectáculo creando 12 notas totalmente nuevas, algunas con mayor o menor error respecto a las cromáticas, con errores que varían entre el 11% y el 15% aproximadamente.

Sin embargo, aún con la revolución que introdujo Bach, la consonancia continuaba siendo un misterio indescifrable, y aún hasta hoy en día continúa igual. En resumen, cualquier fundamento matemático o científico en la música quedó sepultado bajo todos esos escombros de parches y enmiendas.

En este punto, Mikael con una expresión de inconformidad y sorpresa me replica en alta voz:

Pero Simeón, si la música nunca ha tenido ninguna base realmente valedera entonces: ¿Cómo lograron producir tantas piezas musicales que han conmovido a la gente y que han sido catalogadas como obras perfectas?

Son muchas las razones Mikael, y ahora que mencionas la "perfección" te recuerdo la célebre frase que decían algunos alemanes acerca de la perfección del Titanic:

"A este barco no lo hunde ni Dios mismo"

Mikael, hay tres elementos fundamentales que contribuyen a la atracción que se siente por una pieza, aparte del modo sentimental que tenga la persona que escucha:

1.- La melodía (secuencia de sonidos)

2.- El ritmo

3.- La consonancia de los acordes.

Son tres elementos muy diferentes dentro de una composición musical.

La melodía es una secuencia de sonidos en cualquier frecuencia, a intervalos de tiempo arbitrarios, es decir, a un ritmo impuesto a nuestro gusto.

El acorde es el resultado de dos o más sonidos producidos al unísono, y la consonancia de los acordes depende de la escala musical, mientras que con la melodía y el ritmo no ocurre eso. Una melodía con un ritmo agradable (sin acordes) puede ser lograda utilizando cualquier escala arbitraria sin importar que los acordes de las notas en esa escala sean todos disonantes.

Lo consonante o disonante de un acorde realmente no es materia de gustos, los acordes disonantes resultan desagradables para el común de las personas cuando se les compara individualmente con los consonantes. El hecho que un acorde disonante pueda cumplir una función útil en determinadas circunstancias es otro tema totalmente aparte.

La Melodía, en la cual interviene el ingrediente del ritmo, puede resultar agradable o desagradable, dependiendo del estado de ánimo de las personas; de las actividades que desempeñan en el momento; o del grado de atención que pueden prestarle en un instante determinado. La Melodía es una mezcla de efectos físicos, psicológicos y subjetivos muy difícil de evaluar en cuanto al agrado que pueda causar en las personas. El gusto por una melodía es tan difícil de predecir, que ella puede contener inclusive acordes disonantes y aun así ser percibida agradablemente por las personas debido a circunstancias muy específicas. El ritmo es de gran importancia en el efecto que pueda causar la melodía.

Es importante notar que aun cuando alguno de esos tres elementos Melodía, ritmo y consonancia, posean algunas fallas, todos ellos en conjunto pueden llegar a ser percibidos con bastante agrado por el oído.

Un punto no menos importante ha sido, el talento excepcional de muchos músicos y los constructores de instrumentos que logran mitigar o minimizar las fallas que existen.

Y por último y no menos importante, está el hecho que durante siglos la música occidental fue símbolo de status social, religioso y monárquico, lo cual constituyó un factor muy poderoso para su predominio, ya que la mayoría de las personas instruidas al observar las fallas existentes preferían seguir construyendo más pisos sobre la estructura defectuosa en lugar de oponerse al poder musical ya constituido. Es algo similar a lo que ocurre ahora con algunos académicos hoy en día, especialmente con el tema de la teoría de la relatividad, así como con el tema de la utilización de conceptos y definiciones euclideanas para justificar la existencia de mundos no-euclideanos.

Entonces, es importante no solamente recordar las piezas musicales que han atraído el gusto de la gente, sino también aquellas composiciones de guitarra, piano o violín, las cuáles aun siendo exponentes fieles de las reglas musicales establecidas, sin embargo, resultan muy disonantes y desagradables al oído y no son del gusto de la gente. Allí habría que preguntarse:

¿Por qué esas obras se escuchan disonantes y desagradables si ellas respetan todas las normas aceptadas para la supuesta la excelencia de las escalas musicales construidas por la cultura occidental?

La respuesta directa, es que esas disonancias son precisamente la consecuencia directa de esas fallas que nunca fueron abordadas mediante la búsqueda de un sistema musical realmente distinto. Claro está, que las disonancias son también usadas en la música para expresar algunas situaciones de tensión angustia, inquietud, etc., pero la disonancia no fue nunca el objetivo primordial al construir las escalas musicales sino la consonancia, porque el ruido es muy fácil de lograr y por eso abunda.

En el campo de la Música sucede exactamente lo mismo que en el campo de las ciencias, cuando una teoría es impuesta durante siglos, el cambio a otro esquema resulta realmente muy difícil. Y si el esquema original lleva consigo los ingredientes: Religioso, económico y de status social, entonces se torna casi imposible un cambio.

Tras La Huella De La Verdadera Armonía

Resumiendo, mi querido Mikael, la escala de Bach fue otro parche con el objetivo de tratar de emparejar algo que no funcionaba como se esperaba. No había ninguna base científica ni armónica en la división de la octava en doce partes geométricamente iguales; simplemente Bach noblemente trató de hacer lucir mejor la arquitectura de una estructura que nació defectuosa desde sus cimientos, utilizó el mejor talento de sus sentidos con ese fin, especialmente el talento del oído, al igual que tantos otros lo hicieron. Sin embargo, algunos pocos han levantado sus quejas e inquietudes contra esa escala de Bach, pero no pudieron hacer nada porque siempre terminan sometidos a los mismos principios que dieron origen a esas antiguas escalas.

La música no se trata solamente de un tema de oídos como muchos me han replicado al escuchar mis argumentos, porque la música es la esencia de las manifestaciones del Número reflejada en las vibraciones de la materia, las armonías de los sonidos no dependen del oído del ser humano, las armonías ya existen antes que defectuosamente las perciban nuestro oído y cerebro.

El gusto por combinaciones arbitrarias de sonidos, secuencias, ritmos, esto es: melodías, pareciera estar sujeto al juicio y condiciones del momento de la naturaleza humana; pero eso es otro tema. La escala de notas, los valores de las frecuencias, las longitudes de las cuerdas, y las razones entre notas, son magnitudes representativas de movimientos ondulatorios; y como tales responden al Número, a la Ciencia de la Cantidad.

Mikael, como puedes ver ese instrumento que acabas de tocar es similar a una guitarra común, pero con una modificación fundamental: sus trastes reposan sobre el diapasón separados a distancias iguales. En la imagen que te muestro Mikael, quiero que veas la relación entre la longitud de la cuerda y su frecuencia, en el eje horizontal los valores de la Longitud de una Cuerda hasta llegar a la Unidad, y en el vertical los valores de frecuencias correspondientes a esas longitudes.

Puesto que la frecuencia es la inversa de la longitud entonces la curva representa una hipérbola.

Si escoges sobre el eje horizontal, longitudes que sigan una secuencia aritmética entonces en el eje vertical obtienes una serie armónica de frecuencias, que se distinguen porque todos sus numeradores son iguales.

Para las guitarras comunes se utiliza una secuencia de potencias de frecuencias, ya que su principio es una razón geométrica, y las longitudes a cada traste no siguen una serie aritmética ya que la distancia entre trastes se va reduciendo hacia la caja de resonancia.

Contrario a la guitarra común, y asumiendo que la longitud L de la cuerda es la Unidad, si la divides en seis partes aritméticamente iguales, las longitudes resultantes de cuerda para cada traste serían:

$$6/6 \quad 5/6 \quad 4/6 \quad 3/6 \quad 2/6 \quad 1/6$$

y las frecuencias en el eje vertical serán:

$$6/6 \quad 6/5 \quad 6/4 \quad 6/3 \quad 6/2 \quad 6/1$$

La división puede ser en un número cualquiera de partes iguales, y esa fue la idea de mi padre a la cual nunca debí dedicarle tanto esfuerzo y tiempo.

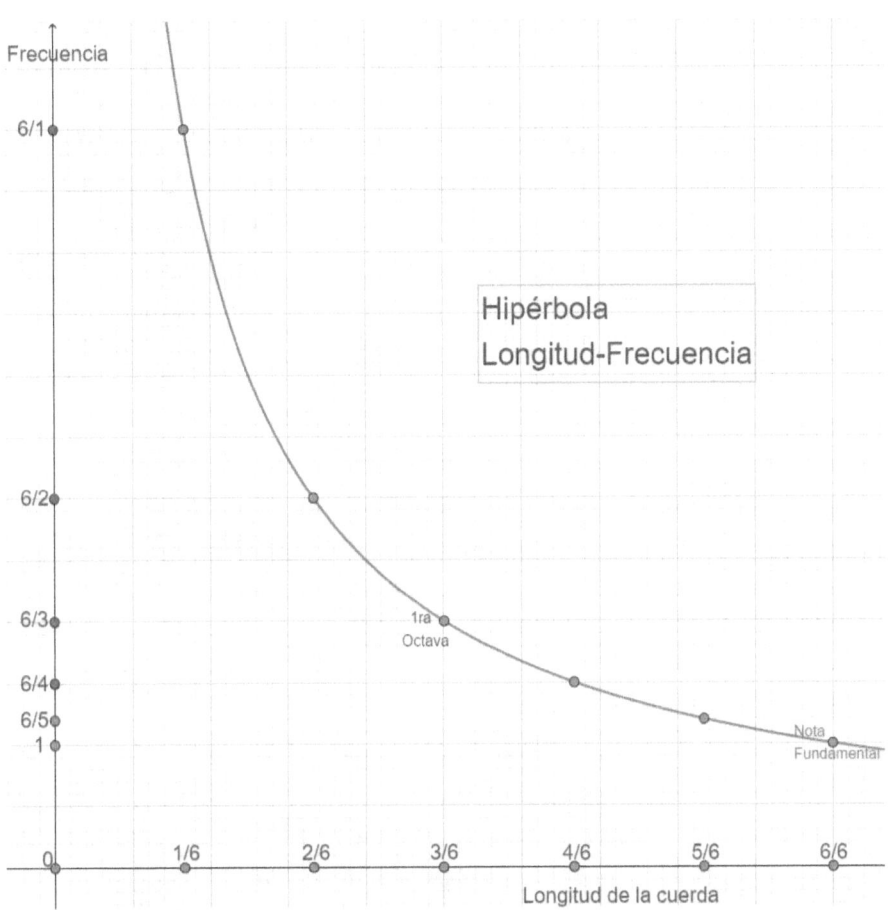

Esa secuencia, como se puede ver, es distinta a la escala tradicional de Ptolomeo:

| 1:1 | 9:8 | 5:4 | 4/3 | 3:2 | 5:3 | 15:8 | 2:1 |

Es evidente la diferencia entre los métodos tradicionales de creación de la escala musical y el método de secuencias armónicas de esta nueva guitarra, donde se realiza la división de todo el dominio musical audible mediante una única secuencia armónica que lo abarca completamente, mientras que en el método tradicional se agrupan secuencias de razones en una octava, las cuales se repiten a lo largo de todo el dominio de los sonidos según la serie: 1,2,4,8,16,...

Al describir todo esto, hago pausa, y en mi mente mientras apenas comienzo a hilvanar otros detalles para ofrecerle a Mikael, pienso que esa guitarra fue lo único que heredé de mi padre junto con aquellas pocas prosas de Cervantes. Y con alguna nostalgia y pesar, recuerdo todo ese tiempo que dispensé a esa investigación de las series armónicas y otros temas relacionados, hasta el punto de dejar a un lado mis estudios académicos, corriendo el riesgo de perder la oportunidad de alcanzar una carrera profesional. Desde mi actual etapa de la vida veo ese instrumento como fuente de muchos sin sabores y conflictos en mí pasado, y narrar su historia es como cuando intentaba remontar corriendo las empinadas pendientes de los medanales del lugar en que transcurrió mi niñez, es que el nacimiento de ese aparato fue tan conflictivo, casi podría decir dramático. Y sí, utilizo la palabra nacimiento, porque solamente algo que cobra vida puede influir tanto en la vida de alguien. Para ese entonces, sabía que mis amigos y conocidos no entenderían el por qué yo me embarcaba en semejante tarea.

Me resultaba difícil mezclar o compartir con conocidos y amigos las cosas comunes de la vida junto con actividades muy ajenas a ellos, por ejemplo, pretender cambiar ideas establecidas desde milenios atrás en el campo de la música: La música, una religión más antigua que la cristiana, de cierto: la religión más antigua del mundo. Y afirmo que es una religión, porque aún hoy en día no hay bases científicas que sustenten el por qué un acorde de tres o más cuerdas es consonante, ni por qué la escala musical de temperamentos iguales de Bach debe ser la regla que rige las armonías de los sonidos, aceptarla simplemente ha sido una cuestión de dogma y Fe.

Ciertamente, no contaba con quien conversar acerca de mi trabajo en la música. La reacción de burla y desagrado de muchas personas al conocer la esencia de mi trabajo me hacía percibir que de alguna se sentían agredidos; porque era como criticar a Dios en una iglesia llena de feligreses y sacerdotes, era signo de pretensión injustificada. Sin embargo, por encima de los sinsabores, una nueva visión me reconforta ahora; nunca pensé que llegaría el día en que pudiera realmente utilizar una parte de ese conocimiento de las armonías para un fin mayor: nuestro trabajo científico actual. Algo que nos llevaría más allá de la luz hacia un nuevo universo de conocimiento.

Modificar la guitarra original para cambiar la ubicación de sus trastes fue toda una odisea. Varios luthiers a los cuales contacté para ese trabajo se negaron a hacerlo, lo consideraban una herejía. Antes de tan siquiera considerarlo, ellos me sometían a interrogatorios intensivos; y querían conocer de mis antecedentes en la música para saber qué autoridad me confería el derecho a intentar eso.

Todos ellos parecían preguntarse con un tono burlón:¿Por qué pretende modificar un instrumento perfecto que constituye el símbolo de tanta sabiduría milenaria?

Luego de muchos intentos, un anciano Lutier español a quién finalmente encontré por referencia de una persona en alguna tienda de instrumentos musicales. Llegué a su pequeño taller casi abandonado; aquel hombre con una evidente enfermedad en sus fosas nasales que según él fue producto de un virus que adquirió de una madera traída de Brasil, creo que específicamente de la selva de Amazonas; y que producto de esa enfermedad se encontraba en serios problemas económicos. Quizás solo porque necesitaba el dinero, accedió a modificar esa maravillosa guitarra española.

Mucha incertidumbre me invadía, ya que mi padre me entregó dinero para esa tarea; y debía transferir ahora más de la mitad a ese luthier; pero su enfermedad no le permitía dar fecha segura a la terminación del trabajo. Era una labor que nadie quería realizar en un país subdesarrollado negado a toda iniciativa novedosa; y ahora con el peligro de adquirir yo también esa enfermedad en mis fosas nasales por mis visitas a ese taller dónde me veía rodeado de vetustas maderas arrumbadas por todos los rincones y ese olor tan penetrante a aserrín húmedo y pegamento. Y como si fuese poco, debía también sentirme agradecido con ese anciano por haber aceptado hacer el trabajo. En realidad, en medio de todo, sentía que estaba perdiendo miserablemente mi tiempo en una actividad sin sentido condenada al fracaso y la ruina:

¡Navegando en una aventura contra la corriente de la historia milenaria de la Música!

Y en ese punto, algunas veces pensaba:

¿Debo continuar en esto?

¿Invirtiendo tanto tiempo en una tarea que solo me causa contratiempos en mis estudios universitarios?

Había tenido ya tantas discusiones con músicos y aficionados en auditorios y exposiciones, algunos de los cuales o bien me habían quitado el habla, o me consideraban un tonto hablador que no sabía lo que decía. Y creo que fue allí, en ese momento en que mis conocimientos y mi visión no eran los suficientemente fuertes como lo son ahora, que empecé a cuestionarme:

¿Por qué me siento obligado a continuar con esto?

Sin embargo, algo me obligaba seguir. Quizás me impulsaba el hecho que ni el dinero ni la obtención de un estatus significaba mucho para mí en ese entonces, y aunque ahora no me parece tan lógica esa actitud; al menos, estaba navegando mis propias circunstancias, era mi propia voluntad y no en las de otros.

Y al continuar absorto recordando esas preguntas ya inútiles, salgo de mi trance y noto que Mikael detectó con extrañeza esa breve y silente ausencia de mi espíritu, y con marcado y amable entusiasmo me replica:

En verdad Simeón, si entiendo muy bien que quisieras encontrar un camino distinto para la creación de las escalas como la de Pitágoras, Ptolomeo y Bach, y considerando lo que explicaste antes acerca de la diferencia entre Melodía, ritmo y acordes, parece en verdad muy lógico que artistas con habilidades especiales lograran piezas muy agradables aún sin contar con un sistema musical perfecto en cuanto a sus armonías.

Esa tan inteligente reflexión de Mikael, me reanima, y recuerdo de nuevo aquella ansiedad que no me permitía parar cuando desarmaba y rearmaba las cuerdas y trastes de tantas guitarras y cuatros. Y aquel viejo piano vertical en que pasé tantas horas experimentando reemplazando sus sonoros aceros, percibiendo el inolvidable impacto sonoro que producían al reventar por la tensión a la que los sometía con mi llave de afinación; hermoso piano cuyo destino final desconozco.

Si el riesgo de contagiarme con un virus de la madera era grande, más peligroso era perder un ojo en alguna de las decenas de veces que reventé cuerdas encontrándome acurrucado trabajando dentro de su caja sonora, entre en sus puentes, entre esos entramados de 88 cuerdas y martillos.

Y esa fuerza me encamina de nuevo para encontrar la manera de explicarle a Mikael el alcance y lo verdaderamente importante de esta aventura en la que me embarqué hace tanto tiempo, que no se limita a críticas de lo establecido en la música, sino que intenta llegar más lejos, sé que no es fácil explicarlo ni entenderlo en tan corto tiempo, pero lo intentaré. Vuelvo a retomar la conversación y con más claridad y brevedad continuo:

Como ya te indiqué antes esa guitarra experimental posee trastes equidistantes, y por tanto la base matemática que sustenta su entonación ya no es la razón geométrica entre dos notas, no se trata de construir notas dentro del intervalo de una Octava, sino que se trata de un principio universal de división del dominio de los sonidos en partes armónicamente iguales; es decir, que las notas siguen una serie armónica.

Al decir en este caso serie armónica, por favor no lo confundas con lo que en la literatura se acostumbra llamar: Serie Armónica, para definir la serie 1,2,3,4,5... de armónicos, ellos se obtienen al pulsar una cuerda en sucesivas puntos de su longitud que siguen la serie:

$$1/1, 1/2, 1/3, 1/4,...$$

Esa es una Secuencia Armónica de Longitudes.

El concepto matemático de una secuencia armónica es que los numeradores de todas las razones son iguales y los denominadores siguen una serie aritmética.

La serie armónica de la que hablaremos a continuación es una serie armónica de frecuencias.

En el caso específico de esta guitarra que tiene seis cuerdas, el dominio total de sus sonidos que va desde la Unidad hasta el infinito (1, Infinito), representado así:

$$6/6 \qquad 6/0$$

6/6 es simplemente una manera adecuada de representar la razón 1/1 en la división en seis partes armónicamente iguales, esto es:

$$6/6 \quad 6/5 \quad 6/4 \quad 6/3 \quad 6/2 \quad 6/1 \quad 6/0$$

Los numeradores son iguales y los denominadores siguen una secuencia aritmética. Cada razón es la media armónica entre sus vecinos inmediatos.

Esas frecuencias se producen en una cuerda cuya longitud L es dividida seis partes aritméticamente iguales:

$$6/6(L) \quad 5/6(L) \quad 2/3(L) \quad 1/2(L) \quad 1/3(L) \quad 1/6(L)$$

Obviamente se descarta el sonido 6/0 porque corresponde a una longitud cero de la cuerda.

Como puedes ver Mikael, el principio universal musical para esta escala es el nexo armónico entre un conjunto de notas, y no la razón geométrica entre dos notas como en la escala pitagórica y la de Bach.

Si se calcula sucesivamente la media armónica entre el 1 y todos los números naturales hasta el infinito, se puede ver que la serie converge hacia el número 2, es decir que el número 2 es la media armónica entre el 1 y el infinito. Entonces con igual derecho que tuvieron los antiguos en afirmar que la razón de la consonancia entre el 1 y el 2 era la razón geométrica 2, también mi padre sostenía la tesis que la causa de la consonancia entre el 1 y el 2 es porque el 2 divide en dos partes armónicamente iguales todo el dominio de los sonidos.

Con ese razonamiento de dividir en partes armónicamente iguales: si necesitas construir un instrumento de cuatro cuerdas empezarías con los dos valores:

$$4/4 \qquad 4/0$$

Y la división en cuatro partes armónicamente iguales de todo el dominio de los sonidos produce las razones:

$$4/4 \quad 4/3 \quad 4/2 \quad 4/1 \quad 4/0$$

La primera cuerda tendría la frecuencia 4/4, la segunda 4/3, la tercera 4/2 y la última 4/1. Cada una de esas cuerdas se divide en cuatro partes iguales, y se colocan trastes en esas divisiones. Los acordes de 4 cuerdas en cada traste son consonantes y suaves.

La manera en que se tocan esos acordes en esta guitarra es distinta a como se hace en la guitarra tradicional, y esa es la esa razón por la que producías algunos ruidos al tratar de utilizarla como se ejecuta tradicionalmente toda guitarra, y sin esperar a que termine la frase, por favor Mikael, toma de nuevo la guitarra y prueba los acordes de acuerdo a lo indicado y afirma en voz baja: ¡Debo admitir Simeón que esos acordes se siente suaves y consonantes!, es muy curioso.

Eso mismo percibí yo la primera vez que toqué esos acordes Mikael, la iniciativa de mi padre me pareció muy original; me entusiasmó la idea de una música basada en un principio matemático totalmente distinto y a primeras luces muy válido y bien sustentado; era para mí como aventurarme en una expedición arqueológica para encontrar tesoros ocultos. Tanto fue mi entusiasmo, que inclusive me aventuré a llevar la patente de mi padre directamente a las oficinas de Steinway & Sons en New York, me presenté directamente en sus oficinas sin haber llamado previamente; y debido a lo inesperado de mi visita tuve que esperar bastante hasta que finalmente un representante me atendió muy amablemente; le entregué el documento de la patente y le expliqué que deseábamos ver la posibilidad de construir un piano Steinway con las características requeridas para poder utilizar la división armónica. El representante era un señor muy alto que con mucha cortesía escuchó mi explicación en un inglés forzado; y recibió todos los documentos asegurándome que lo revisarían y me enviarían una respuesta. Y la respuesta la enviaron luego de un mes, indicando que para construir un piano con esas características tendrían que cambiar gran parte de la estructura de los puentes que ellos utilizan como standard, debido a que las tensiones requeridas para las cuerdas con tonos altos eran muy elevadas. Las notas altas son superiores a las del piano común, y eso representaba un problema en su línea de producción. Posteriormente contactamos a la empresa Baldwin vía correo, y como era de esperarse obtuvimos una respuesta similar.

Puesto que la tarea de construir un piano de esas características acarrearía enormes gastos, decidí intentarlo por mi cuenta y con otros medios; y así se lo hice saber a mi padre. Para ese momento todo era pasión y esperanza para mí, y es que leyendo la literatura musical no encontraba conceptos ni remotamente parecidos a éste y la idea me arropó completamente; tanto que después de desarmar varias guitarras, cuatros y pianos, contraté a un joven ingeniero electrónico para construir lo que llamaría el Harmonium Electrónico.

Ese Harmonium electrónico podía ajustar el timbre de los sonidos mediante la simulación con armónicos, incluyendo: el ataque; decaimiento; sostenimiento; y la relajación del sonido de cada tecla. Además, se podía programar la frecuencia en cada tecla. De esa manera, ahora podía probar todas las series numéricas que deseara simulando instrumentos variados: como la guitarra, el piano, el violín y la flauta.

El aparato tenía 88 teclas, y yo le había encomendado expresamente al ingeniero electrónico que todas las teclas debían ser blancas, no debía contener teclas negras, ya que la división armónica no tiene nada que ver con los parches de bemoles y sostenidos tradicionales.

Lamentablemente no se podían usar las teclas de los pianos tradicionales ya que venían configuradas en paquetes de teclas negras y blancas. Era necesario hacerlas nuevas y el ingeniero electrónico no se podía ocupar de esa tarea, y no había ni tiempo ni presupuesto para eso. Aunque no me lo manifestó abiertamente, el tema de las teclas representó una decepción para mi padre ya de muy avanzada edad, delicado de salud, y muy desconfiado de todo lo relacionado con la electrónica. La sensación que quedó en él era que el instrumento no había sido graduado de acuerdo a las especificaciones de la nueva escala, simplemente porque tenía teclas negras. Desconfiaba de los sonidos que salían de ese aparato; y es que esas teclas negras no representaban la verdadera imagen del nuevo esquema musical propuesto por él. El mayor símbolo de nuestro logro era quitar esas teclas negras, y no lo llegó a ver realizado porque al poco tiempo falleció, y esas teclas negras continuaron allí como lápidas sobre blancas tumbas.

Lo cierto es que él quería un cielo claro sobre el Sena de Claude Monet, y yo le traje lo que en apariencia, solo en apariencia para él, era un nocturno de Vincent Van Gogh.

De cualquier modo, yo sabía lo que hacía ese aparato: producía los sonidos tal como se había planificado, funcionaba muy bien, las teclas negras no significaban nada para mí, no tenían nada que ver con los bemoles ni sostenidos de las escalas conocidas. La apariencia externa era la de un piano común, y por tanto aquella mirada de desconfianza con que mi padre lo observó la primera vez realmente me produjo pesar.

La verdad es que yo también quería ver desaparecer esos pequeños y odiosos listoncitos de madera negros atravesados. Decidí entonces que la mejor alternativa era enfocar todo desde otra perspectiva muy distinta, y así lo hice, no me preocuparía más nunca de teclas, ni trastes, ni diapasones, ni llave de afinación.

Cierto tiempo después de la muerte de mi padre, nos mudamos a una ciudad tranquila; pero calurosa y desértica a 500 kilómetros de distancia, y quizás debido el calor imperante el Harmonium electrónico dejó de funcionar y no intenté arreglarlo, eso no me preocupaba ya. Ahora mi meta era más grande, más amplia, sabía que pronto podría simular todos los sonidos que quisiera utilizando un software directamente en mi computadora. Para esa época recién empezaba a surgir el correo electrónico a nivel mundial; la internet empezaba a llamar la atención de los no aficionados a las computadoras, y la carrera mundial de software y hardware iba a toda velocidad; esa era la otra perspectiva que necesitaba.

Y a eso dediqué mucho tiempo Mikael, a utilizar distintos tipos de software para analizar sonidos mediante la computadora, modelando electrónicamente los armónicos de las cuerdas de guitarra, simulando sus sonidos y acordes en el computador, generando gráficos de las envolventes de ondas, probando una y otra vez, hasta que las dudas que me asaltaron alguna vez en aquella época cuando trataba de modificar las cuerdas de un piano, empezaron a surgir de nuevo:

¿Qué pasa cuando el dominio de sonidos se divide en un número muy grande de partes armónicamente iguales?

¿Qué tan distinta es realmente esa escala armónica respecto a las ya establecidas?

¿Es la media armónica el principio de la armonía?

Insistiendo en responder esas preguntas, fuí comprendiendo que mi padre también cometió el mismo error dogmático de la música tradicional. El tampoco estaba presentando una escala con leyes de armonía basadas en fundamentos científicos comprobables, simplemente estaba guiado por la intuición y las ganas de construir algo distinto debido a los evidentes errores y parches masivos de los cuales adolecían las escalas conocidas, eso era una tarea encomiable pero no lo logró.

Aunque la idea de acabar con el imperio de la Octava me había atraído durante mucho tiempo, fui detallando objetivamente los hechos, uno por uno:

Si bien es cierto que la nueva escala armónica presenta una propuesta teórica distinta a la de la Octava como principio para su creación, hay que revisar si el resultado de esa división armónica es realmente distinto a todo lo existente en música.

En la nueva escala de mi padre, realmente no se habían creado nuevas razones entre notas, si uno analiza los valores de un piano común, puede encontrar las razones de la serie armónica de frecuencias de esa guitarra:

6/6 que es la nota C

6/5 corresponde aproximadamente al D#

6/4 la nota G, es decir 3/2

6/3 es la Octava de C

6/2 es la nota G una Octava más arriba

6/1 es la nota G dos Octavas más arriba

Es decir que todas esas notas ya se encuentran en un piano común. No hay razones nuevas, entonces difícilmente se podrían crear armonías nuevas.

Por otro lado, en la serie armónica que regula esa nueva escala, las frecuencias de las notas más bajas (6/5, 1/1) se acercan mucho entre sí; y eso produce el efecto que se conoce como empaquetamiento de ondas lo cual no es agradable al oído: se perciben golpes pulsante desagradables. Y allí recordé algo en lo que insistía mi padre:

"Simeón, recuerda que para que el acorde de la división armónica sea consonante: debe estar conformado por todas las notas de esa división armónica"

Yo no sabía sobre cual principio científico se basaba para afirmar eso, en verdad creo que era solo su intuición, pero él lo enfatizaba una y otra vez, muy especialmente cuando me veía tocar en la guitarra acordes de solo tres o cuatro cuerdas. Según él, si la división era en seis partes entonces los acordes debían ser de seis notas, ni más ni menos, porque ese era el principio: el concepto fundamental que les dio origen. Y ese es un punto muy importante Mikael, y tiene que ver con el análisis de los acordes y también mitos de la música que analizaré más adelante. Fíjate que tomando las notas:

6/6   6/5   6/4   6/3   6/2   6/1

Si tocas un acorde con solo dos de ellas, por ejemplo:

6/6   6/5

Se percibe disonante, sin embargo, al ejecutar el acorde de tres sonidos: (6/6, 6/5, 6/4) el efecto disonante parece disminuir, y al ejecutar el acorde de cuatro: (6/6, 6/5, 6/4, 6/3) disminuía aún más y se hacía casi imperceptible; y al tocar los seis sonidos se hace todavía más difícil reconocer la disonancia de la pareja (6/6, 6/5).

La consonancia o disonancia no es una apreciación subjetiva sino un fenómeno físico que puede ser medido, y es muy distinta la forma de onda resultante de la suma de dos sonidos que la de seis, y eso es algo que no es analizado en detalle y científicamente en ningún tratado de música, porque ellos solo consideran la razón entre parejas de sonidos y como máximo la de tres, y utilizando solo el oído.

Este último punto fue uno de los factores que definitivamente orientó mi investigación en otra dirección muy distinta.

Escucha Mikael, ahora te pregunto algo que quizás te parezca gracioso o extraño:

¿Puedes imaginar que sucedería si todas las frecuencias del mundo sonaran al unísono?

¿Sería consonancia o disonancia pura?

¿Sería ese sonido como el color blanco que se produce cuando se mezclan todos los colores?

Simeón, quizás entraríamos en resonancia no amortiguada de amplitud infinita haciendo que todo lo conocido desaparezca:

hasta los pensamientos, hasta la luz misma. Y quizás ese sea el final, cuando resuenen todas las trompetas, replicó Mikael soltando una carcajada.

Bueno Mikael, volviendo al punto, lo cierto es que luego de la muerte de mi padre: me sentía más libre para criticar y analizar la realidad de todo este trabajo en la música, aunque eso me consumía tiempo y dinero.

Empecé a trabajar entonces en otra alternativa: un instrumento que pueda generar todos los acordes utilizando cualesquiera series numéricas, sin limitarlo a las series armónicas, y con el número de sonidos que se desee. Eso es factible hacerlo hoy en día con la única limitación que pueda tener el software y el hardware; pero eso no es todo, no es suficiente, era necesario ahora orientar la investigación en la dirección correcta.

Ya que la división armónica de frecuencias, dicho de otra manera, la división en partes iguales de la cuerda no parece producir un esquema realmente nuevo basado en principios científicos, sino que parece ser simplemente una visión distinta pero sin resultados claros y contundentes, entonces decidí desligarme de todo lo realizado anteriormente, romper cadenas, y comenzar todo desde cero.

Y fue mientras cuestionaba todo lo que había hecho hasta la fecha, cuando me topé en internet con el trabajo excepcional y no muy conocido de dos señoras, sus nombres: Kathleen Schlesinger y Elsie Hamilton quienes eran expertas profesoras de música en la Gran Bretaña, y que aparte de manifestar su inquietud por las escalas musicales conocidas, se dedicaron como pioneras del análisis de los llamados Modos Griegos (Sistema Modal Griego) que eran escalas musicales muy antiguas y distintas a la conocida Escala Pitagórica.

Y desplazándome hacia mi biblioteca, digo:

Mira Mikael, aquí puedes ver el muy detallado y extenso libro de la señora Kathleen Schlesinger:

"The Greek aulos; a study of its mechanism and of its relation to the modal system of ancient Greek music"

Allí ella explica que en el año 1928, Sir Leonard Woolley dirigió excavaciones en el cementerio real de Ur cerca de Nasiriyah en el sur de Iraq, región de la antigua Mesopotamia, y allí encontró 2 tubos de plata (flautas) con agujeros separados a igual distancia que datan aproximadamente del año 2800(A.C.). Según la señora Schlesinger la configuración de los agujeros de esas flautas, la cual define el tipo de escala musical utilizada, era la misma que usaban los más antiguos griegos en sus aulos (flautas dobles). Aunque en 1937 el autor Martin Litchfield en su libro: Ancient Greek Music, criticó severamente el masivo y sorprendente trabajo de la Sra. Schlesinger, y por supuesto no es de extrañar que recibiera críticas, porque aparte de ir contra la opinión generalizada de los teóricos de la música antigua y moderna, su trabajo tan extenso, culto y numéricamente detallado debe haber dejado con gran inquietud a muchos autores de la época.

La señora Elsie Hamilton, manifestó en su escrito titulado: "The Modes of Ancient Greece" que los músicos modernos en general no conocían las secuencias que regulaban esos muy antiguos modos de la antigua Grecia. De hecho, no existen descripciones detalladas de esos antiguos modos, y autores posteriores, debido a su falta de conocimiento, solo han hecho especulaciones en esta materia en la mayoría de los casos adjudicando su origen a la unión de 2 tetracordes (4 notas) de distintos tipos, y esa especulación se basaba en las escalas producidas por el filósofo griego Aristóxeno quien utilizaba tetracordes para crear sus escalas. En épocas modernas lo que se conoce como "Modos Griegos" no tienen nada que ver con los Modos Griegos originales.

Ambas señoras pioneras en este campo, adjudicaban el origen de los modos griegos a lo que llamaron "Series Armónicas Descendentes", esto es, una frecuencia fundamental (que es un múltiplo entero de una frecuencia base inicial escogida a voluntad) se divide sucesivamente por los números 2,3,4,... hasta llegar de nuevo a la frecuencia base inicial de la cual es múltiplo. Al determinar las longitudes de cuerda que producen esas frecuencias se observa que corresponden a su división en partes iguales, y la secuencia de frecuencias es una serie armónica. Por ejemplo, si la frecuencia fundamental es múltiplo 11 de 100, entonces esa frecuencia 1100 se dividirá sucesivamente por los números enteros: 1, 2, 3, 4, 5, 6, 7, 8, 9, 10, 11, hasta llegar a la frecuencia 100, Las 11 frecuencias resultantes corresponden a la división de la cuerda en 11 partes iguales: 1/11, 2/11,..., 9/11, 10/11, 11/11 respectivamente.

Mi sorpresa fue mayúscula al encontrar esa historia Mikael, porque la división en partes iguales de la cuerda era el mismo procedimiento que utilizaba mi padre para generar las series armónicas, y así descubrí que su idea ya tenía precedentes y muy antiguos, aunque evidentemente no muy difundidos. Efectivamente, como lo manifestó Elsie Hamilton, solamente ellas y algún otro músico que mencionaron en sus trabajos estaban al tanto de esa explicación inédita acerca de cómo los más antiguos griegos generaron los modos basados en series armónicas descendentes, de manera que no me extrañó que mi padre no conociera esos trabajos. Aún hoy en día no es mucho lo que se encuentra en internet de la investigación de esas pioneras, su inmenso y muy detallado trabajo no alcanzó difusión. De hecho, como lo dije anteriormente, lo que se conoce hoy como modos griegos es una modificación total de lo que eran originalmente, incluyendo los valores de las notas que fueron sustituidos por los valores más cercanos de las escalas tradicionales.

Aunque el tratamiento y la base conceptual que le imprimió mi padre era distinta, el resultado era el mismo: La utilización de series armónicas, secuencias de frecuencias expresadas mediante razones donde los numeradores son iguales y los denominadores siguen una serie aritmética.

La principal diferencia es que en el caso de los antiguos modos griegos, o al menos así lo interpretó la señora Kathleen Schlesinger, la división se hacía en 8, 9, 10, 11, 12, 13 y 14 partes, esto es 7 Modos llamados los "7 Grandes Modos Planetarios", y de la serie armónica resultante en cada uno de esos 7 modos, solo tomaban los valores que estaban dentro del intervalo de la Octava, es decir, la historia se repite, vemos que desde sus orígenes las razones de la supuesta armonía siempre fueron forzadas a estar confinadas en el intervalo de la octava, para luego reproducir esos valores en todas los demás intervalos de octavas. Por el contrario, mi padre no limitaba su secuencia al intervalo de la Octava sino que desarrollaba sus secuencias en toda su extensión dentro del dominio completo de los sonidos.

De cualquier modo, el hallazgo del trabajo de esas dos pioneras me impactó de diversas maneras, porque era una gran decepción comprobar que además de las observaciones que había encontrado por mi cuenta.

Todo el trabajo que le dediqué durante tanto tiempo con una gran fe, fundamentada en la exagerada convicción que tenía mi padre, y ahora finalmente descubría que las ancestrales civilizaciones griegas utilizaban esa escala, es decir que la idea tenía antecedentes muy antiguos, no era tan original como pensaba.

Sin embargo, me llené de positivismo ya que tenía un objetivo en mente, además me agradaba ver que dos expertas en la enseñanza de la música y su historia manifestaban un agrado especial por esa configuración musical tan distinta a las secuencias de las escalas tradicionales, y lo consideraban un hallazgo de mucha importancia.

Kathleen Schlesinger insistió en su libro que ese sistema modal basado en la "Igual Medida" constituye un hecho musical en la evolución de la música y su significación todavía resta por ser medida y tomada en cuenta. Sin embargo, al parecer esas palabras no encajaron en la comunidad de teóricos musicales y su trabajo fue ignorado, excepto por muy contadas excepciones.

La señora Schlesinger apelaba constantemente a las palabras de Aristóteles cuando definió la Armonía como "Número e Igual Medida" (Number and equal measure") lo cual ella interpretó como la necesaria secuencia de números correspondientes a las partes alícuotas de una cuerda para que pueda existir la Armonía. Por esa razón los antiguos modos griegos son llamados en el idioma inglés: The Harmonia. Y en este punto recuerdo que mi padre era asiduo lector de Platón y Aristóteles, especialmente desde los tiempos cuando aprendió latín, y no puedo asegurarlo, pero ahora pienso que allí podría estar el origen de todo esto. Refiriéndose a la división en partes iguales y las series armónicas resultantes, Kathleen Schlesinger sentenció:

> *"The history of theory of music offers no analogue for a concept so momentous, yet capable of being so simply, and concisely resumed by the phrase 'Number and equal measure', which carries with its implications of great subtlety and of far-reaching significance." [cut]*

> *"It will certainly have to be conceded that the seven interrelated ancient modes, born of equal measure, out of which the Modal System was evolved, do indeed constitute a new musical fact of fundamental importance, not only to the past history of music, but we believe that it also holds the germ of the future development of the Art".*

También La señora Schlesinger manifestó su respeto por la concepción del Sistema Modal griego haciendo énfasis en que el principio de "Igual Medida" era también conocido por Hugo Riemann(1878) quién lo encontró en los métodos árabes de construcción de intervalos, así como también por Albert von Thimus y Jean Marnold, de los cuales especialmente éstos dos últimos debido a su fe y fanatismo inquebrantable por la preminencia de las escalas modernas, escogieron de esos antiguos modos griegos solamente aquellas notas que se aproximaban más a las de la escala cromática y diatónica, descartando así otros intervalos, modificando, y ajustando arbitrariamente la concepción original de los antiguos modos griegos al dominio de modernas escalas musicales.

Todo eso constituyó para mí un increíble hallazgo arqueológico en la música, y reimpulsó mi convicción de revisar de nuevo los principios que fundamentaron las escalas pitagórica, ptolemaica, así como la serie armónica. Con objetivos ya más definidos y la visión de lograr visualizar un verdadera ley de las armonías para la creación de nuevas escalas que liberen la música de ataduras ancestrales, establecí entonces las prioridades del análisis que debía ejecutar:

1.- Establecer un criterio para la medición de la consonancia distinto a los criterios utilizados hasta ahora, y que modele de manera más efectiva y realista lo que percibe el oído-cerebro al escuchar varios sonidos

2.- Validar o rechazar la teoría fundamental de la música que establece que para efectos de la armonía una nota cualquiera es igual a cualquiera de sus octavas.

3.- Validar o rechazar si existe diferencia entre un típico acorde de la música actual, y aquel donde una de las notas es sustituida por su octava.

4.- Validar que si la consonancia de un acorde permanece igual para distintas frecuencias, manteniendo los intervalos.

Una vez realizado ese análisis entonces, podía abordar el tema de la creación de escalas.

Respecto al primer objetivo, los criterios más difundidos que tratan de explicar la consonancia entre dos sonidos, son los siguientes:

1.- Que existan nodos comunes entre sus armónicos, o que ocurra el menor número posible de armónicos participativos en ambas notas cuyas frecuencias estén muy cercanas, que sean disonantes.

2.- Que exista la misma fase en los terminales nerviosos que captan el sonido para ambas ondas, fenómeno que en el idioma inglés le llaman: Phase Locking.

3.- Que las razones de las frecuencias estén constituidas por números enteros pequeños.

El primer criterio ha sido cuestionado por muchos autores, pero lo más importante es que ese es un criterio poco práctico para una persona que no tenga un aparato de análisis espectral, o no tenga los conocimientos necesarios como para determinar cuáles armónicos son los más participativos, y cuáles tienen nodos comunes en ambas notas, o cuántos de ellos en ambas notas tienen frecuencias muy cercanas. En resumen, determinar cuáles de ellos resultan disonantes entre sí, y eso es imposible de lograr rigurosamente si no se tiene un criterio definido basado en análisis científico, la única manera en que se ha manejado ese tema hasta ahora es mediante el oído, y es allí donde surgen las diferencias de opiniones entre los autores.

En ese sentido, el punto clave aquí es que si se tienen dos parejas de armónicos cuyos nodos no coinciden, y se ejecuta el acorde de cada pareja por separado, no se puede decir cuál de esos dos acordes es más consonante, a menos que sea por oído. No hay ningún criterio científico, ninguna ecuación, ningún índice que pueda indicar cuál es más consonante. La razón de mi trabajo es determinar la consonancia de parejas de armónicos.

Hay que remarcar la diferencia entre la consonancia de dos sonidos puros (onda sinusoidal simple), es decir, dos armónicos, y el acorde de dos cuerdas en un instrumento musical, porque en este última el sonido con timbre de una cuerda es la suma de muchos armónicos. Mi trabajo, está orientado al análisis de la consonancia de parejas o tríos de armónicos, para luego utilizarlo en el análisis de acordes de sonidos con timbre.

El segundo criterio, aparece en la literatura especializada en la percepci[on del oído, por ejemplo, Chris Brown, en su exposición como instructor en el MIT titulada "Auditory nerve; psychophysics of frequency resolution" indica que los nervios sensoriales del oído cierran fase (Phase Locking) con los picos de amplitud positivos de la onda, y se activan justo en esos puntos, no siempre en cada período de la onda, sino a veces en el siguiente período, otras veces luego de varios períodos, porque las fibras nerviosas del oído se cansan. Ese especialista concluye que es posible que la consonancia se deba a que por ejemplo para una frecuencia de 440 Hz y otra de 880 Hz los nervios sincronizan sus disparos en intervalos iguales de tiempo para ambas ondas, y eso produce esa sensación placentera al oído. Mi objeción a ese criterio, es que su explicación implica que el oído recibiría ambas ondas por separado y no como la resultante de una suma de ondas; el análisis debe ser realizado sobre lo que el oído recibe realmente que es la resultante de la sumatoria de las ondas.

Finalmente el tercer criterio, es tan solo un argumento general sin explicación científica que lo respalde. Decir que la razón de la consonancia son razones con números enteros bajos no explica nada, solo describe una curiosidad, de ser cierto.

Luego de analizar esos criterios, el objetivo estaba claro, analizar la gráfica de la resultante de la suma de sonidos puros, esto es, lo que llega a nuestro oído, la suma de ondas sinusoidales, y para eso utilicé un software de gran precisión y facilidad de manejo llamado Geogebra (www.geogebra.org), el cual te recomiendo ampliamente Mikael.

Mediante el trazado gráfico de las funciones, se puede apreciar que existe un Patrón, una Huella, que permite entender lo que recibe el oído, y puede ser manejado con las ecuaciones comunes de la trigonometría. Se trata del patrón que se origina al comprimir la gráfica de la onda resultante de varios sonidos que se emiten al unísono.

Efectivamente, cuando dos ondas sinusoidales actúan al mismo tiempo, por ejemplo: una con el doble de frecuencia de la otra, las amplitudes en algunos puntos de ambas ondas se suman y otras se restan, generando una onda resultante cuya forma es distinta a la de las que le dieron origen. A modo de ejemplo, una onda sinusoidal con frecuencia: 100Hz ejecutada durante 0.1 segundos tiene la forma:

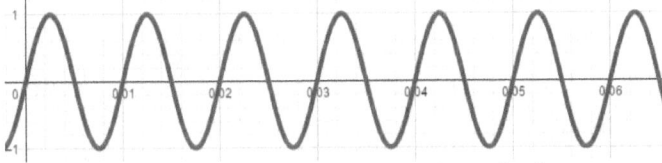

Y si se aumenta la frecuencia a 200 Hz tiene la forma:

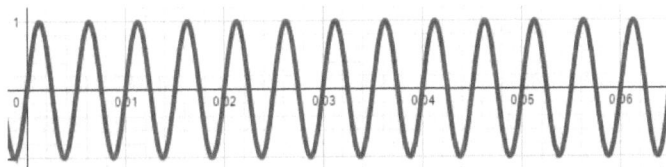

Si ambas ondas actúan al mismo tiempo, la superposición produce una onda compuesta con la forma:

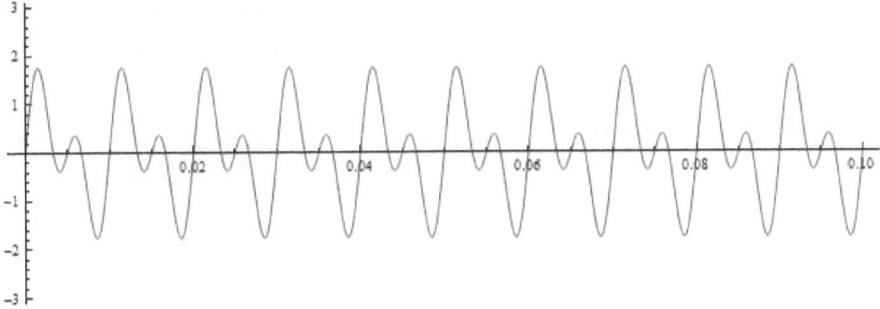

Se genera un pico secundario de muy baja amplitud, esto es: solo ocurre una variación de amplitud dentro del T_f.

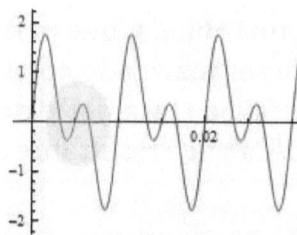

La cantidad y magnitud de esos picos secundarios, su regularidad, su ubicación respecto a los otros picos vecinos, el tiempo entre unos y otros, todos esos parámetros constituyen el patrón de pulsos de presión del aire que afectan nuestros oídos de manera agradable o desagradable.

Todo esfuerzo que realiza el oído para comprender lo que recibe estará en función de la complejidad del patrón de picos.

Los terminales nerviosos se cansan, dejan de percibir algunos detalles, mientras otros terminales entran en escena para ayudar, y hay variaciones en la presión (variación de amplitudes de la onda) que no son aceptables para nuestros oídos, porque lo someten a esfuerzo innecesario al intentar descifrar el complicado patrón o la huella que recibe.

Mikael, la onda resultante que te acabo de mostrar, produce un sonido muy agradable, es decir, un sonido de baja amplitud uniforme (picos secundarios) inmerso dentro de un sonido de amplitud máxima también uniforme.

Ese es el patrón que retiene nuestro oído para la consonancia: un número de amplitudes secundarias (picos de presión en el aire) en intervalos de tiempo cortos y uniformes, manejables para el tímpano y fácilmente identificables para el cerebro.

La idea inicial a partir de lo indicado anteriormente, fue intentar visualizar esa uniformidad comprimiendo la gráfica de la onda resultante a lo largo del eje de los tiempos, así:

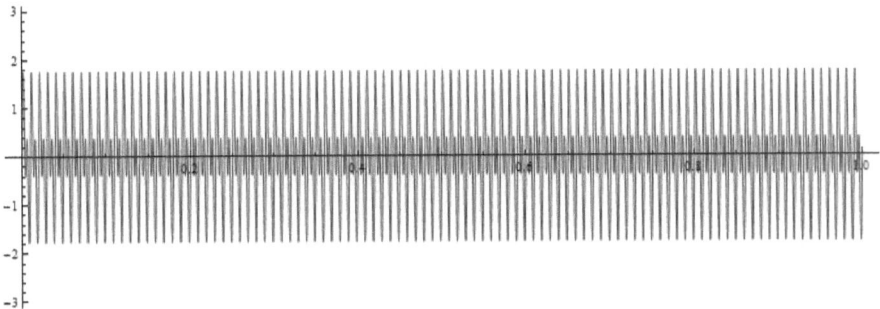

La uniformidad, resulta evidente al ver la imagen comprimida en el tiempo. Se nota claramente la huella o patrón de una onda de baja amplitud inmersa en otra onda de amplitud máxima, esa es la imagen del efecto consonante de la Octava, el efecto es de una doble sonoridad (que parece ser un único sonido) especial muy suave debido precisamente a esa Huella, ese suave y uniforme Patrón de variación periódica que acepta e identifica agradablemente nuestro oído y cerebro.

No se trata solo de la periodicidad de los picos de amplitud de la onda resultante, sino de su uniformidad, la cantidad de esos picos en períodos de tiempo lo más cortos posibles, y el efecto de modulación que tengan.

Aparte del caso de disonancia por numerosos picos de distintas amplitudes y ubicación, también existe otra disonancia que se produce cuando dos frecuencias son muy cercanas entre sí, los picos secundarios de la onda resultante son numerosos y varían dentro de una envolvente según una función de modulación que explicaremos más adelante, conforman ondas de presión o paquetes desagradables al oído, ya que se perciben como una secuencia de numerosos golpes por segundo.

Por ejemplo, el caso de una onda con frecuencia 100Hz y otra con frecuencia 104Hz, que te las dibujo superpuestas para que veas fácilmente la pequeña diferencia entre sus frecuencias:

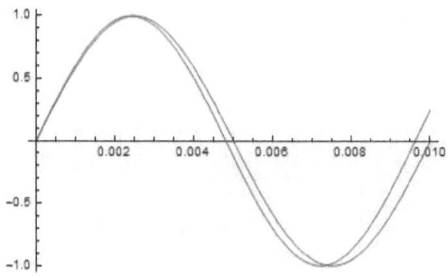

La suma de esos dos sonidos produce la resultante:

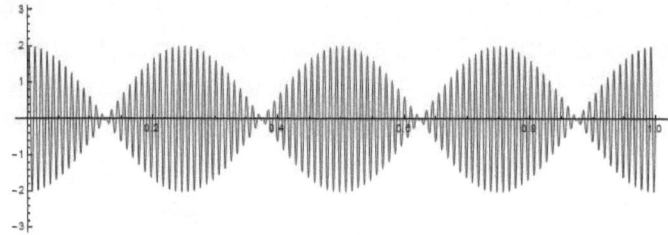

Se puede apreciar que hay dos curvas envolventes imaginarias tanto arriba como abajo que envuelven los picos de amplitud de la onda de mayor frecuencia. El oído escucha entonces un patrón de golpes o paquetes de presión ondulantes y desagradables.

Al comprimir la gráfica de esa onda resultante, sin importar la escala, la forma de paquetes en serie no se puede disimular, y resulta difícil obtener un patrón ni cercanamente parecido al que vimos para el caso de la Octava, como se puede ver en la misma resultante comprimida 10 veces:

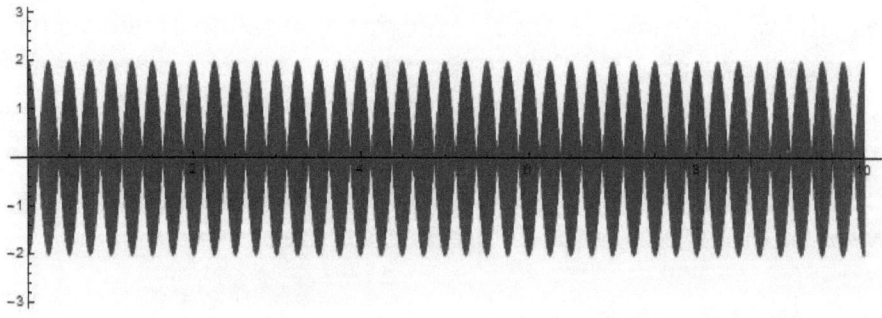

Este es un caso extremo de disonancia, pero muy ilustrativo de hacia dónde se debe enfocar el análisis.

Interesante Simeón!, pero permíteme preguntarte lo siguiente:

¿Cuál es el intervalo de tiempo que debo utilizar en la gráfica o el factor de compresión, para estar seguro que ese es el patrón que percibe mi oído?

Porque es posible que al comprimir más y más la gráfica, es decir, extender mucho más el tiempo manteniendo fijo el ancho de la gráfica en la pantalla, entonces al final obtenga forzadamente un patrón regular pero irreal. ¿Me explico?

Además, considera que para un músico no es práctico tener que dibujar ese tipo de gráfica para saber si hay consonancia, y las diferencias que hemos visto aquí son extremas, pero hay muchos otros casos en los que sería difícil decidir cuál es más consonante con solo ver la gráfica comprimida.

Excelente pregunta Mikael, y la respuesta está en que esa ha sido solo una manera de ilustrar, una introducción, para lo que analizaremos con mayor profundidad y rigor científico.

Ahora, pasaremos a profundizar en este tema, y así lograr obtener una fórmula que permita a cualquier persona determinar la consonancia, utilizando solo parámetros extraídos de los valores de las frecuencias del acorde.

Lo importante es poder entender y manejar la forma geométrica de la onda resultante, porque ella representa las variaciones de presión que recibe el oído, y la respuesta está en la ecuación que controla la onda resultante que para el caso específico de dos ondas tipo seno, es decir, dos sonidos puros es:

$$\sin f_1 + \sin f_2 = 2\cos\left(2\left(\frac{f_2 - f_1}{2}\right)\pi t\right) \operatorname{sen}\left(2\left(\frac{f_1 + f_2}{2}\right)\pi t\right)$$

Donde $f1, f2$ son las frecuencias de los sonidos del acorde, mientras que t es la variable tiempo.

La expresión de la derecha es muy conocida y utilizada en el análisis de Frecuencia Modulada, consiste en que la función coseno cuya frecuencia es la mitad de la diferencia de ambas frecuencias, se encarga de modular la onda representada por la función seno cuya frecuencia es el promedio (media aritmética) de las frecuencias, y esa expresión puede se reducida así:

$$2\cos((f_2 - f_1)\pi\, t)\,\text{sen}((f_1 + f_2)\pi\, t)$$

Y la llamaremos: Ecuación Portadora-Moduladora. Para el acorde de Octava, se muestran los elementos de la ecuación Portadora-Moduladora, en este caso $f_2 = 2^*f_1$:

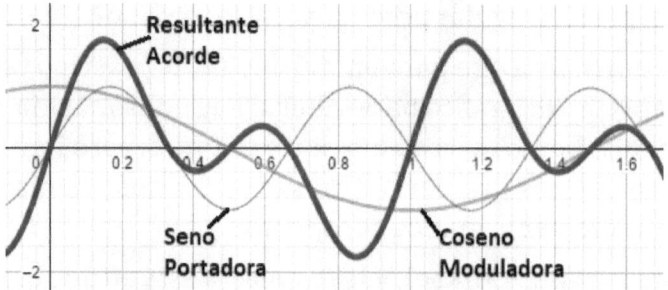

El trazo de mayor grosor en color azul oscuro es la resultante del acorde que es lo que recibe el oído, la función coseno moduladora en azul claro y la función seno portadora con trazo más fino, el producto de estas dos últimas produce la resultante.

El período de la onda resultante del acorde de Octava es 1 seg., y hasta allí transcurre medio período del coseno modulador.

Eso indica, que durante medio período el coseno modulador (onda moduladora) modifica la onda portadora seno para producir la onda resultante del acorde de Octava. Eso es muy importante, porque durante ese medio período la función moduladora cambia su signo y afectará a la onda portadora dependiendo del desfase que tengan ambas.

Los picos de amplitud de la portadora coinciden con los de la onda resultante, excepto solamente donde la moduladora interseca el eje horizontal, solo en ese caso, un pico de la portadora abarca dos picos de la resultante.

Medio período de la moduladora amplifica o disminuye (escala) la amplitud de los picos de la portadora, pero también crea un nuevo pico respecto a los que tenía originalmente la portadora, justo en la intersección de la moduladora con el eje horizontal. Luego veremos que ese es el comportamiento típico que ocurre entre ambas funciones Modulador-Portadora, lo cual conduce a una generalización, y por eso es importante describir en detalle esta interacción.

El período fundamental de la onda resultante de un acorde es el mínimo común múltiplo los períodos de los sonidos del acorde, de manera que al graficar superponiendo tanto las ondas del acorde como el segmento de la onda resultante en ese período fundamental, todas coinciden en el eje horizontal en los nodos extremos. Se puede decir también que la frecuencia fundamental es el máximo común divisor de las frecuencias del acorde.

Bases y criterios de análisis

La ecuación Portadora-Moduladora explica muy claramente lo que ocurre con la resultante, y con ella se pueden controlar los siguientes elementos:

1.- La razón entre el período fundamental y el número de picos de amplitud contenidos en él.

2.- La variación en la magnitud esos picos.

3.- La razón entre el período de la onda moduladora y la portadora

4.- La simetría.

El manejo y control de todos esos elementos constituye el análisis geométrico de la disonancia.

Por otro lado, existen otros factores de percepción del sonido inherentes exclusivamente a la capacidad de la membrana que recibe la onda y las terminales nerviosas del oído, los cuales influyen en la percepción de la disonancia producida por la geometría de las amplitudes de presiones de la onda ya descritas brevemente.

Basado en la necesidad de detallar todos esos elementos y cómo influyen en la disonancia, el estudio se orientó primordialmente hacia los siguientes puntos:

1.- El análisis se realiza dentro del intervalo de tiempo del período fundamental.

2.- Las relaciones entre las propiedades de la onda moduladora y la portadora son utilizadas para el cálculo de la disonancia. Por esa razón al valor que indicará el grado de disonancia se le llamará: Índice geométrico de disonancia, el cual puede ser modificado posteriormente de acuerdo a lo que indica la literatura especializada en la resolución temporal del oído (ver ítem 5).

3.- Se calcula el número de picos de amplitud. Se asume que mientras menor sea el número de picos dentro del período fundamental, el oído requerirá menor esfuerzo para descifrar el sonido, y la disonancia disminuye.

4.- Los picos de amplitud cero no son incluidos en el cálculo de la disonancia, porque en esos casos no hay cambio de signo en la presión del aire (cambio de dirección de la partícula del aire), y por tanto se considera que el trabajo realizado por el oído (energía absorbida) es menor que en el caso en que el aire continúa su recorrido hacia el otro lado de su posición de equilibrio.

5.- Se consideran los picos adicionales generados durante el medio período de la moduladora, esto es, específicamente en el punto donde la amplitud de la moduladora se hace cero.

6. - Dentro del período de la onda resultante, se considera el efecto que la simetría axial ocasiona en favor de la consonancia.

7.- Se tiene en cuenta el tema de precisión en la percepción del oído, y al final se incluyen propuestas para la corrección del índice de disonancia y la búsqueda de mayor precisión en esa área.

Los elementos de cálculo que nos permitirán generar el índice geométrico de disonancia son entonces:

El Período fundamental: Tf

El Período de la onda seno portadora: Tp

El Período del coseno modulador: Tm

Acorde Dos Notas. Índice Geométrico de Disonancia I_d

La Octava

Utilizando la notación antes descrita, y la gráfica anterior del acorde de Octava, siendo $T_m = 2$, $T_p = 2/3$:

$$(1/2)T_m/T_p = (1/2)*2/(2/3) = 1.5$$

lo que indica que la portadora tiene 1.5 períodos, o lo mismo: 3 picos de amplitud, dentro de medio período de la moduladora.

Adicionalmente:

$$T_f / (1/2)T_m = 1$$

Medio período de la moduladora dentro de un período completo (T_f) de la resultante.

Medio período de la moduladora coseno multiplica a la función seno, con signo positivo en la primera mitad de ese medio período, y luego con signo negativo, y debido a ese cambio de signos el pico central negativo de la portadora seno es transformado con la adición de un pico extra de baja amplitud, fenómeno que ya describí anteriormente y aparece sombreado en la imagen:

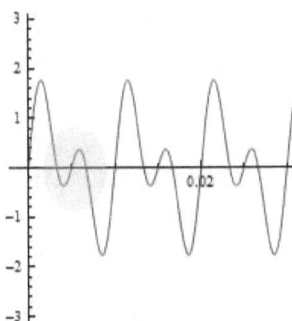

Tres picos de amplitud originales de la onda seno portadora, fueron transformados en los 4 picos de amplitud, en un período de la onda resultante.

Como resultado un sonido uniforme muy fácil de descifrar para el oído, y por esa razón percibimos consonancia, pero hay que resaltar que en realidad la onda de la Octava no es perfecta, fue modificada, fue modulada, lo que queda evidenciado de manera muy clara gracias a la expresión de la ecuación moduladora-portadora de la suma de senos.

Mikael, hago un paréntesis para comentarte que otra de las razones por la que me interesé tanto en este tema, es porque como ingeniero estructural, ésta es un área de mi especialidad, ya que cuando analizamos estructuras (Edificaciones, puentes, etc.) que vibran debido a solicitaciones sísmicas u otras cargas variables en el tiempo, debemos determinar las frecuencias de los armónicos de la estructura incluyendo la frecuencia fundamental (como lo sería la frecuencia de una cuerda al aire), para así calcular cómo contribuyen cada una de esas frecuencias en la aceleración de las masas que reposan sobre la estructura (incluyendo el peso propio), para finalmente con esas aceleraciones poder calcular las fuerzas (F=ma) que actúan sobre la estructura. El número de armónicos son infinitos, pero solo un número finito participa apreciablemente para la formación de la onda resultante.

Retomando el tema Mikael, ya vimos en las gráficas que los picos de la portadora coinciden con los picos de la resultante, por tanto, el total de picos de la portadora durante el período de la resultante, es el mejor indicador de la complejidad del acorde para el oído receptor.

El caso de la Octava es muy sencillo, pero en otras situaciones los picos pueden llegar a ser muchos, inclusive todos con amplitudes distintas, y el oído tendría que esforzarse mucho para decodificar el patrón, esa es la manifestación geométrica de la disonancia, la cual va acompañada de los factores relacionados con la capacidad de percepción del oído:

1.- La Función de Modulación Temporal

2.- La detección de períodos de amplitud cero (Gaps)

3.- Los límites de sincronización de fase de las terminales nerviosas del oído (Cochlea) con esos picos de amplitud.

Aunque la membrana del oído recibe fluctuaciones de aire representadas por picos de amplitud positivos y negativos de la onda resultante de un acorde. Sin embargo, el cerebro actúa como integrador de esos cambios de signos y solo percibe una serie permanente de picos de amplitud positiva. En ese sentido, en las tablas que mostraré para la selección de una nueva escala musical, el índice de disonancia calculado será dividido entre 2, como alusión a ese fenómeno, y por simplificación.

Inicialmente podemos medir entonces la complejidad geométrica de la onda resultante, como el número de picos de la portadora por cada periodo fundamental, y ese índice geométrico de disonancia vendría representado por la expresión:

$$Id = 2(Tf/Tp)$$

Tf: Es el inverso de la frecuencia fundamental, que es máximo común divisor de las frecuencias f_1, f_2

Tp: Es el inverso del promedio de las frecuencias f_1, f_2

En el caso de la octava, para frecuencias de 100Hz y 200 Hz, la frecuencia de la onda seno portadora es:

$$F_p = \left(\frac{f_1 + f_2}{2}\right) = \left(\frac{100 + 200}{2}\right) = 150 = 1/T_p$$

La frecuencia fundamental de la onda resultante es el máximo común divisor de las frecuencias f_1, f_2, ya que ambas deben ser múltiplos de la fundamental:

$$Ff = MCD(100, 200) = 100 = 1/Tf$$

El Índice Geométrico de Disonancia para la Octava es entonces:

$$Id = 2(Tf/Tp) = 2(1/100)/(1/150) = 3$$

Como ya vimos ese índice debe ser aumentado en 1, ya que la moduladora genera un pico adicional por cada medio período de la moduladora, eso lo analizaremos para otros casos y con más detalle más adelante, finalmente el índice de disonancia de la Octava es:

$$Id = 4$$

Para el caso de dos notas con frecuencias iguales $Id=2$.

Respecto a las dos frecuencias 100Hz y 104Hz mencionadas anteriormente, las cuales dan generan una resultante tipo paquete, la frecuencia fundamental es:

$$Ff = MCD(100,104) = 4 = 1/Tf$$

La frecuencia de la onda seno portadora:

$$Fp = (f_1+f_2)/2 = (100+104)/2 = 102 = 1/Tp$$

El Índice Geométrico de Disonancia:

$$Id = 2(Tf/Tp) = 2(1/4)/(1/102) = 51$$

un índice de disonancia bastante alto. Posteriormente veremos cómo se puede evaluar la diferencia de disonancia entre dos acordes, qué teniendo el mismo índice geométrico de picos, sin embargo, uno es del tipo paquete y el otro no.

Ahora es tiempo de revisar un caso tan o más importante que el de la Octava.

El Tríplice (Triplex)

Se trata de la razón: 3/1, cuya gráfica vemos a continuación, asumiendo:

$$f_1 = 100Hz, \quad f_2 = 300Hz$$

El máximo común divisor esas frecuencias es:

$$MCD(100,300) = 100$$

El período fundamental de la onda resultante es:

$$1/100 = 0.01 \text{ seg}$$

Dentro del período fundamental, se observan 2 parejas de picos cada una con amplitud y signos iguales, lo que hace que el patrón al comprimir la gráfica revele gran uniformidad, contribuyendo a una mayor consonancia.

La uniformidad de ese patrón luce aún más perfecta que en el caso de la Octava.

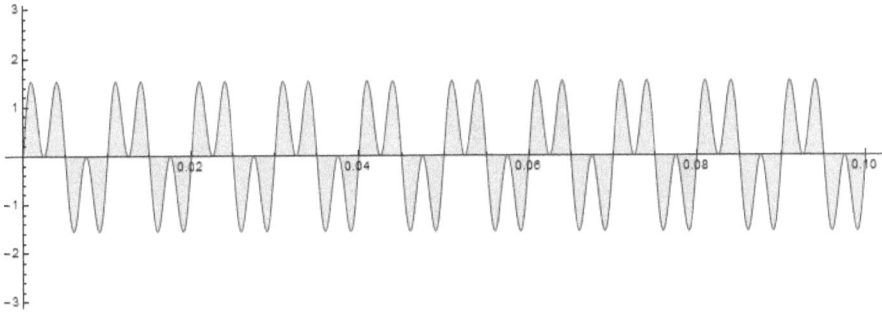

Gráfica comprimida

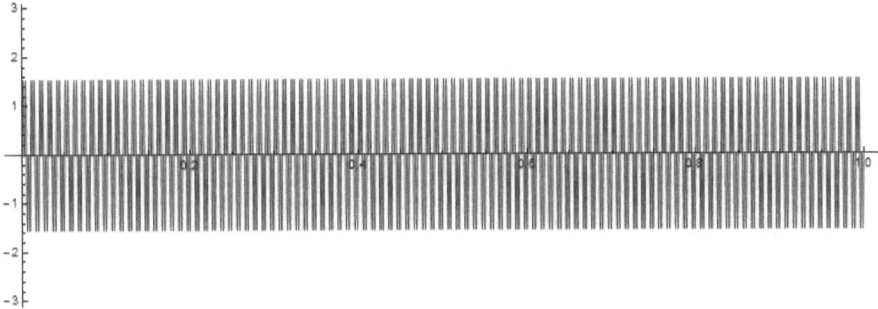

El índice geométrico de disonancia de 3/1, da el mismo valor que se obtuvo para la octava:

$$Id = 2(Tf/Tp) = 2(1/100)/(1/200) = 4$$

Es decir que para la razón 3/1 hay dos períodos de la portadora dentro del período de la resultante (4 picos).

Los picos de amplitud cero no cuentan de acuerdo al criterio adoptado. En este caso hay simetría axial, por lo que inclusive podríamos considerar que el Tríplice es aún más consonante que la Octava, sin embargo, el tema de la simetría lo dejaremos para más adelante.

En la siguiente gráfica se muestran la portadora seno y la moduladora coseno para la relación general de enteros armónicos: (1,3). Medio período de la moduladora escala la amplitud de los picos de la portadora, y también le cambia el signo a medio período de la portadora. En este caso, la moduladora no crea ningún pico de amplitud adicional donde interseca el eje horizontal, porque allí la portadora también tiene amplitud cero.

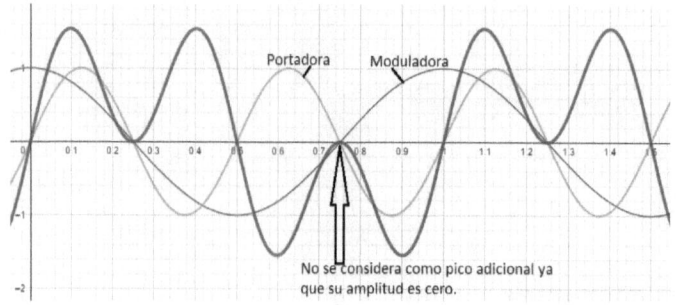

Simetría Axial y Simetría Central en la Resultante

En resumen, ya sabemos que la suma de dos ondas puede ser expresada por el producto de una función coseno Modulador y otra seno Portadora, así:

$$\sin f_1 + \sin f_2 = 2\cos\left(2\left(\frac{f_2 - f_1}{2}\right)\pi t\right)\operatorname{sen}\left(2\left(\frac{f_1 + f_2}{2}\right)\pi t\right)$$

En algunos casos, el coseno y el seno toman al mismo tiempo el valor cero:

$$\{Cos, Sen\} = \{0,0\}$$

Precisamente ese es el caso de la imagen mostrada anteriormente para la razón 3/1, cuando la función coseno de la moduladora interseca el eje horizontal en el mismo instante que la portadora. En ese caso no se genera ningún pico adicional, y el pico de amplitud cero localizado en ese punto se asume que no colabora con la disonancia y no es contabilizado.

Ya resaltamos que hay simetría axial dentro del período de la onda, es decir, que a ambos lados de ese punto la forma de la onda es igual, como la imagen en un espejo.

Eso ocasiona que picos que se encuentran a ambos lados de ese punto tengan igual amplitud y eso aporta alguna uniformidad al patrón de la onda, alguna comodidad extra para que el oído identifique más fácilmente el sonido, y por ende debe contribuir a la consonancia.

Esa simetría axial también se produce en los instantes t en los cuales se cumple la pareja de valores:

$$\{Cos, Sen\} = \{\pm 1, \pm 1\}$$

Esos son los únicos casos donde se genera simetría axial. Para todos los casos de simetría axial también existe simetría central que es la imagen de espejo invertida.

Los casos donde solo existe simetría central son:

$$\{Cos, Sen\} = \{0, \pm 1\} \quad \{Cos, Sen\} = \{\pm 1, 0\}$$

Recapitulemos viendo algunos unos ejemplos, donde se destacan los instantes cuando ocurre las simetrías axial y central, dentro del período de la onda resultante cuyo valor es siempre 1 para los casos mostrados.

También se destacan los valores r relacionados con la modulación, lo cual explicaré en detalle más adelante.

El trazado más fino corresponde a la portadora seno.

El trazado de mayor grosor a la resultante del acorde (azul oscuro), y el intermedio es la moduladora coseno:

$f2/f1 = 3/1, r = 1$, Simetría axial $\{0,0\}$, Central $\{\pm 1, 0\}$:

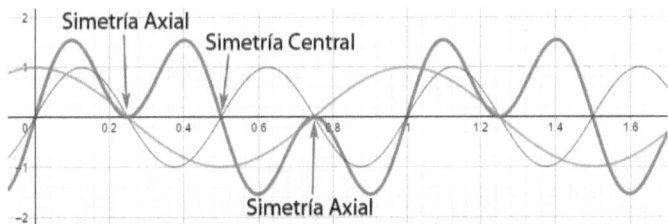

$f2/f1 = 7/3, r = 5/4$, Simetría Axial $\{\pm 1, \pm 1\}$, Central $\{\pm 1, 0\}$:

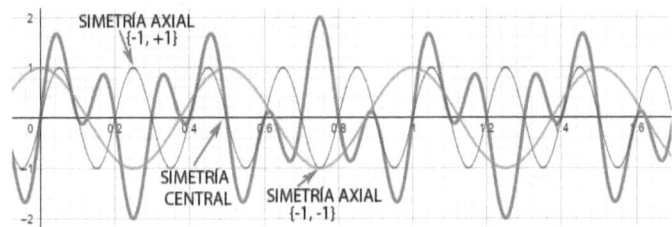

$f2/f1 = 2/1, r = 3/2$, Simetría central $\{0, \pm 1\}\{\pm 1, 0\}$, se crea un pico adicional. Claramente se inicia onda tipo paquete:

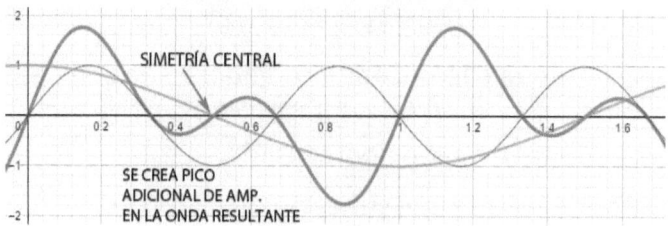

$f2/f1 = 5/3, r = 2$, Simetría Axial y Central:

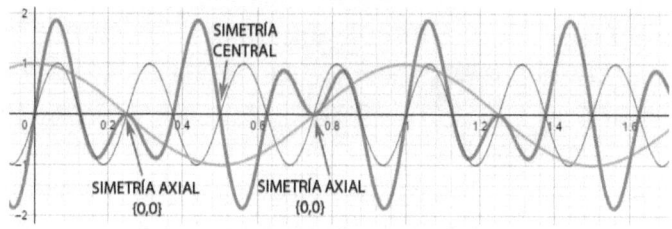

$f2/f1 = 3/2, r = 5/2$, Simetría central:

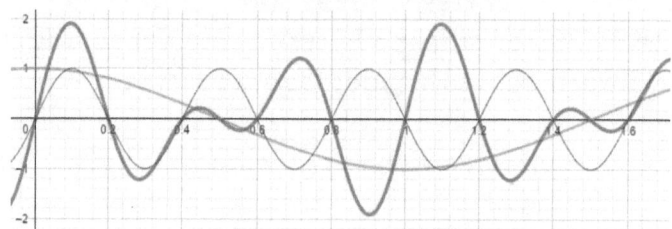

$f2/f1 = 7/5, r = 3$, Simetría Axial y Central, forma tipo paquete:

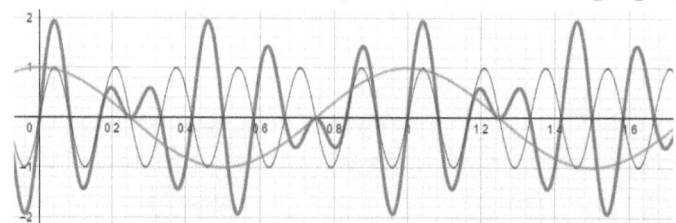

$f2/f1 = 4/3, r = 7/2$, Simetría central, claramente tipo paquete:

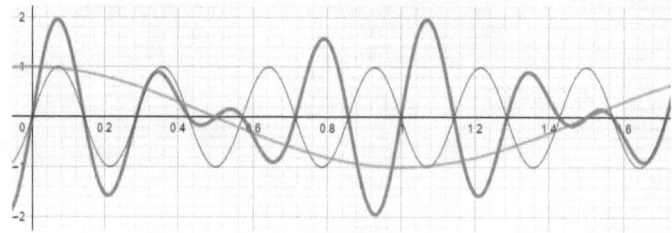

$f2/f1 = 5/4, r = 9/2$, Simetría Central:

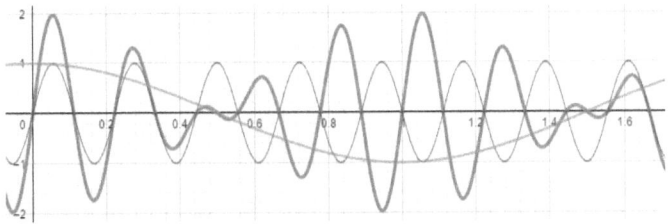

$f2/f1 = 6/5, r = 11/2$, Simetría central.

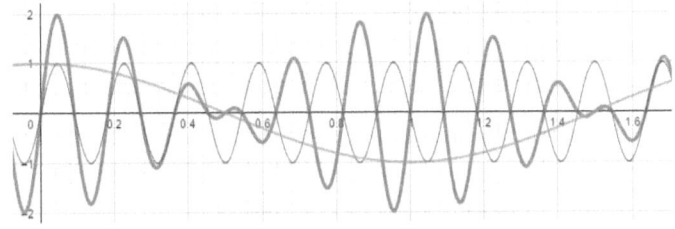

Cuando la función coseno moduladora interseca el eje horizontal en un instante distinto al que lo hace la portadora entonces sí se genera un pico adicional de amplitud, y es necesario entonces agregarlo al índice geométrico de disonancia Id (calculado con base a los picos de la portadora), esto es: agregar tantos picos como medios períodos de la moduladora existen dentro del período fundamental:

$$Id = 2(Tf/Tp) + Tf/(Tm/2)$$

El primer término a la derecha de esa igualdad, expresa el número de picos de la portadora, y el segundo expresa el número de picos adicionales creados por la moduladora cada vez que interseca el eje horizontal.

En este punto, hay que indicar que existen muchos paquetes de software de matemáticas con el comando FindPeaks, para encontrar los picos e inclusive sus amplitudes, pero el análisis que realizo aquí utilizando la expresión de la ecuación Portadora-Moduladora permitirá evaluar con más precisión detalles acerca de la disonancia por efecto de modulación, entre otros aspectos, como entender qué ocurre con las frecuencias involucradas, la simetría de la onda resultante. Es decir, simplemente encontrar picos de amplitud no es el único objetivo del análisis de la disonancia.

Retomando el cálculo del *Id*, para el caso de la Octava, el índice de disonancia geométrico es entonces:

$$Id = 2(Tf/Tp) + 1 = 3 + 1 = 4$$

Tanto el Tríplice como la Octava tienen igual índice de disonancia, pero hay que remarcar que la resultante del Tríplice luce más uniforme que la Octava, ya que sus picos de amplitud solo fueron amplificados y cambiados de signo, mientras que en la Octava la portadora sí sufre una modulación en su forma, una modificación del número de picos. Por otro lado, el Tríplice tiene simetría axial, lo cual hace que su resultante sea más uniforme, todos los picos de igual amplitud.

El Tríplice resulta entonces ser un caso especial, un caso único, en el cual medio período de la moduladora contiene un período completo de la portadora. El Tríplice es el límite que indica cuando el período de la portadora es mayor o menor que medio período de la moduladora.

En la medida que la moduladora abarque un mayor número de períodos de la portadora entonces escalará gradualmente, sin cambiarles su signo, a los picos de la portadora formando lo que se llaman ondas tipo paquete, las cuales son significativamente disonantes para el oído. Eso constituye un indicador especial para las ondas tipo paquete, y por consiguiente el siguiente valor cobra especial importancia:

$$r = (Tm/2)/Tp$$

Es un elemento esencial para la determinación final del índice de disonancia de la onda resultante, y eso lo veremos con más detalle más adelante.

Índice geométrico de Disonancia modificado por Picos de Amplitud Cero: *Idc*. Índice Modulado *Idm*.

En muchas ocasiones el pico de amplitud adicional que crea la moduladora cuando interseca el eje horizontal, es de amplitud muy pequeña o despreciable, y por tanto de acuerdo a las bases y criterios adoptados, en esos casos se puede asumir como cero porque no hay esfuerzo adicional en el oído debido a cambio en el signo de la presión del aire.

El índice de disonancia corregido por el número de picos n con valor cero o valor despreciable es:

$$Idc = Id - n$$

se puede utilizar los valores Tm, Tp, para determinar la menor separación que puedan tener la moduladora y la portadora en todos los instantes en que la moduladora interseca el eje horizontal. Mientras más pequeña sea esa separación, menor será la amplitud del pico adicional generado por la moduladora.

Esos instantes de mínima separación ocurren cuando la diferencia entre el valor: $(1/4)Tm$ multiplicado por un número impar cualquiera: 1,3,5,7..., y el valor $Tp/2$ multiplicado por un número entero cualquiera: 1,2,3,4... es menor que el valor: $(1/4)Tp$.

Cuando esa condición ocurre, con el promedio de los correspondientes instantes t de la moduladora y la portadora se calcula la amplitud del pico y si está por debajo de un valor predeterminado, el cual elegí con el valor: 0.05, entonces el pico se considera de amplitud cero y se descarta del cálculo de la disonancia.

Todo eso, se realiza mediante un programa muy sencillo de muy pocas líneas. Por supuesto, la elección del límite 0.05 para considerar cero la amplitud del pico adicional es arbitraria, y eso se podría precisar mejor con el concurso de especialistas en la percepción del oído, pero es una aproximación bastante aceptable por ahora. Adicionalmente, este análisis podría extenderse para contabilizar los picos que estén dentro de determinado rango dentro del período fundamental, se clasificarían y contabilizarían de acuerdo a rangos. En las tablas mostradas más adelante, se incluye el cálculo de los picos cero, pero no se incluye el análisis por rangos. La variable n identifica el número de picos considerados con amplitud cero.

Por otro lado, basado en el valor r comentado anteriormente, se introduce el efecto de modulación en paquetes, esto es, el índice modulado: Idm: el producto de Idc por ese valor r:

$$r = (Tm/2)/Tp$$

El valor $2*r$ representa el número de picos de la portadora que se encuentran dentro de medio período de la moduladora.

De las tablas que mostraré más adelante para la escala, se puede extraer la gráfica que muestro a continuación, es la variación del valor r para un número suficientemente grande de razones de frecuencia dentro del intervalo (1/1, 3/1). El valor r aumenta a medida que la razón de frecuencias se aproxima hacia la unidad (ondas tipo paquete).

El Idc calculado hasta ahora, solo con base en el número de picos totales dentro del período fundamental, debe ser multiplicado entonces por el valor r, para introducir ese efecto de modulación, el cual se incrementará a medida que el valor de la razón esté más cerca de la unidad, y eso se expresa así:

$$Idm = r\,(Idc)$$

Remarco que para nuestros oídos la disonancia por modulación disminuye a medida que la frecuencia aumenta, y no me refiero al aumento de la tasa de modulación, sino de la frecuencia de las notas del acorde.

Al final revisaremos como modificar el Idm de acuerdo a esta consideración.

Llegamos así a una fórmula aproximada para medir la disonancia: El índice geométrico de disonancia, modificado o no por modulación: Idm, Idc.

Todo de acuerdo al criterio que mientras menos picos se formen dentro del período fundamental de la resultante, mientras exista un menor número de variaciones bruscas en la amplitud de esos picos, y mientras menos modulación exista en ellos, el oído hará menor esfuerzo.

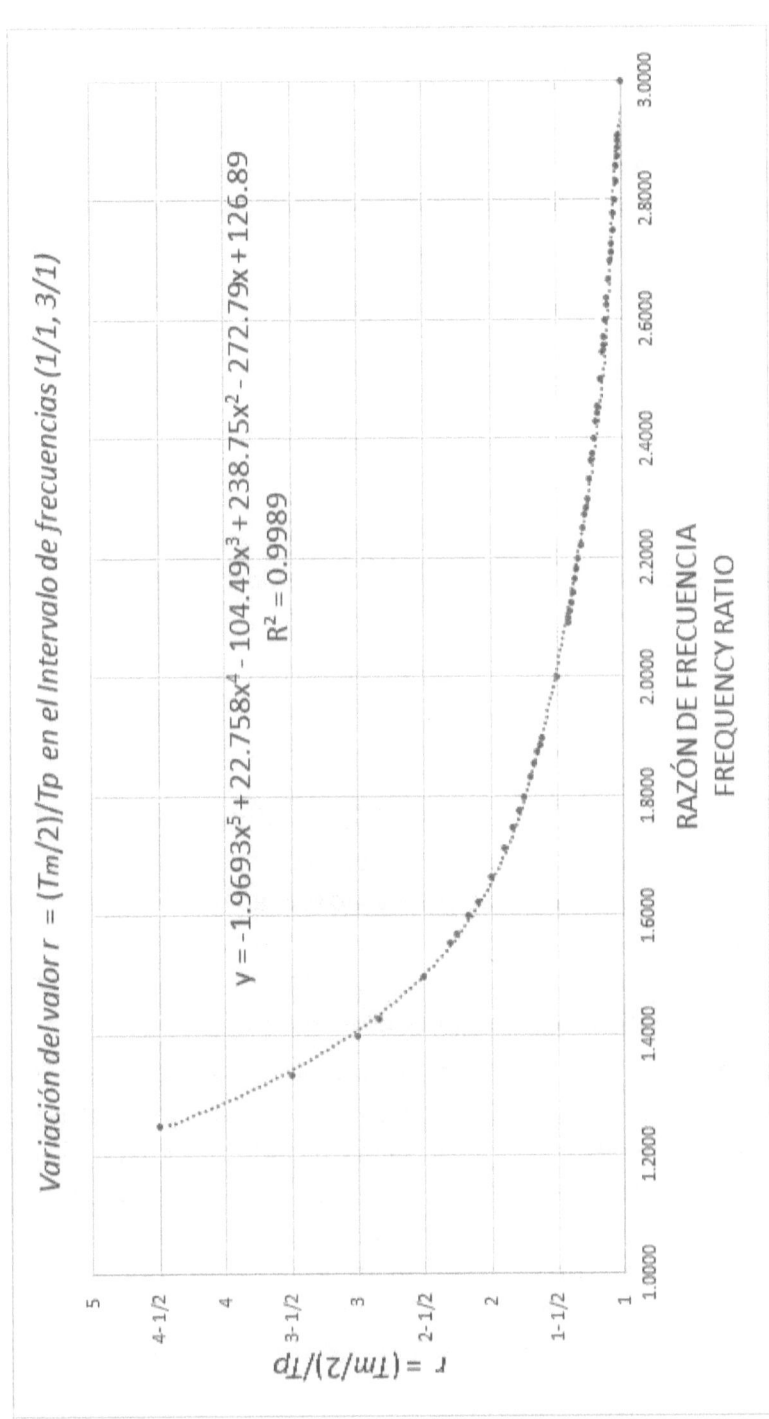

En las tablas que te mostraré más adelante, se indican en columnas diferentes los valores *Idc* y *Idm*, para una mejor visualización de todo lo explicado hasta ahora.

Finalmente, antes de mostrarte las tablas Mikael, es importante resaltar que la razón 3/1 aparece entonces como la frontera que divide el dominio de los acordes de dos frecuencias. Esto se evidencia al analizar como va cambiando la forma de las resultantes desde alguna razón superior a 3/1 y hasta la unidad, y eso se puede resumir en las siguientes 3 imágenes de ondas resultantes correspondientes a las razones: 6/5, 3/1, 9/1:

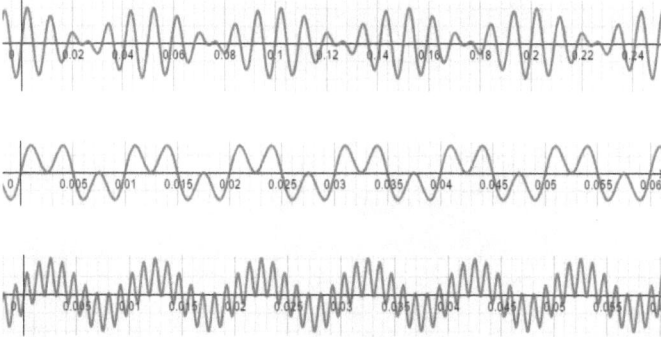

Si en cada una de esas tres gráficas se dibuja una línea imaginaria (envolvente) que une los picos superiores, y otra que une los inferiores, entonces se puede observar la transformación y desplazamiento que sufren ambas envolventes, tanto desde 3/1 hacia la unidad, como desde 3/1 hacia el infinito. Y el tríplice 3/1 aparece entonces como la onda neutra.

Efectivamente, si se grafican las ondas de un mayor número de razones entre 3/1 y 1/1, se puede observar que se desarrolla gradualmente desde 3/1 y hacia la unidad una especie de deformación y desplazamiento o desfase gradual entre la envolvente superior y la inferior. Ese fenómeno va generando picos de amplitud muy variados hasta llegar finalmente a la forma tipo paquete cuando la cresta superior de la envolvente superior coincide en forma y en posición con la cresta inferior de la envolvente inferior.

Por otro lado, en la zona superior, esto es la zona de valores mayores a 3/1, ocurre una transformación menos compleja que en la zona inferior, en cuanto a la variedad en los patrones de generación de picos de amplitud. En esta zona superior, los picos de la resultante están envueltos entre dos envolventes que tienden a estar en fase total, y conforman una especie de franja de ancho constante, lo que da a la onda resultante el aspecto de una onda pura sinusoidal pero con grosor, tipo banda. Esa uniformidad por supuesto debe contribuir a la consonancia, pero además, el efecto de resolución temporal del oído para frecuencias altas también contribuye ya que muchos picos de amplitud no son percibidos, y para el oído la complejidad de la onda se reduce.

El cálculo de la disonancia para razones mayores a 3/1 depende entonces de esos dos factores adicionales: La uniformidad que le imprimen de las envolventes, y la resolución temporal del oído para frecuencias altas.

En resumen, el Tríplice divide el dominio de los acordes de dos notas en dos zonas muy diferentes, una que denominé zona inferior y otra superior.

Todo eso indica que la razón 3/1 ha debido ser desde el principio la base de medida y construcción de acordes y escalas, pero fue ignorada seguramente porque la primera consonancia más resaltante que percibieron los antiguos en sus oídos fue la del 2-1 y por lo tanto ésta se impuso como patrón de medida; pero lo cierto es que la razón 2/1 pertenece al área de las ondas paquete, y no es más consonante que la razón 3/1. De hecho, como ya vimos la resultante del acorde 2/1 tiene picos de amplitud intermedios que un oído muy fino debería detectar, pero debido a las limitaciones del humano no ocurre así.

De todo lo anterior, en lugar de considerar el intervalo 1-2 con se ha hecho siempre en la música, resulta lógico intentar construir una escala musical en el intervalo 1-3, la cual he llamado: Escala del Tríplice, cuyas notas serían escogidas de acuerdo al menor índice de disonancia posible.

Para encontrar las razones de frecuencias con los menores índices de disonancia, y considerando al Tríplice como el origen desde donde surgen todas las especies de acordes, analicé dos casos delimitados por la razón 3/1: La Zona Inferior<3/1, y la Zona Superior>3/1.

La muy conocida secuencia de racionales de Brocot es la mejor manera ordenada de conseguir un número suficiente de razones entre frecuencias, de manera de determinar cuáles cumplen con los menores índices de disonancia.

Las secuencias de Brocot permiten generar todos los racionales irreducibles entre el cero y el infinito, de manera ordenada, mediante la operación llamada Mediant, que es la suma de numeradores y denominadores.

Mikael, fíjate que hace ya algún tiempo, en un trabajo que realicé sobre métodos numéricos expandí el radio de acción de esa operación en comparación a como había sido utilizada hasta ahora en la literatura matemática, dándole un nombre más general y adecuado: La Media Racional (La Quinta Operación Aritmética), y con esa expresión que opera no solamente con fracciones irreducibles sino también compuestas, logré algoritmos de aproximación de raíces de la ecuación algebraica general con cualquier orden de convergencia deseado, pero esa es una publicación que hice hace tiempo, eso es otro tema Mikael, esto lo comento para indicarte la trascendencia de esa operación tan sencilla, pero con un poder similar al del cálculo infinitesimal y con más simplicidad.

Extrañamente esa poderosa operación ha sido usada muy poco a lo largo de la historia, quizás porque tiende a crear confusión en los estudiantes jóvenes a la hora de sumar fracciones, ya que consiste en sumar los numeradores y los denominadores; siempre da como resultado un valor intermedio, por ejemplo, usando la notación: *Mr* para la Media Racional:

$$Mr(1/1, 1/0) = 2/1$$

$$Mr(1/1, 2/1) = 3/2$$

$$Mr(2/1, 1/0) = 3/1$$

Todos son valores intermedios de las razones que intervienen en la operación.

Lo importante es que de esa manera Brocot generó todos los racionales entre la Unidad y el Infinito, calculando la Media Racional (Mediant) entre todas las fracciones en cada paso del proceso:

1/1								1/0
1/1				2/1				1/0
1/1		3/2		2/1		3/1		1/0
1/1	4/3	3/2	5/3	2/1	5/2	3/1	4/1	1/0

y así sucesivamente...

A continuación veremos las gráficas de distribución de número de picos de amplitud de la portadora: $2(Tf/Tp)$ versus las distintas razones de frecuencias.

La primera gráfica abarca el intervalo (1/1, 5/1), la escala del eje vertical indica hasta más de 2000 picos de amplitud por período fundamental.

Las otras gráficas abarcan los intervalos (1/1, 2/1), (2/1, 3/1) pero con otra escala vertical, para mejor visualización. En las últimas se fue reduciendo la escala del eje vertical a 200 y finalmente a 30, y con esos valores se construyen las tablas que mostraré más adelante.

La primera imagen con algo de imaginación, se asemeja un bosque de árboles de pino, o capullos de flor, separados por líneas verticales imaginarias:

!El jardín de las armonías!

A primera vista, se pueden distinguir curvas como si enlazaran muchos puntos del gráfico, y la trayectoria de esas curvas también es muy interesante, algunas se extienden a todo lo largo de la gráfica, y otras no.

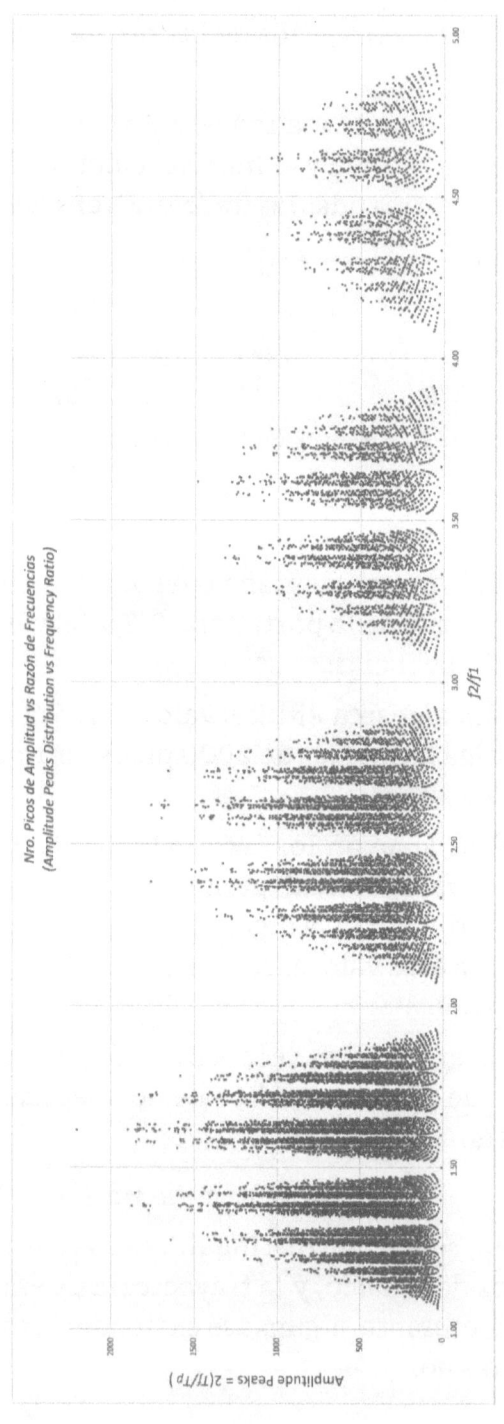

Ahora para el intervalo de razones (1/1, 2/1):

Intervalo (1/1, 2/1), limitando el valor del eje vertical:

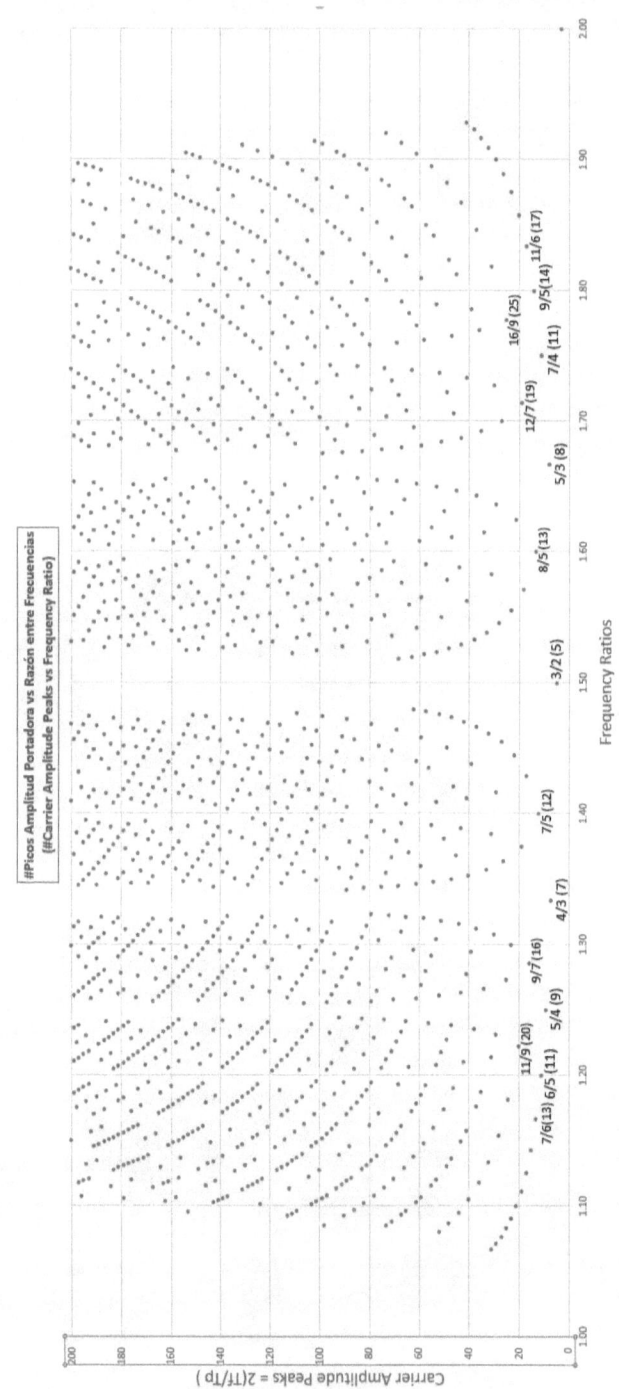

Intervalo (1,2), limitado a un máximo de 30 picos:

Intervalo (2,3), limitado a un máximo de 30 picos:

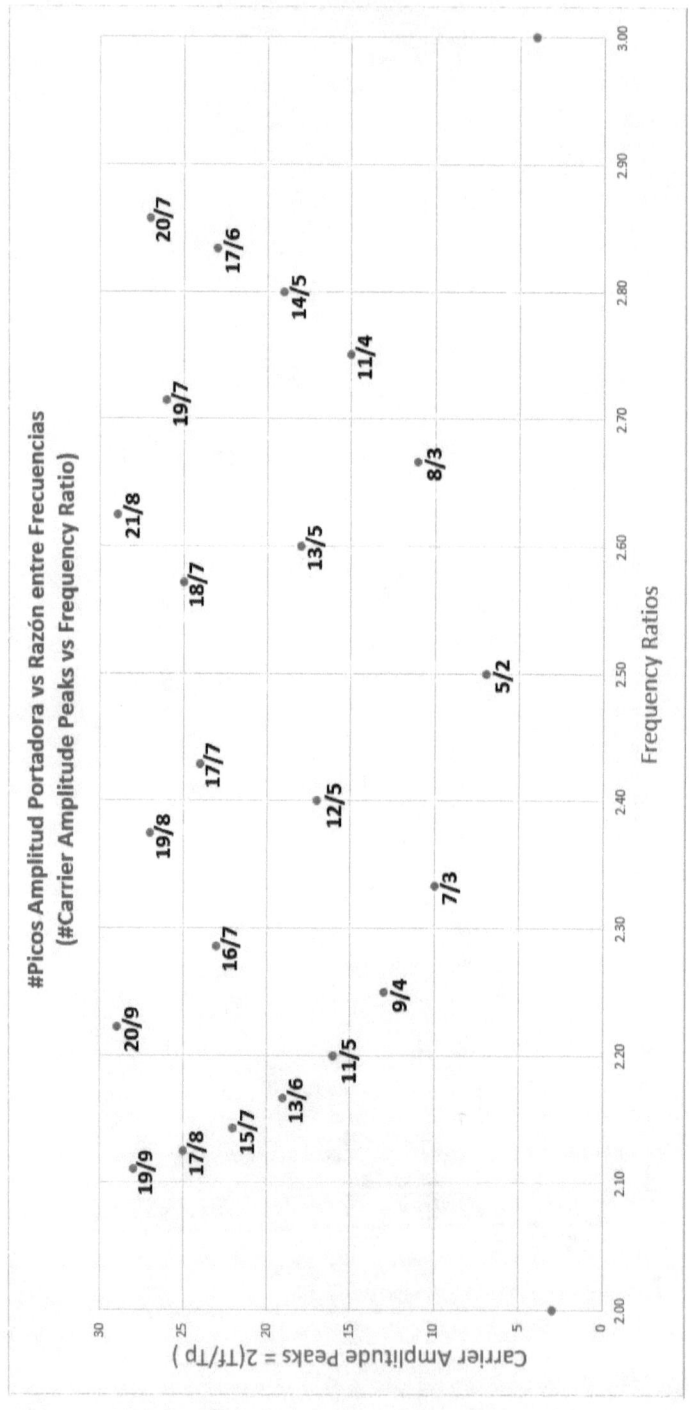

En la siguiente imagen, intervalo (1,2), se distinguen (azul claro) las razones cuyas ondas resultantes tienen simetría axial dentro del período:

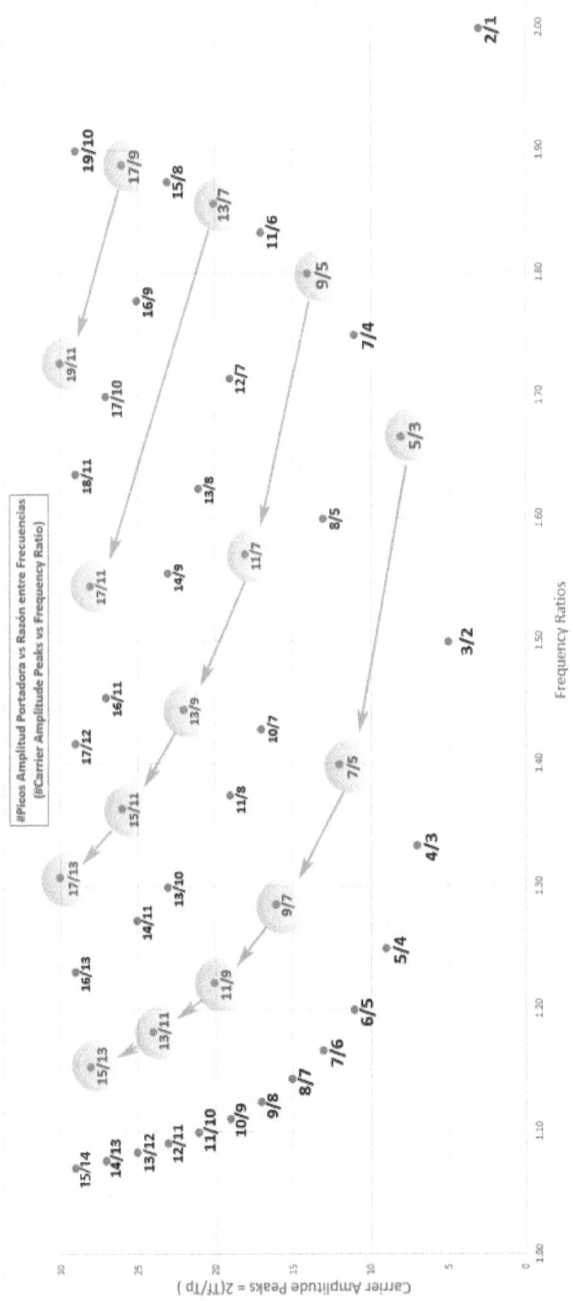

Para el intervalo 2-3 las razones son simetría axial:

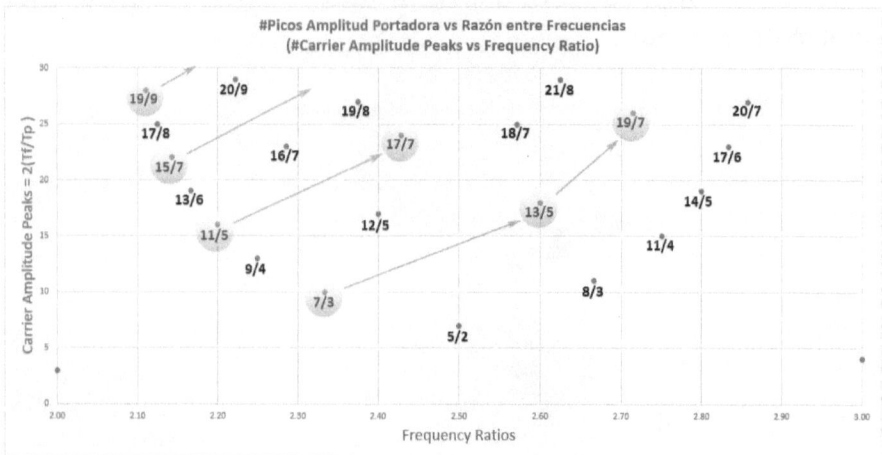

Todas las ondas resultantes tienen simetría central, pero las resaltadas en las dos gráficas anteriores tienen adicionalmente simetría axial dentro del período. Se asume que esas razones deben tener más consonancia que sus pares que tienen igual número de picos de la portadora y que solo tienen simetría central dentro del período, por esa razón las he resaltado, ya que en alguna ocasión puede ser necesario optar por la simetría axial.

En las tablas, en los casos en que la razón tenga simetría axial: la celda correspondiente en la columna de valores r, aparece resaltada en color azul claro.

La distribución mostrada con las secuencias de Brocot es muy interesante, y aunque la imagen invita a revisarla repetidas veces, el objetivo de este análisis es otro, y dejaré esas observaciones hasta allí.

El objetivo entonces es tomar de esa gráfica las razones que estén por debajo de un límite prefijado de picos, el cual podemos asumir como suficiente para seleccionar de allí la escala con base a los índices de disonancia. Las razones y sus datos aparecen en tablas separadas para los intervalos (1,2) y (2,3), para finalmente construir la escala del Tríplice.

Razones inferiores a 3/1. Zona Inferior

Son los casos en los cuales: Medio período modulador contiene más de un período de la portadora:

$$r = (1/2)Tm/Tp > 1$$

Para la elaboración de las tablas el límite del rango escogido para el número de picos de la portadora es 30, para el intervalo (1,2), tal como aparece en las imágenes que mostré anteriormente para ese intervalo, y 40 para el intervalo (2,3). Eso solo con la intención de mostrar un rango suficiente de valores entre los cuales escoger las razones de menor índice de disonancia, y además permitir una perspectiva general de lo que ocurre con las frecuencias y los parámetros de sus ondas resultantes.

Hay que notar que al final, para las razones seleccionadas en el intervalo (1,2) el máximo número de picos de la portadora es 13, y en el intervalo (2,3) es 22, es decir, que el rango mínimo necesario de picos es mucho menor que el mostrado en las tablas.

Son 7 tablas en total: tres para el intervalo (1,2), tres para el intervalo (2,3). Para ambos intervalos: la primera tabla aparece en orden descendente del valor de la razón de frecuencias, y las dos tablas siguientes según orden ascendente del Idc y el Idm respectivamente.

La séptima tabla muestra las razones escogidas finalmente para la nueva escala completa del Tríplice: (1,3).

En cada tabla se remarcan en color amarillo claro las razones escogidas para conformar la escala del Tríplice.

Si la celda en la columna correspondiente al valor r aparece sombreada en azul claro, eso indica que la onda resultante de esa razón tiene simetría axial.

En las columnas 1,2 de cada tabla se muestra la fracción y el valor decimal de las razones generadas con las secuencias de Brocot. La columna 3 muestra el período fundamental de la onda resultante. Las columnas 4 y 5 muestran el período de la portadora y el valor de medio período de la moduladora.

En la columna 6, se muestran los valores de r para cada razón de frecuencias. La columna 7 indica el número de picos adicionales. La columna 8 indica el número de picos de amplitud cero identificado con la letra n.

La columna 9 indica el número de picos de la portadora.

En las últimas dos columnas, se muestran los dos índices de disonancia Idc, Idm.

Los valores originales del Idc fueron divididos por 2 no solo con el objetivo de simplificar valores, sino también como alusión a lo ya mencionado antes acerca de la capacidad de percepción del oído, que el cerebro actúa como un integrador y solo procesa los picos positivos de amplitud.

Intervalo (1,2). Orden descendente de frecuencias

f2/f1	f2/f1	Tf	Tp	Tm/2	r	$\frac{Tf}{(Tm/2)}$	n	$\frac{2*Tf}{Tp}$	Idc	Idm
2/1	2.000	1	0.667	1.000	1- 1/2	1	0	3	2	3.00
19/10	1.900	1	0.069	0.111	1- 11/18	9	4	29	17	27.39
17/9	1.889	1	0.077	0.125	1- 5/8	8	4	26	15	24.38
15/8	1.875	1	0.087	0.143	1- 9/14	7	2	23	14	23.00
13/7	1.857	1	0.100	0.167	1- 2/3	6	2	20	12	20.00
11/6	1.833	1	0.118	0.200	1- 7/10	5	2	17	10	17.00
9/5	1.800	1	0.143	0.250	1- 3/4	4	0	14	9	15.75
16/9	1.778	1	0.080	0.143	1- 11/14	7	2	25	15	26.79
7/4	1.750	1	0.182	0.333	1- 5/6	3	2	11	6	11.00
19/11	1.727	1	0.067	0.125	1- 7/8	8	4	30	17	31.88
12/7	1.714	1	0.105	0.200	1- 9/10	5	2	19	11	20.90
17/10	1.700	1	0.074	0.143	1- 13/14	7	2	27	16	30.86
5/3	1.667	1	0.250	0.500	2	2	2	8	4	8.00
18/11	1.636	1	0.069	0.143	2- 1/14	7	2	29	17	35.21
13/8	1.625	1	0.095	0.200	2- 1/10	5	2	21	12	25.20
8/5	1.600	1	0.154	0.333	2- 1/6	3	2	13	7	15.17
11/7	1.571	1	0.111	0.250	2- 1/4	4	0	18	11	24.75
14/9	1.556	1	0.087	0.200	2- 3/10	5	2	23	13	29.90
17/11	1.545	1	0.071	0.167	2- 1/3	6	2	28	16	37.33
3/2	1.500	1	0.400	1.000	2- 1/2	1	0	5	3	7.50
16/11	1.455	1	0.074	0.200	2- 7/10	5	2	27	15	40.50
13/9	1.444	1	0.091	0.250	2- 3/4	4	0	22	13	35.75
10/7	1.429	1	0.118	0.333	2- 5/6	3	2	17	9	25.50
17/12	1.417	1	0.069	0.200	2- 9/10	5	2	29	16	46.40
7/5	1.400	1	0.167	0.500	3	2	2	12	6	18.00
11/8	1.375	1	0.105	0.333	3- 1/6	3	2	19	10	31.67
15/11	1.364	1	0.077	0.250	3- 1/4	4	4	26	13	42.25
4/3	1.333	1	0.286	1.000	3- 1/2	1	0	7	4	14.00
17/13	1.308	1	0.067	0.250	3- 3/4	4	4	30	15	56.25
13/10	1.300	1	0.087	0.333	3- 5/6	3	2	23	12	46.00
9/7	1.286	1	0.125	0.500	4	2	2	16	8	32.00
14/11	1.273	1	0.080	0.333	4- 1/6	3	2	25	13	54.17
5/4	1.250	1	0.222	1.000	4- 1/2	1	0	9	5	22.50
16/13	1.231	1	0.069	0.333	4- 5/6	3	2	29	15	72.50
11/9	1.222	1	0.100	0.500	5	2	2	20	10	50.00
6/5	1.200	1	0.182	1.000	5- 1/2	1	0	11	6	33.00
1/1	1.000	1	1.000	∞	∞	0	0	2	1	1.00

Intervalo (1,2). Orden ascendente del *Idc*

f2/f1	f2/f1	Tf	Tp	Tm/2	r	$\frac{Tf}{(Tm/2)}$	n	$\frac{2*Tf}{Tp}$	Idc	Idm
1/1	1.000	1	1.000	∞	∞	0	0	2	1	1.00
2/1	2.000	1	0.667	1.000	1- 1/2	1	0	3	2	3.00
3/2	1.500	1	0.400	1.000	2- 1/2	1	0	5	3	7.50
5/3	1.667	1	0.250	0.500	2	2	2	8	4	8.00
4/3	1.333	1	0.286	1.000	3- 1/2	1	0	7	4	14.00
5/4	1.250	1	0.222	1.000	4- 1/2	1	0	9	5	22.50
7/4	1.750	1	0.182	0.333	1- 5/6	3	2	11	6	11.00
7/5	1.400	1	0.167	0.500	3	2	2	12	6	18.00
6/5	1.200	1	0.182	1.000	5- 1/2	1	0	11	6	33.00
8/5	1.600	1	0.154	0.333	2- 1/6	3	2	13	7	15.17
9/7	1.286	1	0.125	0.500	4	2	2	16	8	32.00
9/5	1.800	1	0.143	0.250	1- 3/4	4	0	14	9	15.75
10/7	1.429	1	0.118	0.333	2- 5/6	3	2	17	9	25.50
11/6	1.833	1	0.118	0.200	1- 7/10	5	2	17	10	17.00
11/8	1.375	1	0.105	0.333	3- 1/6	3	2	19	10	31.67
11/9	1.222	1	0.100	0.500	5	2	2	20	10	50.00
12/7	1.714	1	0.105	0.200	1- 9/10	5	2	19	11	20.90
11/7	1.571	1	0.111	0.250	2- 1/4	4	0	18	11	24.75
13/7	1.857	1	0.100	0.167	1- 2/3	6	2	20	12	20.00
13/8	1.625	1	0.095	0.200	2- 1/10	5	2	21	12	25.20
13/10	1.300	1	0.087	0.333	3- 5/6	3	2	23	12	46.00
14/9	1.556	1	0.087	0.200	2- 3/10	5	2	23	13	29.90
13/9	1.444	1	0.091	0.250	2- 3/4	4	0	22	13	35.75
15/11	1.364	1	0.077	0.250	3- 1/4	4	4	26	13	42.25
14/11	1.273	1	0.080	0.333	4- 1/6	3	2	25	13	54.17
15/8	1.875	1	0.087	0.143	1- 9/14	7	2	23	14	23.00
17/9	1.889	1	0.077	0.125	1- 5/8	8	4	26	15	24.38
16/9	1.778	1	0.080	0.143	1- 11/14	7	2	25	15	26.79
16/11	1.455	1	0.074	0.200	2- 7/10	5	2	27	15	40.50
17/13	1.308	1	0.067	0.250	3- 3/4	4	4	30	15	56.25
16/13	1.231	1	0.069	0.333	4- 5/6	3	2	29	15	72.50
17/10	1.700	1	0.074	0.143	1- 13/14	7	2	27	16	30.86
17/11	1.545	1	0.071	0.167	2- 1/3	6	2	28	16	37.33
17/12	1.417	1	0.069	0.200	2- 9/10	5	2	29	16	46.40
19/10	1.900	1	0.069	0.111	1- 11/18	9	4	29	17	27.39
19/11	1.727	1	0.067	0.125	1- 7/8	8	4	30	17	31.88
18/11	1.636	1	0.069	0.143	2- 1/14	7	2	29	17	35.21

Intervalo (1,2). Orden ascendente del Idm

f2/f1	f2/f1	Tf	Tp	Tm/2	r	$\dfrac{Tf}{(Tm/2)}$	n	$\dfrac{2*Tf}{Tp}$	Idc	Idm
1/1	1.000	1	1.000	∞	∞	0	0	2	1	1.00
2/1	2.000	1	0.667	1.000	1- 1/2	1	0	3	2	3.00
3/2	1.500	1	0.400	1.000	2- 1/2	1	0	5	3	7.50
5/3	1.667	1	0.250	0.500	2	2	2	8	4	8.00
7/4	1.750	1	0.182	0.333	1- 5/6	3	2	11	6	11.00
4/3	1.333	1	0.286	1.000	3- 1/2	1	0	7	4	14.00
8/5	1.600	1	0.154	0.333	2- 1/6	3	2	13	7	15.17
9/5	1.800	1	0.143	0.250	1- 3/4	4	0	14	9	15.75
11/6	1.833	1	0.118	0.200	1- 7/10	5	2	17	10	17.00
7/5	1.400	1	0.167	0.500	3	2	2	12	6	18.00
13/7	1.857	1	0.100	0.167	1- 2/3	6	2	20	12	20.00
12/7	1.714	1	0.105	0.200	1- 9/10	5	2	19	11	20.90
5/4	1.250	1	0.222	1.000	4- 1/2	1	0	9	5	22.50
15/8	1.875	1	0.087	0.143	1- 9/14	7	2	23	14	23.00
17/9	1.889	1	0.077	0.125	1- 5/8	8	4	26	15	24.38
11/7	1.571	1	0.111	0.250	2- 1/4	4	0	18	11	24.75
13/8	1.625	1	0.095	0.200	2- 1/10	5	2	21	12	25.20
10/7	1.429	1	0.118	0.333	2- 5/6	3	2	17	9	25.50
16/9	1.778	1	0.080	0.143	1- 11/14	7	2	25	15	26.79
19/10	1.900	1	0.069	0.111	1- 11/18	9	4	29	17	27.39
14/9	1.556	1	0.087	0.200	2- 3/10	5	2	23	13	29.90
17/10	1.700	1	0.074	0.143	1- 13/14	7	2	27	16	30.86
11/8	1.375	1	0.105	0.333	3- 1/6	3	2	19	10	31.67
19/11	1.727	1	0.067	0.125	1- 7/8	8	4	30	17	31.88
9/7	1.286	1	0.125	0.500	4	2	2	16	8	32.00
6/5	1.200	1	0.182	1.000	5- 1/2	1	0	11	6	33.00
18/11	1.636	1	0.069	0.143	2- 1/14	7	2	29	17	35.21
13/9	1.444	1	0.091	0.250	2- 3/4	4	0	22	13	35.75
17/11	1.545	1	0.071	0.167	2- 1/3	6	2	28	16	37.33
16/11	1.455	1	0.074	0.200	2- 7/10	5	2	27	15	40.50
15/11	1.364	1	0.077	0.250	3- 1/4	4	4	26	13	42.25
13/10	1.300	1	0.087	0.333	3- 5/6	3	2	23	12	46.00
17/12	1.417	1	0.069	0.200	2- 9/10	5	2	29	16	46.40
11/9	1.222	1	0.100	0.500	5	2	2	20	10	50.00
14/11	1.273	1	0.080	0.333	4- 1/6	3	2	25	13	54.17
17/13	1.308	1	0.067	0.250	3- 3/4	4	4	30	15	56.25
16/13	1.231	1	0.069	0.333	4- 5/6	3	2	29	15	72.50

Intervalo (2,3). Orden descendente de frecuencias

f2/f1	f2/f1	Tf	Tp	Tm/2	r	$\frac{Tf}{(Tm/2)}$	n	$\frac{2*Tf}{Tp}$	Idc	Idm
3/1	3.000	1	0.500	0.500	1	2	2	4	2	2.00
26/9	2.889	1	0.057	0.059	1- 1/34	17	4	35	24	24.71
23/8	2.875	1	0.065	0.067	1- 1/30	15	4	31	21	21.70
20/7	2.857	1	0.074	0.077	1- 1/26	13	4	27	18	18.69
17/6	2.833	1	0.087	0.091	1- 1/22	11	4	23	15	15.68
14/5	2.800	1	0.105	0.111	1- 1/18	9	2	19	13	13.72
25/9	2.778	1	0.059	0.063	1- 1/16	16	4	34	23	24.44
11/4	2.750	1	0.133	0.143	1- 1/14	7	2	15	10	10.71
19/7	2.714	1	0.077	0.083	1- 1/12	12	4	26	17	18.42
27/10	2.700	1	0.054	0.059	1- 3/34	17	6	37	24	26.12
8/3	2.667	1	0.182	0.200	1- 1/10	5	2	11	7	7.70
21/8	2.625	1	0.069	0.077	1- 3/26	13	4	29	19	21.19
13/5	2.600	1	0.111	0.125	1- 1/8	8	4	18	11	12.38
18/7	2.571	1	0.080	0.091	1- 3/22	11	4	25	16	18.18
23/9	2.556	1	0.063	0.071	1- 1/7	14	6	32	20	22.86
28/11	2.545	1	0.051	0.059	1- 5/34	17	6	39	25	28.68
5/2	2.500	1	0.286	0.333	1- 1/6	3	0	7	5	5.83
27/11	2.455	1	0.053	0.063	1- 3/16	16	4	38	25	29.69
22/9	2.444	1	0.065	0.077	1- 5/26	13	4	31	20	23.85
17/7	2.429	1	0.083	0.100	1- 1/5	10	2	24	16	19.20
12/5	2.400	1	0.118	0.143	1- 3/14	7	2	17	11	13.36
19/8	2.375	1	0.074	0.091	1- 5/22	11	4	27	17	20.86
26/11	2.364	1	0.054	0.067	1- 7/30	15	4	37	24	29.60
7/3	2.333	1	0.200	0.250	1- 1/4	4	0	10	7	8.75
23/10	2.300	1	0.061	0.077	1- 7/26	13	4	33	21	26.65
16/7	2.286	1	0.087	0.111	1- 5/18	9	2	23	15	19.17
25/11	2.273	1	0.056	0.071	1- 2/7	14	6	36	22	28.29
9/4	2.250	1	0.154	0.200	1- 3/10	5	2	13	8	10.40
20/9	2.222	1	0.069	0.091	1- 7/22	11	4	29	18	23.73
11/5	2.200	1	0.125	0.167	1- 1/3	6	2	16	10	13.33
24/11	2.182	1	0.057	0.077	1- 9/26	13	4	35	22	29.62
13/6	2.167	1	0.105	0.143	1- 5/14	7	2	19	12	16.29
28/13	2.154	1	0.049	0.067	1- 11/30	15	6	41	25	34.17
15/7	2.143	1	0.091	0.125	1- 3/8	8	4	22	13	17.88
17/8	2.125	1	0.080	0.111	1- 7/18	9	4	25	15	20.83
19/9	2.111	1	0.071	0.100	1- 2/5	10	2	28	18	25.20
21/10	2.100	1	0.065	0.091	1- 9/22	11	4	31	19	26.77
23/11	2.091	1	0.059	0.083	1- 5/12	12	4	34	21	29.75
25/12	2.083	1	0.054	0.077	1- 11/26	13	4	37	23	32.73
27/13	2.077	1	0.050	0.071	1- 3/7	14	6	40	24	34.29
2/1	2.000	1	0.667	1.000	1- 1/2	1	0	3	2	3.00

Intervalo (2,3). Orden ascendente del *Idc*

f2/f1	f2/f1	Tf	Tp	Tm/2	r	Tf/(Tm/2)	n	2*Tf/Tp	Idc	Idm
3/1	3.000	1	0.500	0.500	1	2	2	4	2	2.00
2/1	2.000	1	0.667	1.000	1- 1/2	1	0	3	2	3.00
5/2	2.500	1	0.286	0.333	1- 1/6	3	0	7	5	5.83
8/3	2.667	1	0.182	0.200	1- 1/10	5	2	11	7	7.70
7/3	2.333	1	0.200	0.250	1- 1/4	4	0	10	7	8.75
9/4	2.250	1	0.154	0.200	1- 3/10	5	2	13	8	10.40
11/4	2.750	1	0.133	0.143	1- 1/14	7	2	15	10	10.71
11/5	2.200	1	0.125	0.167	1- 1/3	6	2	16	10	13.33
13/5	2.600	1	0.111	0.125	1- 1/8	8	4	18	11	12.38
12/5	2.400	1	0.118	0.143	1- 3/14	7	2	17	11	13.36
13/6	2.167	1	0.105	0.143	1- 5/14	7	2	19	12	16.29
14/5	2.800	1	0.105	0.111	1- 1/18	9	2	19	13	13.72
15/7	2.143	1	0.091	0.125	1- 3/8	8	4	22	13	17.88
17/6	2.833	1	0.087	0.091	1- 1/22	11	4	23	15	15.68
16/7	2.286	1	0.087	0.111	1- 5/18	9	2	23	15	19.17
17/8	2.125	1	0.080	0.111	1- 7/18	9	4	25	15	20.83
18/7	2.571	1	0.080	0.091	1- 3/22	11	4	25	16	18.18
17/7	2.429	1	0.083	0.100	1- 1/5	10	2	24	16	19.20
19/7	2.714	1	0.077	0.083	1- 1/12	12	4	26	17	18.42
19/8	2.375	1	0.074	0.091	1- 5/22	11	4	27	17	20.86
20/7	2.857	1	0.074	0.077	1- 1/26	13	4	27	18	18.69
20/9	2.222	1	0.069	0.091	1- 7/22	11	4	29	18	23.73
19/9	2.111	1	0.071	0.100	1- 2/5	10	2	28	18	25.20
21/8	2.625	1	0.069	0.077	1- 3/26	13	4	29	19	21.19
21/10	2.100	1	0.065	0.091	1- 9/22	11	4	31	19	26.77
23/9	2.556	1	0.063	0.071	1- 1/7	14	6	32	20	22.86
22/9	2.444	1	0.065	0.077	1- 5/26	13	4	31	20	23.85
23/8	2.875	1	0.065	0.067	1- 1/30	15	4	31	21	21.70
23/10	2.300	1	0.061	0.077	1- 7/26	13	4	33	21	26.65
23/11	2.091	1	0.059	0.083	1- 5/12	12	4	34	21	29.75
25/11	2.273	1	0.056	0.071	1- 2/7	14	6	36	22	28.29
24/11	2.182	1	0.057	0.077	1- 9/26	13	4	35	22	29.62
25/9	2.778	1	0.059	0.063	1- 1/16	16	4	34	23	24.44
25/12	2.083	1	0.054	0.077	1- 11/26	13	4	37	23	32.73
26/9	2.889	1	0.057	0.059	1- 1/34	17	4	35	24	24.71
27/10	2.700	1	0.054	0.059	1- 3/34	17	6	37	24	26.12
26/11	2.364	1	0.054	0.067	1- 7/30	15	4	37	24	29.60
27/13	2.077	1	0.050	0.071	1- 3/7	14	6	40	24	34.29
28/11	2.545	1	0.051	0.059	1- 5/34	17	6	39	25	28.68
27/11	2.455	1	0.053	0.063	1- 3/16	16	4	38	25	29.69
28/13	2.154	1	0.049	0.067	1- 11/30	15	6	41	25	34.17

Intervalo (2,3). Orden ascendente del *Idm*

f2/f1	f2/f1	Tf	Tp	Tm/2	r	$\frac{Tf}{(Tm/2)}$	n	$\frac{2*Tf}{Tp}$	Idc	Idm
3/1	3.000	1	0.500	0.500	1	2	2	4	2	2.00
2/1	2.000	1	0.667	1.000	1- 1/2	1	0	3	2	3.00
5/2	2.500	1	0.286	0.333	1- 1/6	3	0	7	5	5.83
8/3	2.667	1	0.182	0.200	1- 1/10	5	2	11	7	7.70
7/3	2.333	1	0.200	0.250	1- 1/4	4	0	10	7	8.75
9/4	2.250	1	0.154	0.200	1- 3/10	5	2	13	8	10.40
11/4	2.750	1	0.133	0.143	1- 1/14	7	2	15	10	10.71
13/5	2.600	1	0.111	0.125	1- 1/8	8	4	18	11	12.38
11/5	2.200	1	0.125	0.167	1- 1/3	6	2	16	10	13.33
12/5	2.400	1	0.118	0.143	1- 3/14	7	2	17	11	13.36
14/5	2.800	1	0.105	0.111	1- 1/18	9	2	19	13	13.72
17/6	2.833	1	0.087	0.091	1- 1/22	11	4	23	15	15.68
13/6	2.167	1	0.105	0.143	1- 5/14	7	2	19	12	16.29
15/7	2.143	1	0.091	0.125	1- 3/8	8	4	22	13	17.88
18/7	2.571	1	0.080	0.091	1- 3/22	11	4	25	16	18.18
19/7	2.714	1	0.077	0.083	1- 1/12	12	4	26	17	18.42
20/7	2.857	1	0.074	0.077	1- 1/26	13	4	27	18	18.69
16/7	2.286	1	0.087	0.111	1- 5/18	9	2	23	15	19.17
17/7	2.429	1	0.083	0.100	1- 1/5	10	2	24	16	19.20
17/8	2.125	1	0.080	0.111	1- 7/18	9	4	25	15	20.83
19/8	2.375	1	0.074	0.091	1- 5/22	11	4	27	17	20.86
21/8	2.625	1	0.069	0.077	1- 3/26	13	4	29	19	21.19
23/8	2.875	1	0.065	0.067	1- 1/30	15	4	31	21	21.70
23/9	2.556	1	0.063	0.071	1- 1/7	14	6	32	20	22.86
20/9	2.222	1	0.069	0.091	1- 7/22	11	4	29	18	23.73
22/9	2.444	1	0.065	0.077	1- 5/26	13	4	31	20	23.85
25/9	2.778	1	0.059	0.063	1- 1/16	16	4	34	23	24.44
26/9	2.889	1	0.057	0.059	1- 1/34	17	4	35	24	24.71
19/9	2.111	1	0.071	0.100	1- 2/5	10	2	28	18	25.20
27/10	2.700	1	0.054	0.059	1- 3/34	17	6	37	24	26.12
23/10	2.300	1	0.061	0.077	1- 7/26	13	4	33	21	26.65
21/10	2.100	1	0.065	0.091	1- 9/22	11	4	31	19	26.77
25/11	2.273	1	0.056	0.071	1- 2/7	14	6	36	22	28.29
28/11	2.545	1	0.051	0.059	1- 5/34	17	6	39	25	28.68
26/11	2.364	1	0.054	0.067	1- 7/30	15	4	37	24	29.60
24/11	2.182	1	0.057	0.077	1- 9/26	13	4	35	22	29.62
27/11	2.455	1	0.053	0.063	1- 3/16	16	4	38	25	29.69
23/11	2.091	1	0.059	0.083	1- 5/12	12	4	34	21	29.75
25/12	2.083	1	0.054	0.077	1- 11/26	13	4	37	23	32.73
28/13	2.154	1	0.049	0.067	1- 11/30	15	6	41	25	34.17
27/13	2.077	1	0.050	0.071	1- 3/7	14	6	40	24	34.29

Queda a criterio de cada quién elegir los valores para construir una escala.

En nuestro caso no utilizo el criterio de intervalos iguales entre las razones ni la unidad de medida Cents como se acostumbra (Tono o semitono), por las siguientes razones:

1. Hoy en día se dispone de sintetizadores y se pueden manejar los intervalos que se deseen sin las limitaciones como las que tiene una guitarra. Ya no se justifican los parches con los cuales se remendó la música durante tantos siglos.

2. El principio fundamental que debe regular una escala, es que cada una de sus razones representen la mayor consonancia, ese es el verdadero principio de la armonía, y luego viene todo lo demás: acordes de más de dos notas, melodía, ritmo.

El número de notas a escoger queda a criterio de cada quién, el punto a tener en cuenta es la cercanía de las notas consecutivas, por la disonancia que producirían debido al efecto de modulación (ondas tipo paquete). Simplemente se debería tener cuidado de no ejecutarlas una a continuación de la otra de manera inmediata, ni tampoco en acorde.

El criterio de selección de los mejores valores de las tablas, en nuestro caso está basado en las siguientes gráficas que se muestran a continuación, y las cuales indican la distribución del índice de disonancia *Idm* para los intervalos:

$$[1,2] \quad [2,3]$$

El criterio es entonces seleccionar las que tienen menor *Idm* en la gráfica, esto es: las razones que corresponden a los vértices inferiores de esa curva, tratando siempre de mantener alguna separación con las notas vecinas más cercanas, por la posible disonancia.

Para una mejor visualización, coloqué los valores de las razones seleccionadas para la escala del Tríplice en los correspondientes vértices en ambas gráficas.

Intervalo [1,2]. La variación del Idm es:

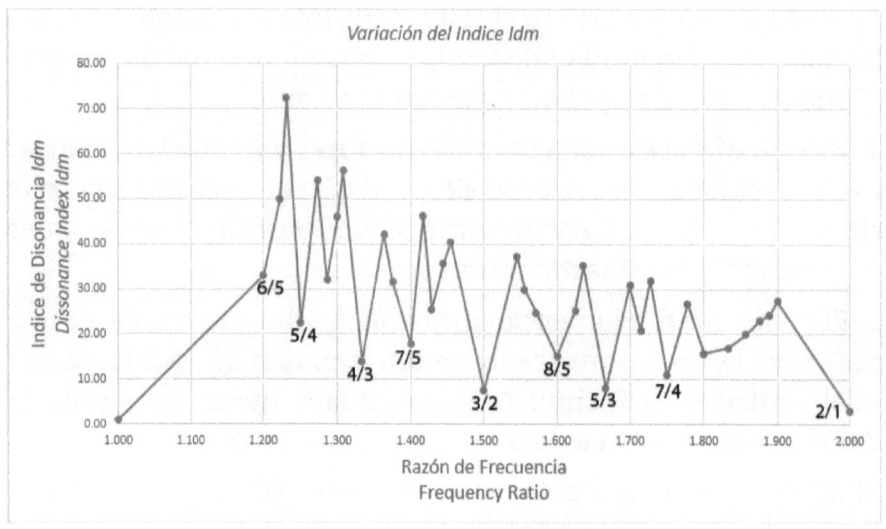

Intervalo [2,3]. La variación del Idm es:

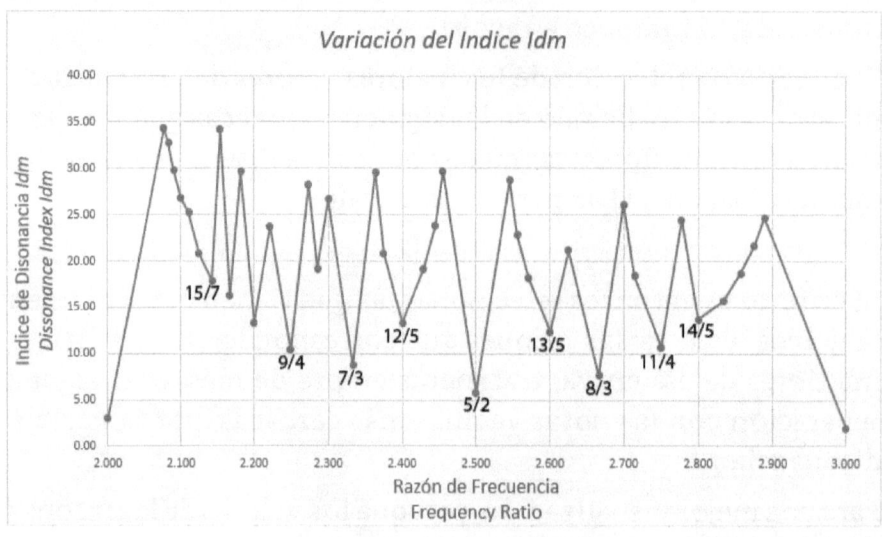

Las razones escogidas son:

ESCALA DEL TRÍPLICE

f2/f1	f2/f1
1/1	1.000
6/5	1.200
5/4	1.250
4/3	1.333
7/5	1.400
3/2	1.500
8/5	1.600
5/3	1.667
7/4	1.750
2/1	2.000
15/7	2.143
9/4	2.250
7/3	2.333
12/5	2.400
5/2	2.500
13/5	2.600
8/3	2.667
11/4	2.750
14/5	2.800
3/1	3.000

Queda a criterio de cada quién elegir más valores como por ejemplo los de algunos vértices inferiores intermedios que no incluí en la escala y cuyas razones son de derecha a izquierda en el intervalo (1,2):

12/7   10/7   9/7

En el intervalo (2,3) las razones 11/5 y 13/6 fueron descartadas por estar demasiado próximas.

Razones superiores a 3/1. Zona Superior.

En este caso r cumple los límites: $1/2 < r < 1/1$

Se estableció como límite $Idc=20$ para la tabla y hasta la razón

6/1. Esta zona presenta condiciones distintas a las de la zona inferior (la zona de valores menores a 3/1):

f2/f1	f2/f1	Tf	Tp	Tm/2	r	$\frac{Tf}{(Tm/2)}$	n	$\frac{2*Tf}{Tp}$	Idc
3/1	3.0000	1	0.5000	0.5000	1	2	2	4	2
22/7	3.1429	1	0.0690	0.0667	29/30	15	4	29	20
19/6	3.1667	1	0.0800	0.0769	25/26	13	4	25	17
16/5	3.2000	1	0.0952	0.0909	21/22	11	4	21	14
13/4	3.2500	1	0.1176	0.1111	17/18	9	2	17	12
10/3	3.3333	1	0.1538	0.1429	13/14	7	2	13	9
17/5	3.4000	1	0.0909	0.0833	11/12	12	4	22	15
7/2	3.5000	1	0.2222	0.2000	9/10	5	2	9	6
18/5	3.6000	1	0.0870	0.0769	23/26	13	4	23	16
11/3	3.6667	1	0.1429	0.1250	7/8	8	4	14	9
15/4	3.7500	1	0.1053	0.0909	19/22	11	2	19	14
19/5	3.8000	1	0.0833	0.0714	6/7	14	2	24	18
4/1	4.0000	1	0.4000	0.3333	5/6	3	0	5	4
21/5	4.2000	1	0.0769	0.0625	13/16	16	4	26	19
17/4	4.2500	1	0.0952	0.0769	21/26	13	4	21	15
13/3	4.3333	1	0.1250	0.1000	4/5	10	2	16	12
22/5	4.4000	1	0.0741	0.0588	27/34	17	4	27	20
9/2	4.5000	1	0.1818	0.1429	11/14	7	2	11	8
23/5	4.6000	1	0.0714	0.0556	7/9	18	6	28	20
14/3	4.6667	1	0.1176	0.0909	17/22	11	2	17	13
19/4	4.7500	1	0.0870	0.0667	23/30	15	4	23	17
5/1	5.0000	1	0.3333	0.2500	3/4	4	0	6	5
21/4	5.2500	1	0.0800	0.0588	25/34	17	4	25	19
16/3	5.3333	1	0.1053	0.0769	19/26	13	4	19	14
11/2	5.5000	1	0.1538	0.1111	13/18	9	2	13	10
17/3	5.6667	1	0.1000	0.0714	5/7	14	2	20	16
6/1	6.0000	1	0.2857	0.2000	7/10	5	2	7	5

La tabla está ordenada de acuerdo a los valores de las razones en orden ascendente.

Se distinguen las siguientes fracciones decimales intercaladas entre los armónicos 3,4,5,6..., que se repiten:

4.00, 3.8, 3.75, 3.67, 3.60, 3.50, 3.40, 3.33, 3.25, ...

5.00, 4.75, 4.67, 4.60, 4.50, 4.4, 4.33, 4.25, ...

6.00, 5.67, 5.60, 5.50, 5.4, 5.33, 5.25, ...

y así sucesivamente.

Todos esos valores son múltiplos (potencias de 3) de razones en la zona inferior, es decir que bastaría con escoger en la zona inferior los valores adecuados para que al ser multiplicados por 3 produzcan estos valores, eso queda a criterio de cada quién.

En conclusión, la división del dominio de los sonidos mediante el Tríplice y la escala escogida es suficiente para cubrir todas las razones con menores índices de disonancia en todo el dominio de los sonidos desde el 1 hasta el Infinito.

A modo de ilustración, veamos ahora un par de ejemplos de las ondas resultantes de acordes de dos notas en la zona superior:

$f_2/f_1 = 7/2$. $r = 9/10$, Caso $(0, \pm 1)$. Simetría central.

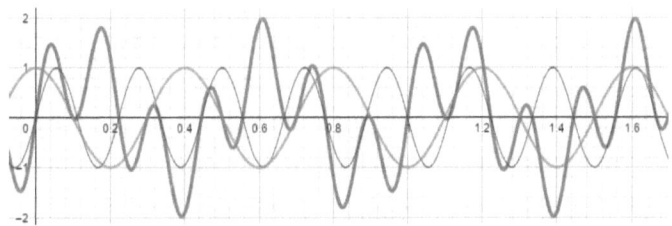

$f_2/f_1 = 10/3$. $r = 13/14$, Caso $(0, \pm 1)$. Simetría central.

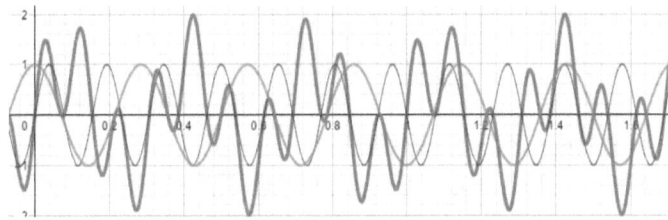

La línea curva de mayor grosor es la onda resultante del acorde de dos notas, la de menor grosor es la portadora, la otra es la moduladora. Se evidencia, que progresivamente se van ajustando las ondas resultantes entre dos envolventes ya descritas anteriormente, las cuales a medida que la frecuencia se incrementa dan la imagen de una onda sinusoidal con grosor, muy distinto a lo que ocurre en la zona inferior.

Resolución Temporal. Índice Consonancia

Hasta ahora solo se ha considerado la configuración geométrica del sistema de amplitudes, de presión de aire que recibe la membrana del oído.

Sin embargo, un aspecto muy importante en la escogencia de razones para la escala, es el tema de la Resolución Temporal del oído (Temporal Resolution) que tiene que ver con la habilidad para seguir cambios rápidos del sonido en el tiempo.

Esto indica que al hacer comparaciones entre acordes con frecuencias muy diferentes, puede ser necesario modificar el índice de alguno de ellos ajustándolo a la realidad de este fenómeno.

Un ejemplo evidente de la percepción del oído puede evidenciarse con el acorde 4/3, porque cuando se hace sonar para frecuencias bajas como por ejemplo 60 Herts, se percibirá mucho más disonante por modulación (paquete de ondas) que cuando se ejecuta para una frecuencia de 250 o 500 Hertz.

No voy a detallar ni profundizar en aspectos relevantes que hay en la literatura respecto la resolución temporal, pero vale la pena mencionar estos dos:

1.- Las fibras nerviosas no se disparan en cada uno de los picos de amplitud positivos de la onda que recibe, pero si se sincronizan las fibras con los picos de la onda.

2.- Cuando hay vacíos (gaps) de sonido ocurre actividad espontánea en las fibras y el cerebro.

Resulta muy importante, la capacidad del oído para detectar cambios rápidos en el sonido, de igual importancia es el promedio que decide calcular el oído dentro de lo que llaman la "Ventana Temporal".

La resolución temporal dice cuán cortos pueden ser los sonidos como para poder ser identificados y procesados debidamente, y ella involucra los siguientes aspectos:

1.-Percepción o diferenciación de la duración del sonido

2.-Percepción de ausencias de sonido

3.- Función de transferencia de la modulación

De esos 3 aspectos pienso que el más útil para ser aplicado al Id calculado en las tablas para el intervalo (1,3) es el tercer punto, el que se refiere específicamente a la modulación de amplitud, lo cual debería aplicar en el cálculo de picos de amplitud (Id) percibidos por el oído.

La función de transferencia de la modulación de amplitud, indica que para una tasa de modulación baja, cerca de los 50 Hz basta con una variación de amplitud de cerca de 23 dB para que el oído pueda detectarla fácilmente, pero para modulación de cerca de los 500Hz se requiere que el cambio en la modulación de amplitud sea del 50% mínimo.

La tasa de modulación es el número de veces que la amplitud va desde su mínimo a su máximo en un segundo, es decir, la diferencia de las dos frecuencias que participan en el acorde.

Está claro entonces, que para ciertas frecuencias el oído va a detectar con más precisión la disonancia propia del efecto de modulación, pero esa información se refiere a los casos en que la amplitud de la onda modulada no llega a cero e indica hasta cuánto tiene que llegar como mínimo para poder ser detectada por el oído, de acuerdo a la tasa de modulación.

En nuestro caso, nos interesa especialmente los casos de modulación de las razones:

$$4/3, 5/4, 6/5, 7/6$$

en las cuales la amplitud siempre varía de un máximo hasta cero, y por tanto esa información no es suficiente.

Ya sabemos que para tasas de modulación entre 0 y 20 Hz aproximadamente se percibe claramente un efecto de Fluctuación del sonido, el cual empieza a transformarse gradualmente hacia una sensación de modulación áspera en la zona 20-300 Hz, pero todas esas sensaciones tienden a desaparecer cuando las frecuencias de las notas del acorde son muy altas.

Corrección del *Idm* por reducción en la percepción de la modulación con el incremento de la frecuencia

Con la idea de encontrar un factor para ajustar el índice de disonancia *Idm* de acuerdo a ese fenómeno que hemos llamado: Disminución de la Percepción de Disonancia por Modulación. Realicé una serie de pruebas, para determinar con cierto grado de aproximación las frecuencias para las cuales deja de percibirse la disonancia por modulación, para cada una de las razones de la escala del Tríplice.

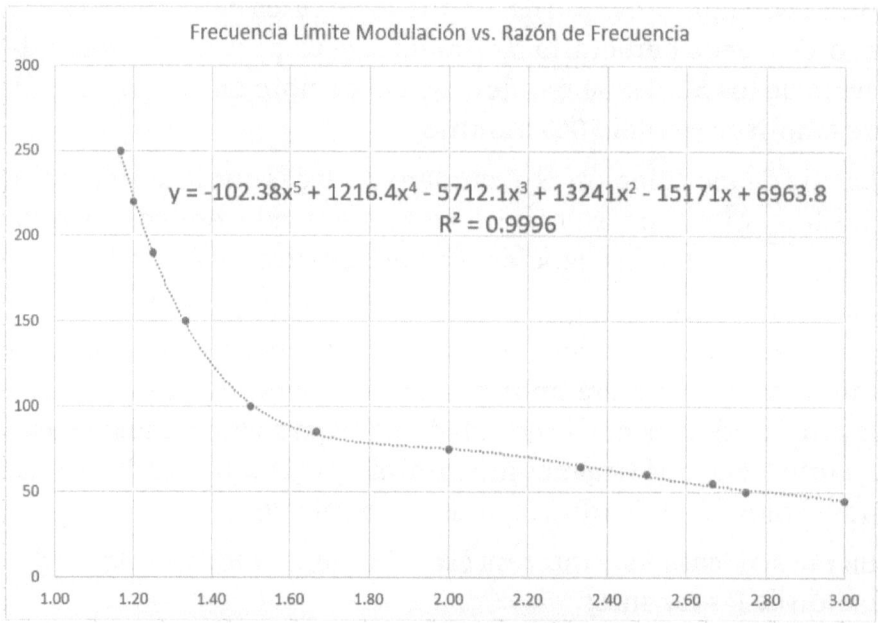

La curva generada con esa tabla, que llamaremos: Curva de Frecuencias Límite de Modulación. Para la corrección del *Idm* solo nos interesan los puntos correspondientes a las razones de la escala del Tríplice, algunos de los cuales aparecen indicados en la gráfica por los puntos en color azul. La curva indica entonces para cuál frecuencia una razón cualquiera comienza a dejar de ser disonante por modulación. Por ejemplo: Para la razón 2/1, la curva indica aproximadamente 75 Hz, eso quiere decir que por encima de esa frecuencia ya ha desaparecido la sensación al oído de disonancia por modulación.

Esa aproximación se puede usar para corregir el *Idm* según la frecuencia más baja ($f1$) de las notas del acorde, y comparar acordes ejecutados a diferentes frecuencias.

En la siguiente tabla, las dos primeras columnas muestran los valores fraccionario y decimal de las razones. Desde la 3ra. a la 5ta. columna los valores: *Idc*, *Idm*, *r*, ya calculados anteriormente para la escala del Tríplice.

Las demás columnas corresponden a las frecuencias extraídas de la gráfica anterior para cada razón. Las celdas de esas columnas contienen los nuevos *Idm* corregidos de acuerdo a la frecuencia $f1$ indicada en el título de la columna.

El *Idm* original es corregido a partir de aquella razón que corresponda a la frecuencia límite que aparece en la gráfica de Frecuencia Límite de Modulación, la misma que aparece con el título $f1$ en el tope de la columna.

El valor *r* que corresponde a la razón $f2/f1$, cuya $f1$ es la Frecuencia Límite se llamará: *R*, y su valor para cada columna aparece ubicado verticalmente en varias de ellas como ayuda. La corrección del *Idm* se calcula así:

$$Idm = Idc * (r/R)$$

A partir de la razón (del acorde) cuya nota más baja $f1$ es la Frecuencia Límite de Reducción de Modulación, para todas las razones que restan hasta la unidad y están en la misma columna, sus *Idm* son corregidos mediante esa expresión, y aparecen sombreados en color ocre claro.

f1/f2	f1/f2	Idc	Idm	r	f1=220	f1=190	f1=150	f1=130	f1=110	f1=95	f1=90	f1=85	f1=75	f1=70	f1=66	f1=63	f1=60	f1=57	f1=53	f1=50	f1=47	f1=45	f1=40
3/1	3.000	2	2.00	1																			2.00
14/5	2.800	13	13.72	1-1/18																		13.00	13.72
11/4	2.750	10	10.71	1-1/14																	7.00	10.15	10.71
8/3	2.667	7	7.70	1-1/10																	11.25	7.29	7.70
13/5	2.600	11	12.38	1-1/8																7.00	5.30	11.72	12.38
5/2	2.500	5	5.83	1-1/6															11.00	11.25	12.14	5.53	5.83
12/5	2.400	11	13.36	1-3/14															5.19	5.30	7.95	12.65	13.36
7/3	2.333	7	8.75	1-1/4															11.87	12.14	9.45	8.29	8.75
9/4	2.250	8	10.40	1-3/10															7.78	7.95	16.25	9.85	10.40
15/7	2.143	13	17.88	1-3/8														5.00	9.24	9.45	2.73	16.93	17.88
2/1	2.000	2	3.00	1-1/2													11.00	11.45	15.89	16.25	10.00	2.84	3.00
7/4	1.750	6	11.00	1-5/6													7.21	7.50	2.67	2.73	7.27	10.42	11.00
5/3	1.667	4	8.00	2									2.00	2.18	2.31	2.40	2.47	2.57	2.67	2.73	10.00	2.84	3.00
8/5	1.600	7	15.17	2-1/6							6.00	4.36	7.33	8.00	8.46	8.80	9.06	9.43	9.78	10.00	7.27	10.42	11.00
3/2	1.500	3	7.50	2-1/2					3.00	7.00	7.58	8.27	5.33	5.82	6.15	6.40	6.59	6.86	7.11	7.27	13.79	7.58	8.00
7/5	1.400	6	18.00	3				6.00	7.20	3.46	3.75	4.09	10.11	11.03	11.67	12.13	12.49	13.00	13.48	13.79	6.82	14.37	15.17
4/3	1.333	4	14.00	3-1/2			4.00	4.67	5.60	8.31	9.00	9.82	5.00	5.45	5.77	6.00	6.18	6.43	6.67	6.82	16.36	7.11	7.50
5/4	1.250	5	22.50	4-1/2		5.00	6.43	7.50	9.00	6.46	7.00	7.64	12.00	13.09	13.85	14.40	14.82	15.43	16.00	16.36	12.73	17.05	18.00
6/5	1.200	6	33.00	5-1/2	6.00	7.33	9.43	11.00	13.20	10.38	11.25	12.27	9.33	10.18	10.77	11.20	11.53	12.00	12.44	12.73	20.45	13.26	14.00

Idm Modificado por disminución de Modulación

R=3-1/2, R=3, R=2-1/2, R=2-1/6, R=1-3/8, R=1-3/10, R=1-1/4, R=1-3/4, R=1-1/6

Se dejaron vacías las celdas de las razones que están por encima de la razón de frecuencia límite, ellas verán reducida también su disonancia en alguna medida, pero eso no es lo que interesa ahora.

Por ahora, solo nos interesa poder mostrar cómo pueden llegar a igualarse en cuanto a disonancia, dos razones de frecuencias: $(f2,f1)$, como por ejemplo:

4/3 cuando su frecuencia más baja es $f1 = 95$Hz, con respecto a la razón 5/3 con frecuencia $f1 = 63$Hz.

Los nuevos *Idm* corregidos para esas razones 4/3, 5/3 fueron sombreadas en color ocre oscuro, y se puede ver que el *Idm* = 6.46 para 4/3, y 6.40 para 5/3, aproximadamente iguales, con el lógico error que deba existir debido a la precisión en la construcción de la curva.

Efectivamente si uno utiliza un generador de tonos podrá percibir una similar disonancia por modulación en ambos acordes 4/3, 5/3 para esas frecuencias.

De esa manera pueden ser comparados cualesquiera otros valores, incluyendo la Octava, en cuyo caso de acuerdo a la gráfica y la tabla, se percibe modulación para f1 < 75Hz, aproximadamente, por supuesto siempre hay algún error de apreciación y es posible que ese límite de frecuencia sea aún superior.

Esto confirma que la Octava como se ha afirmado anteriormente no es perfecta y es un elemento más de la zona inferior de modulación.

Finalmente, debo indicar que otro posible método para detectar la disminución de la disonancia por modulación, podría ser utilizar el gráfico de la onda resultante para cada razón de la escala, y establecer rangos de amplitud, y descartar del cálculo del *Id* todos aquellos picos que se encuentren dentro de determinados rangos de acuerdo a lo que indiquen los expertos en la función de transferencia de la modulación.
Es solo otra propuesta que requeriría el concurso de expertos en resolución temporal.

Resolución temporal. Diferencia entre la Zona Superior y la Inferior

Para el caso de razones superiores a 3/1, pareciera mejor los temas de la literatura relacionados con la percepción de duración y de ausencia de sonido, en lugar de la modulación.

En ese sentido, muestro a continuación dos gráficas que ilustran y ratifican la diferencia entre la zona inferior y la superior:

$$[1/1, 3/1] \quad [3/1, \text{Infinito}]$$

Se trata de la distribución de los períodos de la portadora y la moduladora versus las razones de frecuencia, allí se evidencia que cerca de la razón de frecuencia unidad 1/1: ambos períodos divergen, el primero tendiendo a cero y el segundo a infinito.

Para las razones 2/1 y 3/1 ambos períodos tienden a disminuir hasta el valor racional que corresponde a sus frecuencias, pero desde 3/1 hacia infinito ambos períodos van descendiendo en una curva con tasa de disminución similar para ambos.

Es decir, de ambas imágenes se evidencia que el comportamiento entre la zona superior y la inferior es sustancialmente diferente, y por tanto las consideraciones acerca de la medición de la disonancia en ambas zonas deben ser distintas.

En el intervalo 3/1-Infinito tanto la frecuencia de la portadora como de la moduladora se incrementan a una tasa similar, y por tanto allí cobra especial importancia la percepción del oído en cuanto a duración y ausencia de sonido.

Se ratifica la validez de la escogencia de la escala del Tríplice en lugar de la tradicional Octava.

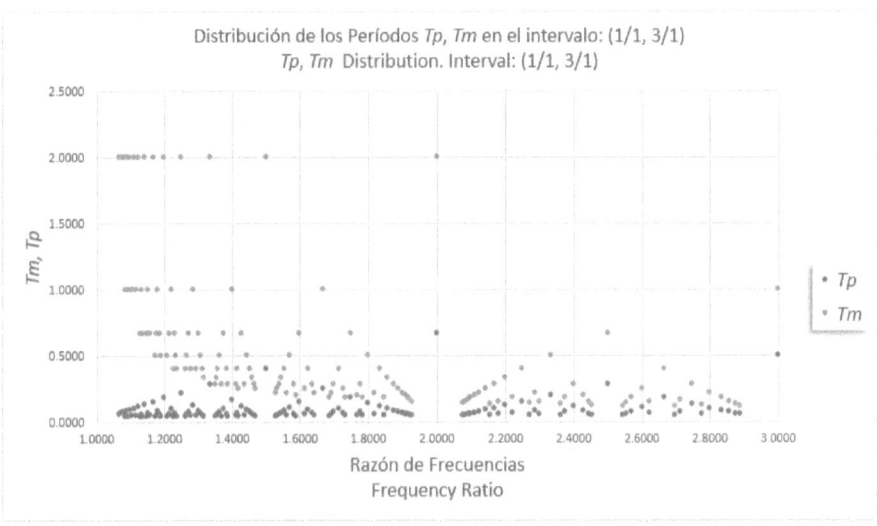

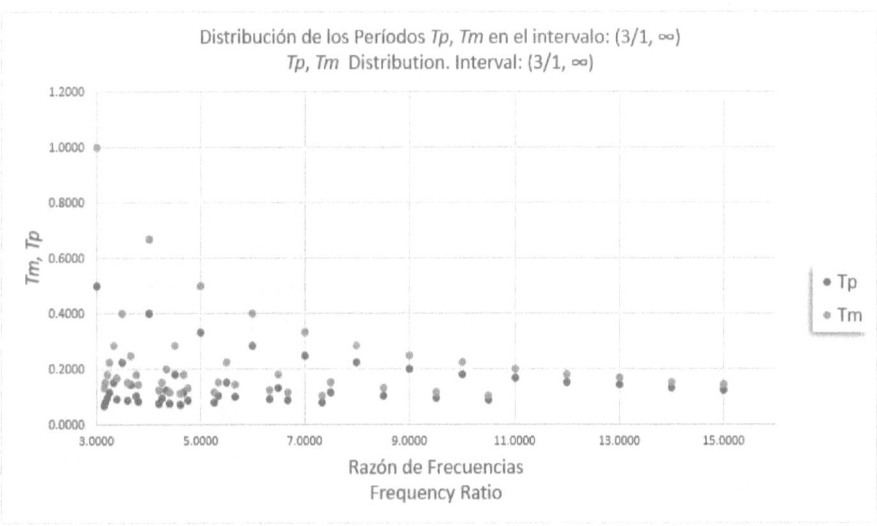

Mitos Ancestrales En La Música

Las consideraciones acerca del tamaño de los intervalos entre las razones que conforman una escala, si deberían ser iguales o no, la cantidad de Cents entre ellos, eso es un tema que queda a criterio de cada quien.

En otros tiempos era crucial lograr que los intervalos entre las notas sean iguales, porque no existía la tecnología actual, pero ahora podemos gritar finalmente:

Liberen la Música!

Libres de escoger la escala que mejor nos parezca utilizando todas esas razones generadas y analizadas con verdadero criterio científico en la determinación de su consonancia.

Mikael, !Ya no somos reos de la Octava!, la Octava no es el centro de todo, porque no hay razón para que lo sea, porque además no tiene sentido afirmar que una nota es igual a su doble, y eso lo detallaremos ahora.

Mito: Una nota es igual a su Octava

El argumento que establece que una nota es igual a su Octava es tan antiguo como las escalas. Adicionalmente, es común la ejecución de acorde por inversión, es decir que algunas notas del acorde son sustituidas por cualquiera de sus octavas.

Una cosa es afirmar que la sensación al oído del acorde 1,2 es similar para cualquier frecuencia, lo cual es cierto desde el punto de vista geométrico, aunque no lo es desde el punto de vista de la capacidad de percepción del oído entre acordes con frecuencias muy diferentes.

Otra cosa muy distinta es decir que en cualquier otro acorde puedo sustituir cualquiera de sus notas por cualquiera de sus octavas, eso no tiene justificación.

Veamos si es cierto que el acorde 3,4 es igual al de 3,8.

4/3. Simetría central, Caso $(0,\pm 1)$. $Idc = 4$:

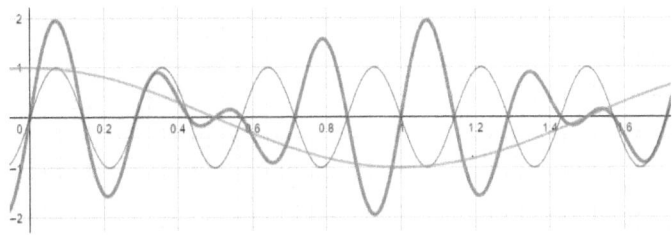

8/3. Simetría central, Caso $(0,\pm 1)$. $Idc = 7$.

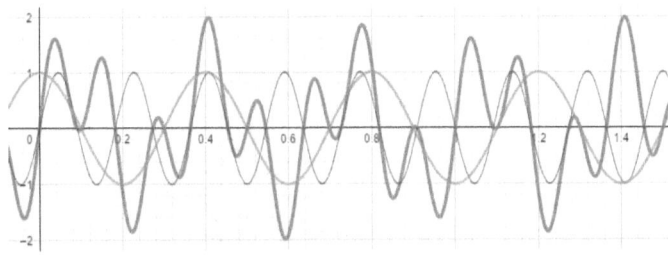

La forma de la onda es totalmente distinta, y aunque eso debería bastar para terminar con el mito, hay que mencionar que 4/3 representa una configuración del tipo paquete, es decir, que el valor r es considerable, y ese efecto de disonancia por modulación el oído lo percibe mejor a medida que la frecuencia disminuye.

Para 4/3, $Idm = 14$

Para 8/3, $Idm = 7.7$

Es decir que este último mucho menos disonante desde el punto de vista geométrico.

Mito: Acorde por Inversión

Otro mito que existe, son los acordes de más de dos notas por inversión, en los que se asume que puesto que una nota es igual a su Octava, entonces cualquier nota puede ser sustituida por un múltiplo de 2 y el acorde seguirá siendo el mismo.

Veamos entonces si el acorde mayor 4, 5, 6, es igual a la inversión: 5, 6, 8, subiendo una octava la primera nota:

Acorde 4,5,6. Tiene simetría central. Caso(0,±1)

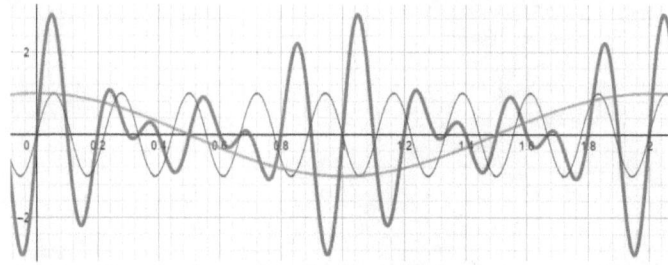

Acorde 5,6,8. Simetría central. Caso(0,±1)

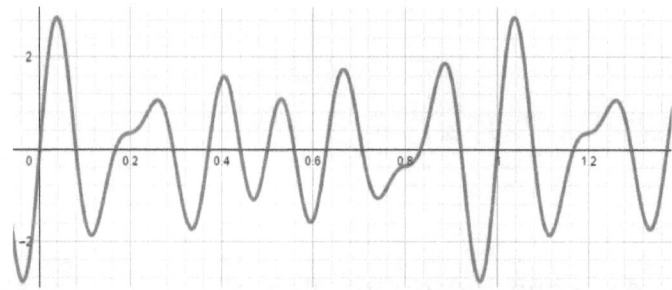

La diferencia entre ambas es evidente. La consonancia no puede ser la misma, las ondas no pueden ser consideradas como familia, entonces uno se pregunta:

¿Cuál fue el criterio en que se basaron para asegurar que da lo mismo invertir las notas con sus octavas?

Y este es apenas un ejemplo hay muchos otros peores. Este mito fue difundido aún cuando muchos músicos podían apreciar claramente mayor disonancia en acordes invertidos. Esto podía ser aceptable en la edad media, pero en esta era no tiene cabida.

Mito: 3/2 y 4/3 las razones más consonantes

Un argumento muy utilizado inclusive por autores de música antigua, con el cual justifican la división de la Octava basada en las razones 3/2 y 4/3, consiste en afirmar que esos son los valores más consonantes luego de la Octava. Pero como hemos visto y cualquier puede comprobar, el valor 4/3 puede llegar a ser más disonante que muchas otras razones dependiendo de la frecuencia más baja a la que se ejecute ese acorde.

Igualmente, no es aceptable bajo ningún punto de vista, argumentar que al ser 2/1 muy consonante, entonces por decreto, el dominio de los sonidos debe ser dividido en octavas.

Por otro lado, ya vimos que cuando se hace la división de la octava en quintas (3/2) como en la escala pitagórica, cambian los resultados bajando y subiendo octavas, y por tanto esa razón de quinta desaparece.

Es una necesidad exponer a la luz todos estos mitos para que la música pueda ser liberada finalmente de todas esas creencias y cadenas que la atan.

Acorde de Tres o más Notas

Hay que remarcar que hasta ahora solo hemos trabajado con las reglas de la disonancia para dos sonidos puros, es decir pares de ondas sinusoidales.

Es muy importante tener en cuenta lo anterior, porque a la hora de analizar la consonancia de sonidos que no son puros sino con timbre, como acordes de cuerdas de guitarra o piano, entonces son muchas las ondas sinusoidales puras (armónicos) que intervienen y que dan como resultado ese timbre característico del instrumento. El acorde de dos cuerdas de guitarra no es una simple suma de dos ondas sinusoidales, sino de muchos armónicos con distintas amplitudes.

El análisis de la disonancia ya sabemos cómo abordarlo cuando son solo dos sinusoidales, pero cuando son tres o más propongo dos caminos inmediatos a elegir:

1.- Ya que podemos determinar la disonancia de dos razones o notas puras, entonces en el caso de un acorde de varias notas, todas con timbre, podemos determinar para cada una de ellas sus armónicos más participativos (con mayor amplitud) y comprobar la disonancia de parejas de armónicos entre esas notas con timbre. Para realizar esa comparación las parejas podrían ser primero entre los armónicos más cercanos (vecinos), y luego los más alejados entre sí. De esa manera, si se quiere comparar la disonancia de dos acordes, se determinaría cuál tiene mayor número de parejas de armónicos disonantes, y el índice de disonancia de cada acorde sería la sumatoria total de los índices de disonancia *Idm* de todas esas parejas sometidas a comparación.

2.- La segunda propuesta es utilizar la ecuación Portadora-Moduladora para 3 o más notas. Eso lo analizaremos brevemente a continuación, pero parecería a primera vista más práctico optar por la primera propuesta. Con la ecuación portadora-Moduladora se seguiría la misma metodología utilizada anteriormente para dos notas y tiene un alcance más general, y no se necesita determinar los armónicos de los sonidos, ni compararlos.

Es cuestión de criterio de cada quién seguir el primer camino o el segundo. En ese sentido, a continuación analizaré la segunda propuesta:

Ecuación Portadora-Moduladora para tres o más notas

Se requiere alguna manipulación algebraica para obtener la expresión Portadora-Moduladora para tres o más notas. En ese sentido, siendo $f1, f2, f3, f4$ las frecuencias de las notas de un acorde de cuatro notas, y siendo:

$$X = 2\pi \frac{1}{4}(f1 + f2 + f3 + f4)\, t$$

$$Y = 2\pi \frac{1}{4}(-f1 + f2 - f3 + f4)\, t$$

$$Z = 2\pi \frac{1}{4}(-f1 - f2 + f3 + f4)\, t$$

$$W = 2\pi \frac{1}{4}(-f1 + f2 + f3 - f4)\, t$$

Entonces la ecuación Portadora-Moduladora que representa la siguiente suma de senos es:

$\mathrm{Sin}[X - Y - Z - W] + \mathrm{Sin}[X + Y - Z + W] + \mathrm{Sin}[X - Y + Z + W] + \mathrm{Sin}[X + Y + Z - W] =$
$= 4\,(\cos(W)\cos(Y)\cos(Z)\sin(X) +$
$+ \cos(W + \pi/2)\cos(Y + \pi/2)\cos(Z + \pi/2)\sin(X - \pi/2)\,)$

Al sustituir los valores de *X, Y, W, Z*, en esa expresión anterior, el resultado es:

$$\text{Sin}[f1] + \text{Sin}[f2] + \text{Sin}[f3] + \text{Sin}[f4]$$

Y si en en lugar de lo anterior, hacemos:

$$X = 2\pi \frac{1}{4}(f1 + f2 + f3)\, t$$

$$Y = 2\pi \frac{1}{4}(-f1 + f2 - f3)\, t$$

$$Z = 2\pi \frac{1}{4}(-f1 - f2 + f3)\, t$$

$$W = 2\pi \frac{1}{4}(-f1 + f2 + f3)\, t$$

entonces el resultado es el acorde de tres notas:

$$\text{Sin}[f1] + \text{Sin}[f2] + \text{Sin}[f3]$$

Es importante notar que la ecuación Portadora-Moduladora mostrada, se compone de dos partes:

$$4\,(\cos(W)\cos(Y)\cos(Z)\sin(X) + \cos(W+\pi/2)\cos(Y+\pi/2)\cos(Z+\pi/2)\sin(X-\pi/2))$$

Ambas partes tienen la misma configuración de la ecuación Portadora-Moduladora que utilizamos para el análisis de la disonancia entre dos notas, solo que en este caso hay tres moduladoras coseno en lugar de una, y en el caso de tres notas la frecuencia de la portadora viene dada por:

$$(1/4)\,(f1+f2+f3)$$

Efectivamente, la segunda parte de la ecuación, sombreada en azul claro es igual a la primera parte, pero sus componentes seno y coseno tienen desfase *Pi/2*. En resumen, la onda resultante de cada una las dos partes de esa ecuación es la misma, pero ambas están desfasadas en medio período: *Pi*.

El comportamiento es el mismo que lo indicado para la portadora-moduladora entre dos notas, cada una de las cuatro moduladoras en este caso, hacen el mismo trabajo según sus períodos.

El número de picos totales se calcula igual que antes dividiendo el período fundamental entre el período de la portadora que es la misma para ambas partes de la ecuación Portadora-Moduladora. Por otro lado, para cada una de las cuatro moduladoras coseno se puede contabilizar el número de picos secundarios que generan cada vez que intersecan el eje horizontal, de la misma manera que se hizo para el caso de dos notas.

Luego de ese cálculo vendría la suma de ambas partes de la expresión Portadora-Moduladora desfasadas en Pi/2. Es allí donde se requiere algo más de trabajo, pero conociendo el desfase entre ambas, se puede determinar si existe pico cero en una y en la otra no, en ese caso se contabiliza de acuerdo a un límite prefijado de amplitud y solo cuando en ambas el pico no supere ese límite en el mismo instante, se podrá considerar que el pico es de amplitud cero y no se contabiliza.

Otra manera es simplemente, mediante el comando que traen muchos paquetes de software de matemáticas, con el cual se determina rápidamente el número de picos e inclusive su amplitud, y se puede entonces hacer un análisis más profundo y preciso de la disonancia de acuerdo al criterio adoptado. Ese comando generalmente se conoce con el nombre: FindPeaks.

Se deja a criterio de cada quién el camino a seguir. Personalmente, debido a que ahora se dispone de software de procesamiento de sonido bastante cómodo para graficar espectros y comparar los armónicos que intervienen en los acordes, y muy especialmente: ya que disponemos de un método claro para determinar el índice de disonancia entre parejas de armónicos, me parece más práctico utilizar el primer método, aunque no puedo dejar de remarcar el carácter general del segundo resulta muy atractivo.

Esa es la manera Mikael en que finalmente elaboré este nuevo sistema musical donde reina la consonancia con base científica, la cual posteriormente me rindió otros frutos inesperados.

Con su rostro un tanto conmovido por la sorpresa de tan inesperada historia, la conexión con todo lo desarrollado por mi padre, el hallazgo arqueológico de aquella señora australiana; Mikael reposa de nuevo la guitarra en la mesa y sentándose con una sonrisa amable me contesta: Simeón, me alegra mucho el esfuerzo que has dedicado a algo tan hermoso como son las armonías de los sonidos, la armonía del mundo, y me intriga mucho lo que dices acerca de los frutos inesperados que encontraste luego, y ciertamente ahora comprendo Simeón que este instrumento que tomé en mis manos no es solo una guitarra, es toda una historia de vida, es un pensamiento, ustedes le dieron vida propia:

Un sentido de existencia trascendental, un objetivo elevado.

Gracias Mikael, por esas alentadoras palabras, me ha complacido mucho recordar algunas cosas y haber logrado resumirte lo más posible toda esta historia. No hay nada más triste que las granjerías de muchos quienes atados a una muy limitada visión aseguran que las escalas musicales tal y como han sido concebidas son perfectas, no hay nada que cambiar, nada que mejorar, y quien lo pretenda simplemente es un tonto pretencioso dedicado a empresas dedicadas al fracaso.

No tienes que agradecer nada Simeón, bastante te agradezco yo por todo el tiempo que has dedicado a explicarme, y creo que has llevado todo esto a otro nivel, es que no hay nada como la educación que se recibe en el hogar Simeón, nada se compara, debes sentirte muy satisfecho.

Muy cierto Mikael, y ahora que mencionas el tema de los padres y la educación, creo que es cierto que eso influye considerablemente en circunstancias normales, y aunque parezca un brusco giro de ese tema, eso me recuerda una interrogante que siempre me hice acerca de las conductas tan diferentes o tan similares que se observan entre padres y los hijos, aún bajo cualesquiera circunstancias de educación en el hogar:

En ese sentido, en muchas ocasiones, el hijo de un padre delincuente puede ser una persona absolutamente honrada y decente, especialmente si no convivió todo el tiempo con él, pero también ocurre lo opuesto.

¿Por qué?

Hay una analogía que se puede hacer con la música que de

alguna manera se puede considerar como respuesta a esa pregunta; y es que como ya hemos visto: cuando dos ondas de sonido se encuentran desfasadas, es decir cuando una comienza antes o después que la otra, y ambas tienen amplitudes distintas, entonces, al hacerlas sonar al unísono ocurre el efecto de suma o resta entre los valles y las crestas de esas ondas, y se genera una onda resultante cuya forma general puede ser de alguna manera similar a las ondas originales o puede ser totalmente distinta.

Bueno, esa mezcla de dos sonidos es lo que en mi opinión podría ocurrir a nivel genético con la mezcla de las hélices de ADN y también con el alma, dando como resultado un hijo que puede ser muy similar o muy distinto a ellos dependiendo del desfase entre los elementos que se unen. Es simplemente una analogía, quizás muy forzada; pero siempre me ha parecido una teoría muy válida. Las almas y el ADN pueden estar en consonancia o en disonancia y eso da como resultado un tipo de persona, un hijo que no necesariamente tendrá muchos aspectos parecidos a sus padres.

De cualquier modo, aparte de esas analogías subjetivas, y con respecto a tu interés en los frutos posteriores de todo esto, lo más importante es que ese conocimiento sobre consonancia y disonancia entre sonidos, entre otras cosas, nos ayudó a Nasanti y a mí en nuestro trabajo de investigación actual.

Inmediatamente, Mikael se incorporó y me interrumpió exaltado preguntando:

¿De cuál investigación hablas Simeón?

Por favor explícame.

Mikael, es un trabajo relacionado con la luz y el espacio, y disculpa que no profundice ahora en detalles, pero es realmente muy largo de explicar, fíjate que nos hemos extendido demasiado y ya llegó la hora de ir a descansar. Con todo gusto te invitaré a la muy próxima exposición que realizaremos de ese trabajo, y espero puedas asistir. En esa exposición muchas preguntas serán respondidas, y muchas respuestas actuales serán replanteadas, por lo seguramente te interesará mucho. Mañana tendré un día atareado, venga un abrazo Mikael. Igualmente me despido de mi esposa, ya que ella decidió quedarse un rato más con su padre; el té con canela cítrica y manzanilla que ella me preparó me sentó de maravilla para dormir plácidamente venciendo la ansiedad que había sentido durante todo el día.

El Reconocionismo
Nueva Corriente Reconocionista

A la mañana siguiente, día sábado, ya más relajado me dispongo a desayunar y salir a practicar mi deporte favorito el tenis; faltan pocas horas para la reunión del mediodía que tendré con Nasanti para continuar nuestro análisis y preparación de la exposición que realizaremos ante mucha gente.

Ya sentado esperando mi turno de cancha recuerdo aquel día cuando vivía en sudamérica, esperando para jugar con un compañero de tenis de nombre Rafael, quién me llamó la atención acerca de lo que ocurría con los jugadores de la cancha más cercana quienes paralizaron su juego para entrar en una discusión con los de la cancha vecina: reclamaban a otras personas que no hablaran en voz alta mientras ellos jugaban porque interrumpían su concentración; y Rafael agregó: Míralos Simeón, son jugadores ya bastante adultos por Dios, que se supone vienen a distraerse y disfrutar; y no a concentrarse para derrotar a un adversario, ni ganar títulos, ni dinero ¿Qué sucede con estas personas, por Dios?

Actúan como robots, imitando lo que ven en la televisión, cuando trasmiten partidos entre tenistas profesionales.

Recuerdo que transcurrió un rato mientras conversaba con Rafael, y ahora bajaba hacia la zona alrededor de las canchas una señora con su niño de 5 o 6 años quien jugaba con su triciclo; y los jugadores de nuevo paralizaron su juego para pedirle a la señora que llevara al niño hacia otra zona porque interrumpía su concentración. Hasta allí pudo Rafael mantenerse como espectador; yo conozco a esos jugadores me dijo, o al menos así lo creía yo, y se dispuso a acercarse a ellos para increparles esa actitud. Rafael intentó hacerles entender que estaban actuando como imitadores autómatas del comportamiento de la mayoría de los jugadores profesionales de tenis que mandan a callar a todo el mundo mientras juegan. Y es que es una cadena interminable, porque esos jugadores profesionales a su vez repiten el comportamiento de los primeros maniáticos que inventaron ese juego en Gran Bretaña en una época donde a una persona de color la hubiesen quemado viva si entraba a una cancha de tenis.

Al intentar hacerlos entrar en esa razón una cascada de agresiones e insultos cayeron sobre Rafael; y en ese momento se develaba otra vez ante mí el retroceso que tienen las sociedades constantemente sometidas al dominio de una clase esclavizadora que solo actúa para la obtención de grandes beneficios económicos sin esfuerzo, ni riesgo, ni responsabilidades.

Traté de calmar la situación y sacar a mi compañero del sitio. Ya más calmados degustando un jugo de naranja Rafael se explayó acerca de su sentir respecto a la actitud de esos jugadores: remarcó el hecho que existen muchos otros deportes en los cuales para impactar una pelota se necesitaría mucha mayor concentración que en el tenis; un patético ejemplo es el bateador, el pitcher y el cátcher en el beisbol ante quienes la pelota se desplaza a mucha mayor velocidad y con mayor peligrosidad que la suave pelota de tenis, y sin embargo, en los partidos oficiales y al momento de bateo todos en el público gritan alrededor, y hay música a todo volumen, nadie se mantiene en silencio, y esa es una prueba patética que lo que ocurre en el tenis no es más que una payasada movida por el individualismo y el ego.

Al igual que el beisbol hay muchos otros deportes donde no existe esa costumbre maniática de mantener silencio. Pero quiero ser flexible enfatizó Rafael: permitamos a aquellos que ganan dinero con esa actividad el que impongan las normas que deseen en su juego, y quien lo desee que asista al estadio y las acate sumisamente; ¡pero por Dios Santo! no vamos a permitir que amateurs de fin de semana, pretendan imponerle a todos silencio absoluto mientras ellos juegan; eso es francamente ridículo, y mucho menos que pretendan evitar que cualquier niño juegue por los alrededores de las canchas.

Es útil recordar lo que decía Rafael en aquella oportunidad; la realidad es que ese tipo de actitudes imitadoras de todo lo que observan en la televisión esconde muchas otras cosas. No se trata solamente que actúen como autómatas, y que por imitación sigan rituales para poder encajar bien en algún sector de la sociedad; puede también tratarse de un problema de egocentrismo puro, el deseo que todos callen y se dediquen exclusivamente a mirar su juego; una especie de egolatría parece permanecer escondida y cultivada en ese juego; pero hay otra cosa más importante, y aunque suene exagerado, todo eso puede albergar también un problema más profundo de la sociedad.

A veces en las cosas que parecen menos importantes están los indicadores de asuntos no resueltos en una sociedad, los cuales deben ser solucionados para que pueda funcionar con justicia y progreso para todos. En aquella oportunidad, cuando vi brotar los sentimientos oscuros que impulsaban a esas personas a proferir tantos insultos contra mi amigo, me pregunté si acaso tenía algún valor estar allí esperando a jugar este deporte. Es cierto que mejora mi estado de ánimo y creo que mi salud también; pero desde el punto de vista social, reflexiono en la importancia real que tienen los deportes comparados con la actividad de un médico cirujano, una enfermera, un bioanalista, un ingeniero que construye obras de gran magnitud, entre muchos otros. Todas esas personas tendrían que afrontar un juicio penal o administrativo a la hora que cometan cualquier falla en sus labores, porque sus trabajos tienen una importancia capital para la sociedad y repercuten directamente en la vida de los seres humanos.

Sin embargo, para cualquier deportista un mal desempeño o un error en su trabajo no le acarreará jamás una demanda civil ni penal por el daño ocasionado en la vida de otros seres humanos. Los deportistas simplemente ocasionan que el dinero circule de un lugar a otro y proveen distracción a las personas que gustan de esos deportes. Algunos argumentarán que incentivan el ejercicio y por consiguiente la buena salud en la sociedad, y eso me recuerda la famosa frase con la que empezaron a promocionar el deporte masivamente hace tantos años:

"Mente sana en cuerpo sano"

y después de todos esos años la realidad contrasta dramáticamente con lo que aseguraba y prometía esa frase, de hecho, en esta última década los peores ejemplos de mentes enfermas a nivel mundial han surgido del deporte: Manipulación de resultados de partidos por apuestas con mucho dinero; consumo de drogas; narcotráfico y lavado de dinero utilizando el deporte como fachada; abuso contra mujeres; conductas violentas; crímenes; actos lascivos públicos; muertes de gente inocente ocasionadas por deportistas conduciendo bajo efecto de alcohol y drogas; aberraciones sexuales a los más jóvenes que ingresan novatos al deporte; conducta antiética especialmente resaltante en los futbolistas a la hora de hacer faltas o al simular que se las cometen a ellos, dando mal ejemplo descaradamente a toda la población que los observa. En fin, de esos "cuerpos sanos" han salido las mentes más enfermas que puedan existir, y hay que resaltar que no son contadas excepciones, sino que realmente han sido ya demasiados los casos, y en la actualidad yo afirmaría que son masivos.

Tan poderosa fue la sugestión introducida inicialmente con el famoso y falso argumento: *"Mente sana en cuerpo sano"* que llegaron al extremo de difundir y sembrar la matriz de opinión en colegios, liceos y universidades, que si no practicabas deporte era porque seguramente tenías algún problema, bien sea de conexión con la sociedad o alguna enfermedad mental.

¿Y cómo iba a sospechar uno que esa frase estaba siendo manipulada intencionalmente por quienes luego se convirtieron en los esclavistas del siglo XXI para lograr imponer el imperio de uno de los negocios más lucrativos de la historia del mundo?

Pero debido los innumerables casos de mentes perturbadas con cuerpos sanos que ya no podían ser disimulados por los medios; y tratando de evitar que el fácil y lucrativo negocio del "deporte" pudiera verse afectado; y luego de tantos años de haber inventado aquella manipuladora frase; finalmente decidieron reinventar un nuevo argumento truculento y descarado:

"La vida privada de un deportista nada tiene que ver con el deporte, y por tanto eso no tiene que medrar la admiración por los deportistas, ni por el deporte"

Es decir, lo que se debe leer entre líneas en esa frase: nada de eso no debe medrar la compra de tickets para los estadios, ni el negocio del lavado del dinero.

Recuerdo que hace varios años cuando veíamos un partido de tenis en tv, un amigo me hizo el siguiente comentario: "Lo bueno Simeón, es que por la naturaleza tan individual del deporte del tenis ninguno de esos jugadores puede hacer trampa ni fraude, el tenis es un deporte limpio...", a lo cual yo asentí inmediatamente, pero luego de unos segundos recordé que unas tres semanas atrás salió publicada una noticia a nivel mundial: Varios jugadores de tenis habían sido suspendidos ya que perdían sus partidos luego de apostar a favor de los rivales, y eso les proporcionaba mucho más dinero que el que podían obtener desgastando sus cuerpos intentando ganar, claro, eran jugadores con ranking no muy alto a los cuales ese negocio les venía de maravilla.

Sin embargo, aun con vista a todo eso, es evidente que las actividades deportivas no tienen por qué dejar de existir, eso sería absurdo, pero al igual que el canto y la actuación no deberían estar financieramente por encima de las actividades realmente cruciales para la sociedad. La realidad actual es que deportistas, cantantes, actores, entre otros, ganan groseras sumas de dinero y obtienen enormes beneficios; y los medios le enrostran eso al público a toda hora. Mientras tanto, las enfermeras, médicos, anestesistas, obreros de alto riesgo, bioanalistas, técnicos e ingenieros de actividades críticas, etc., quienes trabajan como esclavos diariamente arriesgando su tranquilidad y su salud, y que además asumen responsabilidades civiles y penales enormes, solo obtienen salarios miserables y humillantes. Eso es una grotesca injusticia y una violación a los derechos fundamentales de cualquier miembro de una sociedad verdaderamente justa.

Y eso sin contar el desequilibrio introducido por actividades que ni siquiera requieren esfuerzo físico o alguna "destreza o talento" muscular, como por ejemplo la compra-venta de objetos especiales entre "coleccionistas", la lotería, las apuestas, casinos, los corredores de acciones, y demás actividades similares. Y es que no se trata únicamente del tema de los deportes y el entretenimiento; se trata de todas las actividades del hombre cuyos beneficios deberían ser regulados con justicia.

¿Puede una sociedad llegar a ser justa y equilibrada de la manera que es conducida hoy en día por cualquiera de las ideologías socio-politico-económicas?

¿Cuál es el ejemplo que reciben las nuevas generaciones ante lo que ven ahora?

¿Por qué no se beneficia a las personas de acuerdo al nivel de riesgo de su trabajo, la responsabilidad civil-penal, y el beneficio que produce su labor para la salud, la vivienda, educación, seguridad, y alimentación de la sociedad?

¿Cómo es posible que se beneficie más a una persona por golpear un balón, que a otra persona que atiende a miles de enfermos terminales con el riesgo implícito que pueda ser enjuiciado por el más mínimo error que cometa?

¿Qué pretenden al permitir semejante injusticia?

Ese sistema actual, es lo que se ha constituido sin duda en lo que catalogo como: La Esclavitud del Siglo XXI, y es igual en sistemas socialistas y capitalistas, si hay un punto de coincidencia entre ambas ideologías es precisamente ese.

En una oportunidad, durante una de las pandemias que los imperios ruso y chino han esparcieron intencionalmente por el mundo, me sorprendí con desagrado al ver en TV una noticia en la cual cientos de personas gritaban histéricos y encumbraban a nivel de héroe de la patria a un deportista por batir una marca de salto, y acto seguido cuando dejé de verlo y abrí twitter, vi la noticia de una enfermera y un doctor que habían fallecido contagiados por atender pacientes del coronavirus; en ese caso, solo mostraron la dolorosa imagen de la joven poco antes de fallecer, y no vi ninguna noticia donde apareciera alguien encumbrándola como heroína. Nadie en twitter hacía el más mínimo comentario acerca de ella como ejemplo para la sociedad, nada, nada de nada, solo la noticia que había sido contagiada y falleció, la noticia solo pretendía trasmitir el temor que eso infundía acerca de lo contagioso de la enfermedad, no intentaban hablar acerca de ella como la verdadera heroína que fue.

Y como ese, muchísimos otros casos similares he podido atestiguar a través de los años, y siempre se me arrugó el alma y el corazón al verlo.

Y frente a eso existen seres capaces de responder a esas consideraciones, con la infeliz frase:

¿No será que sientes envidia de esos deportistas, cantantes y actores?

Pregunta qué por supuesto no hace falta responderla, porque quien la haga, evidentemente no siente nada hacia sus semejantes, no tiene capacidad de reflexión, no tiene la menor idea de lo que significa la verdadera justicia social, y además pretende ignorar que no solo es un asunto acerca de deportistas y artistas, sino de muchas otras actividades sobrevaloradas sin justificación alguna, las cuales violentan el derecho de los seres humanos a vivir en una sociedad donde sea respetado verdaderamente el riesgo y el aporte real de cada quién con su esfuerzo.

Por supuesto que el ser humano requiere entretenimiento para su salud mental, y requiere hacer ejercicios para su salud física;

pero a la hora de la remuneración por trabajo realizado, deben existir jerarquías basadas en la importancia, riesgo y consecuencias de la actividad para la sociedad, y eso es factible de lograr en esta digital.

Sin embargo, nadie parece haber estado realmente dispuesto a trabajar en la dirección de una verdadera justicia social. Ni el capitalismo, ni el socialismo, ni ninguna otra doctrina política, económica o religiosa se ha ocupado tan siquiera en mencionar la existencia de este serio problema social, un verdadero azote que mantiene a las sociedades del mundo moderno en un desequilibrio e injusticia perenne. Reitero lo dicho, ningún político, economista o religioso en toda la historia de la humanidad se ha preocupado por esto, en muchos casos porque no les conviene, pero en otros casos están impedidos de poder ver cuál es el problema real que ha existido en las sociedades, manifestándose siempre en diversas formas de acuerdo a la época.

Este problema se acentúa, si consideramos que la sociedad es un ente viviente dinámico, que cambia con las décadas. Desde este punto de vista, resaltan como ridículas y totalmente fuera de lugar todas esas concepciones "ideológicas" como "El Capital" de Karl Marx o "La riqueza de las Naciones" de Adam Smith, o inclusive cualquiera de las religiones que han existido, en las cuales no se menciona, ni se incluye como objetivo fundamental la justicia de las personas, esa justicia basada exclusivamente en la responsabilidad, riesgo y beneficio tanto ante sí mismo como ante la comunidad.

Todas esas ideologías, tanto el capitalismo como el socialismo, tal cual han sido concebidas no son más que manifestaciones de la más abyecta injusticia, y son las que mantienen al mundo actual en constante desequilibrio, desesperanza y confusión, y en constante elaboración de espejismos que mantienen a la población sometida a sus principios de injusticia primitiva.

Lo más importante es que todas las variables que fundamentan esta nueva corriente del Reconocionismo, son variables manejables, controlables, medibles, y pueden ser tabuladas en consenso en la sociedad, y solo encontrarían oposición de aquellos que solo desean aventajar a los demás mediante patrañas, entuertos y atajos.

La gente ahora más que nunca intuye que algo está mal, pero no tienen ni la más mínima idea de cuál es exactamente el problema de fondo, están impedidos de identificar la verdadera causa de la inquietud y frustración que sufren, aun cuando lo tienen frente a sus ojos; y es que desde su nacimiento fueron instruidos para servir a la injusticia. Y salen a la calle a protestar, y un día aman el capitalismo y al siguiente lo odian, y otro día aman el socialismo, y al otro día sienten sed de venganza contra uno o contra el otro, pero no saben qué es lo que ocurre.

La respuesta es muy simple: Lo que sucede es que todas las ideologías económicas han sido creadas basadas exclusivamente en el puesto primordial y esencial que le otorgan al dinero, el capital y la propiedad, nunca utilizaron como patrón de medida a la verdadera justicia humana, siempre se mantuvieron al margen del reconocimiento del hombre como tal, de su vida misma, el hombre es actividad y pensamiento, no es dinero, el dinero no es causa es consecuencia, el hombre es causa y su necesidad es actividad, y es la actividad lo que vale, es la actividad lo que tiene peso si conlleva responsabilidad y riesgo.

Hoy en día se evidencia más que nunca la necesidad de transitar el camino del Reconocionismo, porque hemos evolucionado a otro tipo de sociedad, con una dinámica donde hemos alcanzado un cierto nivel de integración a nivel mundial, gracias a la tecnología, cosa que no existía en otras épocas. Nuestra situación actual, nos permite estar enterados en tiempo real de todo lo que acontece en el mundo, y podemos medir inclusive la transformación misma de nuestra sociedad y de nosotros mismos. Como consecuencia, estamos en mejor capacidad de poder balancear la ecuación que controla nuestra sociedad regulando gran parte de las variables que la tienden a convertir en inestable y desigual.

Es así que para que la ecuación esté balanceada y produzca justicia: el progreso y el equilibrio de la sociedad deben imperar. Es imposible pretender hacer predicciones económicas y sociales utilizando ecuaciones donde variables de gran peso solo provocan desbalance y desequilibrio constante.

Una falla en el entretenimiento o en un deporte, no es ni remotamente similar a lo que implica el error que pueda cometer un cirujano cuando está operando a un paciente en una intervención cerebral, ni el error que pueda cometer un anestesista, ni el de una enfermera, o un ingeniero mecánico que diseña equipos médicos de terapia intensiva, ni el error de un piloto de helicóptero que ubica al técnico frente a lineas de alto voltaje a decenas de metros de altura, ni el de un piloto de aviones de pasajeros, ni el error que pueda cometer un ingeniero estructural al diseñar un hospital de 20 pisos o un puente de tránsito pesado, y así sucesivamente. Y la importancia del resultado de esas actividades no podría ser comparada nunca con la acción de acertar un balón en una cesta o un arco, batear una pelota, blandir una raqueta, comprar o vender acciones, gerenciar un casino o una agencia de loterías, dirigir un teatro, o una tienda de abarrotes, un programa de entretenimiento en cualquier medio, una joyería o una sala de videojuegos, y todo eso, sin importar la habilidad o el esfuerzo personal económico, físico o intelectual que requieran esas actividades, entre muchas otras que sería muy largo enumerar.

Y frente a toda esa realidad incuestionable, no puede nadie cometer la barbarie y salvajismo de otorgarle beneficios ilimitados a quienes menos responsabilidad y riesgo tienen en su actividad diaria frente a la sociedad, porque eso va más allá de económico y político, eso lastima seriamente la verdadera justicia social, y va contra la existencia misma del ser humano.

Siempre he escuchado la frase "los valores de la sociedad se han invertido", pero frente a las reflexiones de este manifiesto reconocionista, es evidente que nunca se invirtieron, siempre estuvieron al revés, desde el inicio de los tiempos, quizás por razones justificables en épocas ancestrales, pero ahora por avaricia, ventaja y engaño.

Esto es algo que debería ser evaluado y valorado con justicia, pero no ocurre así; y lo más grave es que quien se atreva a levantar la voz al respecto, inmediatamente será acusado de envidioso, de deportista o artista frustrado, o cualquier otro epíteto. Sin embargo, y quiero hacer especial énfasis en esto, reitero que todas estas consideraciones tan importantes para la estabilización de la sociedad, nada tienen que ver con aversión, rechazo o resentimiento hacia alguna actividad puntual o hacia algún grupo, de hecho, pienso que las actividades deportivas y de distracción deben ser promocionadas e incentivadas, pero eso sí, nunca pagadas, ni cercanamente, y mucho menos por encima de lo que deben ser pagadas las actividades de aquellos que verdaderamente llevan el peso de la responsabilidad y el riesgo en el progreso de la sociedad.

Personalmente me gustan mucho los deportes, el billar, el tenis de mesa y el de cancha, futbol, inclusive los juegos de cartas, el bridge, el ajedrez, entre otros, los he practicado de manera relativamente constante durante mi juventud a nivel amateur. La realidad es que los verdaderos egoístas y envidiosos son los que pretenden esclavizar y aprovecharse de la única parte de la población que realmente produce los beneficios sustanciales a la sociedad; trabajadores que se sacrifican y se responsabilizan moral, económica y penalmente, y hasta con su propia vida por el trabajo que desempeñan. Y veo con agrado como en mis argumentos, contrariamente a lo que hacen tanto el capitalismo como el comunismo-socialismo, no incluyo la palabra dinero ni capital para referirme a la verdadera justicia social, porque la verdadera justicia social consiste en el reconocimiento y el crédito que se le otorgue a cada quién según la responsabilidad y riesgo que asume ante la sociedad, y esa responsabilidad y riesgo no tienen nada que ver con responsabilidad de producción de patrimonio o riesgo económico personal, sino con la responsabilidad frente al progreso de la sociedad y el riesgo involucrado. El reconocionismo está dirigido hacia todos los sentidos posibles, no solamente hacia el sentido económico.

En un sistema justo y estable, las variables de: Sacrificio, Responsabilidad penal y civil, el Aporte concreto al progreso, salud alimentación y vivienda, y el Riesgo implícito en la actividad, podrían ser tabuladas en consenso y de manera muy clara y fácil, para hacer florecer la verdadera justicia, e imprimir estabilidad real a la sociedad.

Por supuesto, la oposición a este tipo de control, que es el más natural y que debió haber sido implementado desde centurias atrás, tendrá sin duda alguna la oposición más cruenta que pudiera tener filosofía socio-económica alguna, porque siempre hay una porción de la sociedad que desea depender de la suerte, del poder, del camino fácil, de las mañas y la viveza para tomar fácil ventaja sobre otros sin realizar gran esfuerzo, sin sacrificarse y sin tener responsabilidad alguna por las consecuencias que pudiera generar su actividad de movilización de dinero de un lugar a otro.

Pero eso no es todo, las frases que fabricaron para montar todo el tinglado de injusticia en que reposan las sociedades actuales, sea cual sea la ideología que las dirige, no eran suficientes, tenían que crear la mejor de todas las frases del mundo, la madre de todas las manipulaciones:

"Vocación de Servicio"

Con esa genial frase, dividieron a las sociedades del mundo, capitalistas y socialistas, en dos grupos:

Un Primer Grupo de personas, a las cuales se les manipula y se les exige tener "Vocación de Servicio", frase manipuladora utilizada para que este grupo permita dócilmente que lo esclaviquen para proveer de dinero, servicios y beneficios al Segundo Grupo:

El grupo de los Esclavistas cuya única actividad consiste solamente en hacer que un monto de dinero se mueva de un sitio a otro. Ellos están exentos por decreto social, de eso que le impusieron al otro grupo: La Vocación de Servicio.

Esa es la esclavitud moderna establecida por intereses económicos y políticos poderosos tanto del socialismo como del capitalismo, la zona oscura de la sociedad, dónde se mezclan el entretenimiento, el deporte, además de muchas otras actividades movilizadoras de dinero, incluyendo muchas ilegales como el lavado de dinero, manteniendo siempre una fachada de "industria progresista" o "Entidad que representa a la Patria o al Partido". Adicionalmente, aprovechan a manipular participando en actos muy publicitados de ayuda a fundaciones sin fines de lucro, lo cual les da un escudo protector impenetrable y una imagen inmaculada.

En su ávida búsqueda de dinero y poder, esos intereses económicos y políticos tienen como objetivo desconectar a la población y hacerla indiferente ante la importancia del conocimiento, la responsabilidad y el riesgo, y ante quienes lo asumen, y en ese aspecto el socialismo se aprovecha inclusive más que el capitalismo, porque en el socialismo la única persona a venerar es el líder del Partido, so pena de ser encarcelado o ejecutado.

Cómo ejemplo, si a cualquiera de las personas alrededor uno le preguntara:

¿Quién inventó el respirador artificial?

¿Sabes cuántas vidas ha salvado ese aparato?

nadie sabría responder esas preguntas. Y es que la gran masa de la población no siente conexión alguna con las personas que han brindado al mundo la magia del conocimiento, el milagro de salvar vidas con la medicina, así como otros grandes logros y beneficios para la sociedad. Hubo sí un período en las décadas anteriores a 1970, especialmente en los Estados Unidos de América en que en algunas ocasiones se vitoreaba a verdaderos héroes de la sociedad, fue la época en que se les daba un recorrido por las principales avenidas de New York para ser saludados por la gente; una muy buena iniciativa que los conectaba directamente con la población, sin embargo, todos esos homenajes fueron gradualmente eliminados con el pasar de los años. La razón, ahora la conocemos.

Hoy en día, la gran masa de la población se siente exclusivamente conectada con deportistas y artistas. El grupo de los esclavistas modernos ha orientado toda su inversión monetaria y poder político en esa dirección, promoviendo intencionalmente esa conexión por todas las vías y medios posibles. Los esclavistas modernos son personas que no tienen la preparación ni la capacidad para trabajar en actividades realmente útiles para la sociedad, no poseen experticia en nada, así como tampoco la tiene un "Jefe del Partido", ellos simplemente se dedican a mover dinero de un punto a otro, y mientras más descerebrada llegue a estar la población entonces será mucho mejor para ellos. En esta época, no se trata de esclavizar una población o una raza mediante la violencia, se trata más bien de controlar, someter y explotar a los verdaderos productores de la sociedad por todas las vías posibles: psicológicamente, moralmente, económicamente, y penalmente. Eso es lo que jamás aparecerá en ningún texto sobre capitalismo o sobre socialismo, ni en ninguna publicación religiosa.

Precisamente, esta semana veía una noticia en un canal internacional de noticias de Chile, dónde los periodistas denunciaban a una sociedad de médicos de ese país, el problema según ellos era que: ¡Los médicos se habían puesto de acuerdo para fijar un mínimo en las tarifas de las consultas! y los periodistas acusaban a esos médicos como autores de un horrendo crimen, como monstruos; prácticamente sugerían que debían ser encarcelados inmediatamente y sin juicio por intentar fijar tarifas. Y acto seguido a esa noticia, trasmitían unos cortes comerciales dónde enrostraban a los televidentes las mansiones de varios deportistas y sus lujosos autos, así como un grupo de cantantes montados en un Rolls Royce ingiriendo licor con muchas mujeres y luciendo las mejores ropas y joyas.

El mensaje a la gente es: Los médicos deben ser esclavos al servicio de esos cantantes y los deportistas, entre otros por supuesto. Es evidente, que la acción unilateral de esos médicos no luce bien, y ninguna de las medidas que pretenda tomar unilateralmente cualquier otro grupo de verdaderos trabajadores podrá cuadrar dentro del sistema actual ni traerá equilibrio a la ecuación socio-económica, porque el sistema, capitalista o socialista, está viciado totalmente desde sus cimientos. La necesidad de una tercera vía distinta a todas las propuestas hasta la fecha es imperativa.

Ejemplos como el de esos médicos chilenos no solamente los observamos en los canales de comunicación, sino que también los sufrimos personalmente. En un medio digital me tocó vivir una experiencia significativa: Recuerdo que acostumbraba a criticar duramente a los políticos de mi país por twitter, tan duramente que quizás en algún momento se podía considerar que habría violado alguna norma y merecía suspensión, pero durante muchos años mi cuenta nunca fue suspendida ni siquiera temporalmente, a lo sumo algún político me bloqueó. Pero bastó que iniciara una serie de críticas (sin insultos ni acusaciones infundadas) acerca de la actitud de muchos deportistas, dirigentes deportivos, y acerca del movimiento del dinero que se observaba en el deporte, para que ipso facto mi cuenta quedara suspendida y de manera permanente. Peor aún, al reincidir con mis comentarios utilizando otras cuentas, todas y cada una de ellas fueron suspendidas permanentemente, y simplemente se trataba de críticas generales basadas en noticias difundidas por algún periodista previamente, ni siquiera mencionaba ni remotamente a alguien en especial. Seguramente, hubo una catarata de protestas de directivos, e inclusive quizás utilizaron bots para quejas.

Simplemente, me había atrevido a desafiar al verdadero gobierno dictatorial mundial: El consorcio de los esclavistas del siglo XXI. En esta época ese es un acto suicida.

El esclavismo en todas sus formas y manifestaciones, antiguas y modernas, ha sido siempre el virus que nos impide desarrollarnos definitivamente como verdaderos seres humanos. El esclavismo moderno es injusticia pura y dura, y su impacto es mucho más desbastador en los países menos desarrollados que no han logrado alcanzar independencia económica. Bajo esos parámetros sociales, los países del tercer mundo nunca podrán emerger, porque la injusticia solo beneficia a los esclavistas históricos. Las protestas alrededor del mundo serán cada día más numerosas y diarias, y la gente no entenderá que ocurre, pero llegará el momento en que percibirán que no se trata ni de capitalismo, ni de socialismo-comunismo, ni de religiones. No es necesario ser adivino para entender que una situación así tiene que colapsar en algún momento, y llegará irremediablemente el día en que los esclavos modernos despierten de su letargo y se revelen ante los esclavistas del siglo XXI. Cuando ese día llegue, los esclavistas ya no podrán disfrutar de servicios ni bienes de manera tan fácil, y se encontrarán repentinamente en el aire y sin sustento de ninguna índole, pero ese no es el objetivo final, el fin último es que impere la verdadera justicia social.

El tema de la herencia es singular, porque es un derecho inalienable el que los hijos puedan continuar la obra que sus padres hayan alcanzado, pero allí está el detalle: Si la herencia continúa siendo desarrollada por quien la hereda como su actividad principal comprobable, de manera plena y exclusiva, entonces es justificable. Pero si la herencia se trata de bienes y servicios que no han de ser trabajados por quien los hereda sino solamente usufructuados, entonces la herencia no se justifica. El Riesgo, la responsabilidad y el Aporte deben entonces pasar a jugar su papel estelar en el tema de la herencia, así como en todos los ámbitos de la sociedad.

En resumen, esta es un área que tendría que ser abordada con mucho detalle por las generaciones futuras, con la finalidad de lograr una sociedad más justa y equilibrada, dónde los beneficios económico-sociales estén supeditados al riesgo e importancia (aporte) de la actividad, así como la responsabilidad civil y penal asumida ante la sociedad. De esa manera quien haya logrado amasar una fortuna será porque realmente lo merece, y nadie podría ni siquiera dudarlo, porque surge de la necesidad de la justicia del reconocimiento, no de la comparación de las riquezas de unos u otros, ni de la medida del esfuerzo físico o el riesgo económico personal que se juega en una actividad.

Manifiesto Reconocionista. Reflexiones

El Reconocionismo, es entonces la corriente que reconoce a la persona por su aporte a la sociedad y el riesgo social que soporta para sí misma, y mayormente para los demás, y lop más importante es que no se trata solamente de reconocimiento económico, sino social, moral y ético.

¿Quién puede respetar un sistema, dónde un deportista gana groseras sumas por golpear una pelota, o un corredor de acciones simplemente por mover dinero de un sitio a otro, o un artista por hacer una película, o un político socialista o capitalista que disfruta de todo tipo de ventajas económicas solo por mover influencias de un sitio a otro? Entre tantas otras situaciones de injusticia absolutamente inaceptables.

El irrespeto y rencor hacia un sistema de ese tipo está allí latente, siempre latiendo como un corazón acelerado. La gente siente las palpitaciones, pero no vislumbra la causa de su malestar, y ese irrespeto y rencor se traslada a todo, a las instituciones, a todos los estamentos de la sociedad, a las relaciones interpersonales; por otro lado, los gobernantes tanto en el socialismo como del capitalismo dejan de sentir respeto por la gente, terminan haciendo lo que quieren burlándose de todos y sin disimularlo; todos sienten que tienen derecho a hacer cualquier cosa, sin importar los demás.

La corriente del flujo social y económico, se convierte siempre en estructuras con forma de represas, donde pocos, socialistas y capitalistas, almacenan injustamente mucho para sí mismos. Son los coágulos o las obstrucciones que tapan las arterias del ser humano, van creciendo y creciendo, el malestar crece, hasta que todo estalla. Es un ciclo vicioso, porque la sociedad no fallece, pero colapsa, y vuelve a emerger en medio de la injusticia y con las mismas fallas primigenias, y todo vuelve a ocurrir de nuevo, son las revoluciones fallidas a lo largo de toda la historia de la humanidad, la búsqueda de la verdadera justicia.

Lo que exponen en su manifiesto comunista tanto Marx como Engels acerca de burgueses y proletarios, la lucha de dos clases antagónicas, no es más que una de la muchas consecuencias que ocasiona el desequilibrio social imperante a través de los siglos, esto es, la lucha de la injusticia contra la justicia, la cual a la luz de la nueva corriente del Reconocionismo que manifiesto aquí, nada tiene que ver con clases, porque en alguna época la consecuencia era la lucha de clases, y en otra época es la lucha de consorcios y marcas, y en otra época es la lucha de razas, y en otra la lucha de clanes y carteles, y en otra las religiones y así indefinidamente, todas consecuencias de una sola causa mayor, que es atemporal, que no tiene época ni clases; eterna como la justicia misma.

Marx y Engels solo usaron como patrón la visión del pasado, desde Roma con sus patricios, plebeyos y esclavos, la edad media con sus señores y vasallos y sus diversas gradaciones, y finalmente lo que ellos llamaron sociedad burguesa moderna en la que fueron eliminadas las gradaciones y niveles de linaje, para convertirse en dos grupos antagónicos: los miembros de la burguesía y los del proletariado.

¿Qué es lo que está tan mal con la teoría comunista?

El fracaso social no solo se mide por lo económico como pretende hacerlo ver el socialismo, sino por muchos otros factores. Los socialistas comunistas se dedicaron a actuar contra las consecuencias, y movidos por rencor ni siquiera les interesó, en absoluto, investigar la verdadera causa del desequilibrio:

La ausencia del Reconocionismo, la verdadera justicia social, que nada tiene que ver con el dinero y las propiedades porque ellas son y deben ser tratadas como consecuencias (síntomas de la enfermedad) y no como la razón y fundamento de un manifiesto en búsqueda de la justicia y el progreso.

Marx y Engels dedicaron su manifiesto a atacar las consecuencias: el dinero, la propiedad, la burguesía, y le otorgaron a esas cosas el Poder Supremo de cambio de las sociedades, los comunistas le otorgaron más valor al dinero que el que le daban los capitalistas.

Los comunistas hacían depender entonces el equilibrio social de la distribución de esas consecuencias, grave error, porque el poder de cambio de una sociedad no está en esas consecuencias: el dinero y la burguesía, sino en todos los componentes de la verdadera justicia social:

La Responsabilidad y el Riesgo

La responsabilidad y el riesgo que cada miembro de la sociedad asume frente a ésta para el beneficio y progreso de todos, y la medición de esos dos factores reconocionistas no se realiza desde el punto de vista personal del individuo que realiza una actividad, sino desde el punto de vista de la sociedad. Es decir, que lo que puede ser una gran responsabilidad y riesgo para una persona, desde su punto de vista personal, puede no serlo en absoluto para el progreso de la sociedad, y es allí donde está la diferencia fundamental entre la nueva corriente del Reconocionismo y cualquier otra ideología surgida hasta hoy. El Reconocionismo no se limita a la repetición de trilladas frases acerca de la inversión de valores o pedidos individuales de justicia económica para un grupo de individuos; el Reconocionismo busca cambiar las bases fundamentales de la sociedad tal como han sido construidas en todos los sistemas establecidos en el mundo hasta hoy.

No se logra nada restringiendo o limitando la propiedad y el dinero, lo importante es lograr la justicia social, y la justicia social no depende del dinero ni la propiedad, la justicia social no es lo que pretenden imponer ni el socialismo ni el capitalismo.

¿Cuál es la razón del fracaso de la teoría capitalista?

La misma causa que la del fracaso del comunismo, colocan al capital como la causa y el fin de todo, pero la Responsabilidad y el Riesgo en comunión con la sociedad son los dos pilares que hacen realmente grande a una sociedad, y a partir de esa base se puede construir un mundo justo.

Faraones, reyes, emperadores, zares, príncipes, señores, dictadores, tiranos, presidentes, políticos demócratas, religiosos, filósofos teocráticos, todos fallaron en su deber de lograr guiar a la sociedad hacia una verdadera justicia social, y en todas las ideologías sin excepción, siempre imperó el egoísmo, la ambición, la ventaja, y el complejo de inferioridad, frente a las reales necesidades de la sociedad.

Si es cierto que han existido dos clases antagónicas en el mundo, nunca fue nada más antagónico que la Irresponsabilidad sin Riesgo, enfrentada contra la Responsabilidad con o sin Riesgo, es decir, la injusticia social contra la verdadera justicia social; el Reconocionismo frente a la injusticia de todas las ideologías creadas hasta ahora.

Y a partir de esa antítesis social se desprenden, solo como consecuencias, cualesquiera de las problemáticas gradaciones sociales descritas por Marx y Engels para la antigua Roma, la edad media y la burguesía moderna.

El grave problema, es que nadie, desde los tiempos de los Sumerios, Caldeos y Asirios, sintió la necesidad de reflexionar a profundidad en esto, y eso era totalmente justificable en tiempos muy antiguos, ya que las circunstancias y las penurias por las que tenían que transitar no les permitía tener un nivel de pensamiento más elaborado que el de la supervivencia elemental, y quizás solo los colosos Aristóteles y Platón fueron los únicos con alguna intención de orientar debidamente el tema social, pero eran tiempos muy distintos a nuestra realidad.

Es tiempo que los seres activos no reconocidos, que los responsables a riesgo se levanten y hagan valer su puesto ante la sociedad, es hora de unirse y no ceder una gota más de responsabilidad y riesgo a la clase esclavista del siglo XXI.

Responsables a riesgo del mundo, Uníos

Ese es el llamado, porque llamados como el del manifiesto comunista: "Proletarios del mundo uníos", o los llamados de inversionistas: "Capitales del mundo uníos" solo se centran en la condición económica, en el capital, y no a la condición humana y los atributos del individuo frente al progreso de la sociedad.

El capital debe ser libre, la propiedad por supuesto que debe ser privada, pero todo tiene que estar regulado de manera natural de acuerdo a la responsabilidad y riesgo que asume cada individuo frente a la sociedad.

Frente a toda la historia de milenios pasados, y envueltos en la acelerada y cambiante dinámica actual de las sociedades, ahora resulta mucho más fácil poder visualizar el camino a seguir, además ahora se cuenta con herramientas que eran inalcanzables para los líderes de épocas pasadas, para poder organizar la sociedad en función de una verdadera justicia social.

¿Cómo organizar a todos los responsables a riesgo?

La unión y la comunicación es esencial, pero no una unión a la manera de los arcaicos sindicatos cuyo único objetivo son las reivindicaciones económicas; el Reconocionismo no se trata de simples reivindicaciones, se trata de remover las fundaciones en que se encuentra asentada la sociedad actual, modificar su estructura completa, sus objetivos, su visión, se trata de edificar una sociedad verdaderamente moderna.

La nueva unión de los responsables a riesgo, debe venir de la conciencia, debe ser universal, residir en la verdadera justicia del reconocimiento al aporte y el riesgo, debe ser honesta, fiel, valiente y dispuesta al sacrificio en pro del objetivo final.

La sociedad que aporta debe encender los motores de esta lucha, debe definir una clara y precisa estructura de las escalas de riesgo, responsabilidad y aporte ante la sociedad. Hoy en día sobran las posibilidades técnicas y los datos estadísticos para realizar esa tarea con bastante precisión.

Además, una vez definidos los principios básicos de este nuevo sistema social, por ser un sistema dinámico y actual, su ecuación se equilibrará progresivamente de manera natural, actualizándose en el tiempo de manera automática.

La escala del Riesgo específicamente relacionado con el riesgo físico personal es solo una de las muchas variables de la ecuación, hay otras de gran peso como el riesgo legal frente a la sociedad, frente a un grupo de personas o individuos. Todo de acuerdo a una escala que tendrá la extensión que sea requerida, y en la cual en los últimos lugares con valor estaría el riesgo económico personal que involucre una actividad, porque contrario a las disciplinas comunistas y capitalista, en esta corriente social el capital es solo una consecuencia de la ecuación, un corolario del teorema fundamental social.

La escala de la Responsabilidad por otra parte implica directamente las diferentes formas de contribución al desarrollo productivo, que no es lo mismo que la acumulación de dinero, o el movimiento del capital de un sitio a otro, se trata de la salud, conocimiento científico, tecnología, desarrollo humano, y ambiente, en función del progreso de la sociedad.

Ganar capital, simplemente por ganarlo, sin importar lo que represente la actividad realizada frente a la sociedad es algo absurdo, eso es injusticia social total, pero no por eso el objetivo debe centrarse en atacar al capital, eso es igualmente absurdo, se trata más bien de atacar la causa de ese tipo de anomalías.

Esa ceguera de capitalistas y comunistas frente a una realidad que los aplasta, se manifiesta en nuestras sociedades, la gente no atina a entender lo que ocurre; se siente insatisfecha; apaleada por las injusticias que no logra definir claramente; se siente frustrada por que sus esfuerzos, responsabilidad y riesgos no se ven recompensados de manera justa, y nunca lo serán bajo esos sistemas. Y la gente no tiene las herramientas para definir la causa real de su frustración porque tanto el capitalismo como el comunismo le enseñaron que el capital lo es todo, porque el sistema mismo la condiciona para que no reconozca la causa de su insatisfacción, lo que es realmente justo para él y la sociedad, tanto el capitalismo como el comunismo conducen a la sociedad hacia la confusión y caos, porque solo en medio de esos elementos, los conductores de esos sistemas pueden erigirse en los poseedores de la llama que enciende el faro a los extraviados.

Extraños Eventos

Luego de meditar mucho acerca de ese nuevo esquema que imagino y atesoro en mi mente como la quimera de una sociedad justa y equilibrada, decido no jugar tenis ese día, me relajo y troto algún rato alrededor de las canchas; y salgo de allí con la decisión de ocupar mi tiempo en las cosas importantes que esperan por mí. Sin embargo, al dirigirme a mi vehículo observo de reojo a lo lejos una persona que parecía estar detallando mis movimientos; me aproximo hacia mi vehículo pensando que debía ser del equipo de seguridad del club, pero al iniciar la marcha observo que esa persona abordó un vehículo y empezó a andar muy lentamente. Podía ser casualidad, pero estando tan acostumbrado a la inseguridad imperante en el país en que nací, y lo cual fue una de las razones principales por las que emigré hasta aquí, no me fue difícil perderme entre las avenidas asegurándome al mismo tiempo que no pudiera seguirme; más de 40 años de manejo tenían que servir de algo.

Llego a mi casa, preparo algunas cosas, una ducha refrescante y al terminar salgo inmediatamente a casa de Nasanti. Al llegar, la señora de la limpieza abre la puerta y veo a Nasanti sosteniendo unos binoculares y observando fijamente hacia la calle. El patio frontal de la casa es bastante amplio y la casa se encuentra suficiente elevada como para poder avistar todos los alrededores de la casa. El silencio de Nasanti llamó mucho mi atención; tanto, que temía interrumpirle, y por tanto decidí sentarme calladamente y esperar. Finalmente, Nasanti me dice:

Hola Simeón, te preguntarás que veo tan fijamente.

¿Ocurre algo Nasanti? le pregunto.

Acércate Simeón observa aquel vehículo de color oscuro que está a media cuadra: lleva allí cerca de una hora, no le había visto antes y sé que no es visitante de mis vecinos; creo que tendré que llamar a la policía.

La gran sorpresa fue que al observar ese vehículo parecía ser el mismo de la persona que vi en con actitud vigilante en el centro de tenis. Por esa razón le digo a Nasanti: tienes razón eso es muy extraño, mejor alertemos a los vecinos y a la policía; pero justo termino de decir esas palabras cuando el vehículo inició movimiento, dio la vuelta y regresó en dirección contraria de donde creo había venido. Nasanti parecía preocupado y acordamos estar pendientes. La señora de la limpieza en ese momento muy amablemente nos trajo un té, y taza en mano nos dirigimos a la biblioteca a reiniciar nuestra conversación.

Simeón, creo que tenemos muchas horas de discusión por delante, tratemos de aprovecharlas al máximo, como ves he colocado una pizarra, y tenemos la computadora para poder cotejar los datos recopilados en nuestro trabajo.

Nasanti, en nuestra última reunión el hilo de nuestra discusión se centró en la antítesis entre el Infinito y la Nada, y cómo la necesidad de un nexo entre ambos dio lugar a Dios. Si queremos hacer una exposición clara, debemos dejar establecidos los procedimientos y la ruta de nuestros experimentos hasta llegar a nuestra teoría sobre el Infinito y la Nada unidos en un punto del espacio: todo el conocimiento escrito en código y concentrado en cualquier punto del espacio.

Luego de eso, debemos explicar las consecuencias y repercusiones en las teorías actuales, en muchos casos impuestas como dogmas por la mayoría académica: La teoría de la relatividad general y la gravedad, la velocidad constante de la luz, la teoría de cuerdas, y tantas otras. También hay que hacerlos reflexionar acerca de esa fe que tantos pensadores modernos depositan en la existencia de otros mundos. Realmente, no están tan equivocados al intuir que hay algo más allá, que algo ocurre detrás de lo que observamos, aunque no puedan percibir exactamente de qué se trata. Ese tipo de inquietudes nunca dejará de merecer respeto, especialmente porque demuestra además que hay una necesidad impresa en cada célula del ser humano que lo impulsa a tratar de captar señales que ni siquiera sabe que pudieran existir, pero lo intuyen.

Simeón paremos allí, exclama Nasanti, puesto que estaremos ante una audiencia muy variada de varios países, con académicos de diversas áreas, así como estudiantes, periodistas y gente común interesada: será mejor que nos reunamos ahora con nuestro asistente en el laboratorio para explicarle detalladamente lo que deseamos incluir en la presentación; de manera que él vaya elaborando la presentación a partir de nuestras indicaciones. Todo debe ser expuesto de la manera más sencilla y luego la revisaremos, ¿te parece?

Correcto Nasanti, almorcemos y vayamos al laboratorio, y terminando de decir esto: suena mi teléfono celular: es nuestro asistente Antoine Morin quién con una voz un tanto angustiada me pide que vayamos de inmediato a la oficina; ya que hay un par de funcionarios solicitando nuestra presencia para responder algunas preguntas; ellos afirman, qué de no presentarnos ahora, entonces tendrán que citarnos a la central.

Nos parece todo muy extraño porque era día sábado; debe ser algo realmente muy importante.

Nos apresuramos y creo que apenas pasaron unos minutos, llegamos a la oficina y nuestro asistente nos presenta de inmediato a los señores Mayson Bouchard y Ethan Gagnon, ambos vestidos en traje oscuro con corbata y rostros que no permitían advertir sus intenciones; con aspecto bastante rudo, aunque muy educados. Se identifican debidamente como agentes del CSIS, servicio de inteligencia canadiense. Tratando de moderar la sorpresa que se hace evidente en nuestros rostros, les invito a explicar el motivo de su visita, e inmediatamente el señor Bouchard quién parece ser el jefe por su edad más avanzada: saca de su saco la fotografía y pregunta:

¿Conocen ustedes a esta persona?

Claro que sí, le contesto inmediatamente: es proveedor de nuestro laboratorio y conocido de Nasanti desde hace muchos años, su nombre es Zahid Advani de origen pakistaní, él sirve de intermediario con las distribuidoras y es un técnico mecánico de alto nivel.

¿Pueden por favor decirnos a qué se debe esa pregunta?

A lo que el agente responde: lo estamos buscando para que nos suministre información y no hemos podido contactarlo; e inmediatamente añade otra pregunta:

¿A qué se dedican ustedes en este laboratorio?

Antes de contestarle permítame decirle Sr. Bouchard que recibimos la llamada de un familiar de Zahid preocupado porque no tenían contacto con él desde hace algunos días, y aunque él acostumbra a ausentarse por viajes de negocios, nos pareció extraño que no pudieran contactarlo. Ahora volviendo a su pregunta: nuestra empresa está dedicada a la investigación científica a nivel atómico; y todos los permisos de la comisión nuclear están al día, me refiero a la CNSC, y mensualmente esa comisión realiza breves inspecciones de nuestras instalaciones. Aun cuando nuestro trabajo no concuerda exactamente con el tipo de materiales ni las actividades que debían ser reguladas por esa comisión de acuerdo a la normativa, sin embargo, nosotros mismos les solicitamos que lo hicieran por nuestra propia seguridad y tranquilidad. En nuestros archivos pueden ver la última inspección realizada. Por supuesto, nosotros estamos dispuestos a colaborar con sus interrogantes; pero para suministrarles información más detallada tendríamos que consultar primero con nuestro abogado.

No, no es necesario contesta el agente Bouchard, pero quisiera hacerle otra pregunta: ¿Aun cuando no manejan materiales radioactivos en estas instalaciones, podrían decirnos si cualquiera de las siguientes palabras "implosión", "explosión", "detonación" están relacionadas con las actividades y materiales que Zahid suministra a este laboratorio?

Me toma varios segundos digerir lo que pregunta el agente, y en ese preciso momento interviene Nasanti explicando que efectivamente si usamos esa terminología, pero no en su estricto significado, porque podría decirse que realizamos detonaciones a nivel atómico, pero no mediante el suministro de energía con materiales inestables o radioactivos, sino mediante otros métodos. La finalidad de nuestro trabajo, como pueden ver en los informes de las inspecciones de la CNSC es: la medición de efectos del suministro de energía en experimentos de carácter biológico y mecánico; nada relacionado propiamente con explosiones por reacción en cadena.

Muy agradecido por atendernos, contesta Bouchard, no es necesario que nos muestren el informe, lo solicitaremos directamente a la CNSC; y de manera muy educada se retiran lentamente de la oficina, dejando en la habitación una inquietante atmósfera. Nasanti me mira esbozando un gesto de interrogación en su rostro; y es que ambos sentimos que está ocurriendo algo a nuestro alrededor, pero no tenemos idea de qué se trata; algo que ignoramos totalmente. Bouchard parecía canadiense, pero el otro agente tenía alguna mezcla que no sabría identificar, parecía de origen árabe, pero con acento de Europa del este; no pude identificarlo muy bien.

Ahora que se retiraron, pienso que aun cuando no utilizamos materiales radioactivos, los niveles de energía que generamos en nuestras pruebas requieren de altas normas de seguridad y auditorías técnicas; ya que no pueden ser realizados en cualquier instalación, quizás debí informar eso, de cualquier modo ya verán los informes.

Todo este tema de los agentes en nuestra oficina y la supuesta desaparición de Zahid nos trae mucha preocupación.

Ahora me pregunto:

¿Será realmente una investigación acerca de Zahid Advani, debido a su origen pakistaní; o están usándolo como excusa para alguna otra investigación relacionada con nuestro trabajo?

¿Habrán dejado micrófonos en nuestra oficina?

¿Cuáles son sus verdaderas intenciones?

Mucha inquietud surge en nuestras mentes, y la primera idea

que se nos ocurre es consultar con nuestro abogado; de hecho, en este instante eso es lo que está haciendo Nasanti en su teléfono celular.

Al terminar su llamada Nasanti me explica que el abogado piensa que es posible que las autoridades tengan intervenido el correo electrónico de Zahid Advani con triggers automáticos que se disparan cuando detectan palabras claves como las que nos mencionaron. Es una metodología de inteligencia muy común, especialmente aplicada a personas sobre la cuales recaen cualquier tipo de sospecha por su país de origen o por sus relacionados; así se ahorran el tener que leer miles de mensajes. De todos modos, le respondo a Nasanti: en adelante estaremos en estado de alerta, haremos una revisión de posibles micrófonos o cámaras que podrían haber colocado en esta oficina; y trataremos de ubicar como sea a Zahid.

Dicho eso, dejamos ese tema a un lado para dedicarnos a nuestro trabajo; preparamos algo de comer y un café en la máquina de la oficina, y nos disponemos a explicar a nuestro asistente todos los detalles de la exposición.

TRAS LA HUELLA DE LO ABSOLUTO

Nasanti toma la iniciativa y me expresa que debemos exponer todo el tema de manera elemental y clara, ya que asistirán no solamente académicos, sino periodistas, estudiantes, profesionales, empresarios, políticos, y en general cualquier persona interesada. Iniciaremos con todo lo que nos impulsó a trabajar con la luz y el espacio, y luego avanzaremos en los detalles, exclamó Nasanti.

Sabemos que frente a muchas cosas que diremos para motivarlos a reflexionar, la reacción inicial podría adversa. La inquisición moderna puede llegar a ser más devastadora en esta época que en tiempos antiguos, especialmente cuando perciben que algunos de sus intereses podrían ser afectados; pero en esta ocasión los beneficios serán tantos que no tendrán otra alternativa.

Nasanti toma ahora el control: por favor Antoine, activa el grabador de video del computador y ajusta la cámara, ya que iré explicando el texto que muestro en la pantalla del computador, así podrás utilizar luego esta grabación para componer la exposición utilizando el software de presentaciones y animaciones. Atentos, comienzo:

Desde los tiempos de Galileo los científicos conocían el principio de la relatividad básica, el cual nos dice: qué si estamos en un sistema de referencia inercial, es decir, en un sistema aislado que está en reposo o en desplazamiento uniforme a una velocidad constante v; entonces no existe experimento que podamos realizar dentro de ese sistema que nos permita determinar si realmente estamos en reposo o en movimiento. Supongamos que ese sistema es una nave espacial, y desde una ventana vemos otra nave pasar a cierta velocidad: nunca podríamos estar seguros si nosotros somos los que nos movemos o si es esa nave es la que se mueve, o si ambas se desplazan.

Todo experimento que podamos realizar estando en reposo dentro de esa nave, producirá exactamente el mismo resultado que cuando la nave se desplace uniforme a una velocidad constante. Este principio de la relatividad básica no se cumpliría si existiera aceleración o si el experimento no se realizara estrictamente dentro de un sistema aislado.

Un ejemplo del principio de la relatividad básica galileana sería:

Una persona que estando dentro de una nave cerrada, lanza una pelota verticalmente al aire cuando la nave está en reposo, o la lanza de igual manera cuando la nave viaja a una velocidad constante. Ambos son sistemas inerciales, y la pelota siempre caerá exactamente en el mismo punto respecto a quien la lanza.

El resultado del experimento es siempre el mismo en ambos sistemas inerciales; y allí decimos que se cumple el principio de la relatividad básica galileana. Por otro lado, si un elemento externo a la nave como la brisa del aire interviene en nuestro experimento, entonces allí no aplica ese principio, no es un sistema aislado. En ese caso, sería muy sencillo determinar si estamos en movimiento gracias a la brisa que sentimos pasar sobre nuestra cabeza, y eso es importante recalcarlo, más adelante veremos por qué.

El principio de la relatividad de los sistemas inerciales era conocido desde hace mucho tiempo, y dicho principio acarreaba un serio problema para las teorías de Copérnico y Kepler quienes para esa época rebatían la antigua creencia que la tierra permanecía fija en el espacio y era el centro del universo.

Era un contratiempo, porque los cuerpos celestes son como naves aisladas que se desplazan en el vacío, y se puede considerar que lo hacen a velocidad constante. Entonces, si los planetas son sistemas inerciales:

¿Cómo demostrar que el modelo de Kepler sobre el movimiento de los planetas es cierto, sin según el principio de la relatividad básica Galileana no hay manera de saber quién realmente se mueve, o quién está en reposo?

¿Existirá algún punto fijo en el universo que sirva como sistema de referencia absoluto?

Alguien podría argumentar, como de hecho en alguna ocasión me lo planteó un amigo: ¿Cómo es posible que se dude de las teorías que rigen hoy en día, si gracias a esos modelos astronómicos hemos podido enviar sondas a otros planetas, y podemos predecir hasta la aparición de cometas?

La respuesta es simple: Un falso modelo puede funcionar perfectamente para determinados objetivos, pero el que nos permita alcanzar ciertas metas no quiere decir que sea perfecto ni universal. Hay otros modelos imaginables que pueden servir igualmente para hacer lo mismo. La verdad del universo no la posee nadie, y la búsqueda de la verdad última no puede depender de la utilidad específica que pueda tener en algún momento cualquier teoría o idea.

Por esas razones, y frente a nuestra absoluta ignorancia del Universo, era necesario entonces que alguien arrojara alguna luz en este obscuro tema. Y paradójicamente hablando de la luz, para finales del siglo XIX los científicos ya tenían varios lustros investigando acerca de ella, y ya discutían si se comportaba como onda o como partícula, y aún nadie sabe realmente de qué se trata la luz, solo hay teorías aproximadas.

Para intentar entender mejor lo que significa la teoría de la relatividad básica Galileana, y cómo podríamos detectar el movimiento de la tierra, imaginemos primero dos ejemplos:

Ejemplo 1.

Usted se encuentra dentro de una nave inercial aislada que contiene también en su interior un tanque de agua abierto; y usted pulsa la superficie del agua de ese tanque y genera una onda: entonces usted observa que esa onda se desplaza alejándose respecto a usted con velocidad **v**. No importa si la nave está en reposo o en movimiento uniforme usted siempre apreciará esa misma velocidad **v** de la onda sin variación, entonces: en este caso particular si aplica el principio de la relatividad básica.

Según ese principio Galileano usted puede decir que la velocidad de la onda no variará nunca respecto a usted, cualquiera que fuese la velocidad constante a la que se desplace ese sistema inercial que es la nave.

De una manera más general: se puede afirmar que el resultado de cualquier experimento efectuado dentro de un sistema inercial siempre será el mismo; y como consecuencia si quisiéramos saber si estamos en movimiento o en reposo no podríamos comprobarlo mediante ningún experimento realizado con ese tanque y las ondas del agua. Inclusive, si la nave tuviese una ventana para ver otra nave que pasa cerca de usted a cierta velocidad, le sería imposible saber si es usted el que se mueve o es la otra nave, o si ambos están desplazando.

Ejemplo 2.

Para este ejemplo analizaremos tres casos.

Primer caso:

un canal con agua muy largo en una dirección y muy angosto en la otra.

Podemos obviar lo que suceda en la dirección angosta del canal, y consideraremos solamente las ondas de agua que se desplacen en la dirección larga.

Ahora imagine que usted está en reposo respecto al canal, y mediante cualquier procedimiento o mecanismo sela superficie del agua en el canal es perturbada y se genera una onda la cual se desplaza con alguna velocidad constante.

Desde su posición, la velocidad **v** de la onda respecto a usted es constante, ya que usted no está en movimiento.

En un segundo caso, permaneciendo inmóvil el canal de agua, usted se desplaza uniformemente en una nave con velocidad v_t paralela a la dirección larga del canal; entonces percibirá que la onda se desplaza respecto a usted a la velocidad $v\text{-}v_t$.

En un tercer caso del mismo ejemplo 2: su nave ahora se desplaza en la dirección corta del canal:

Mientras su nave pasa por encima del punto dónde se genera la onda, podrá detectar con alguna precisión, que respecto a usted la onda viaja aproximadamente a la misma velocidad v que cuando usted la observó desde el reposo en el Ejemplo 1.

Usted ha realizado tres experimentos en este ejemplo 2, los cuales han dado resultados distintos. Entonces por definición, el principio de la relatividad no se ha cumplido para ese ejemplo 2.

¿Por qué?

La razón es simple: el principio de la relatividad no aplica aquí porque el experimento para medir la velocidad a la que se desplaza la onda respecto a usted, fue realizado utilizando un sistema externo. El canal de agua es externo a la nave, no pertenece al sistema inercial de la nave donde usted está ubicado.

Muchos textos relacionados con la teoría de la relatividad ofrecen este tema cubierto con un inmenso manto de confusión, un océano de conceptos entremezclados, donde al lector realmente le resulta difícil saber exactamente de qué están hablando; y hasta pareciera en algunos casos no existe una intención real de permitir que las personas entiendan claramente el asunto.

Los tres casos del Ejemplo 2 y lo que veremos a inmediatamente a continuación constituyen un tema de mucha importancia; porque más adelante cuando analicemos el experimento realizado por Michelson & Morley para determinar si la tierra se realmente mueve en espacio, se hará evidente la manipulación que ha envuelto todo lo relacionado con la teoría de la relatividad especial.

En esa dirección, transformaremos el Ejemplo 2 de la siguiente manera: imagine que usted despierta de repente en una nave sin motor de propulsión; y en lugar del canal de agua cerca de ella: un infinito e inmóvil océano de agua debajo, y la nave flota sobre ese océano sin tocarlo. El océano tiene un único color sin transparencia alguna; ningún punto de ese océano se diferencia de cualquier otro.

Sobre ese océano la Nada. Entonces, la incertidumbre se apodera de usted, porque no sabe si se dirige hacia algún sitio o está inmóvil. No sabe si está en reposo o si está en movimiento respecto a ese océano.

Usted está ahora en un mundo básicamente similar al del Ejemplo 2, solo han cambiado las formas y las dimensiones, pero la esencia es la misma: una nave y un gran reservorio de agua cercano a ella.

En ese nuevo mundo y por más que pasa el tiempo: usted nunca logra divisar otra nave; y aunque la suya no tiene ningún tipo de procesador de señales, ni radares, afortunadamente cae en cuenta que tiene un radio transmisor. Pasado algún tiempo escucha en esa radio la voz de personas que conducen otras naves, preguntando si hay alguien más en el área y si alguien sabe si están en reposo o en movimiento. ¡Qué alegría! Solo el hecho de saber que hay otros en ese mundo y que pueden comunicarse ya es motivo de gran alivio, pero nadie sabe si algún día se encontraran o si permanecerán aislados por siempre. De repente, a usted se le ocurre perturbar el agua de ese océano de alguna manera para generar una onda, inmediatamente después avisa por radio a las otras naves que una ola está en curso, quienes escuchen ese mensaje reportarán que velocidad miden para esa onda respecto a sus naves mediante cualquier procedimiento óptico. Por supuesto, no hay de qué preocuparse, afortunadamente en este mundo la onda no pierde energía y se desplazará indefinidamente, así que en algún momento posiblemente pueda alcanzarlos, a menos que todos se estén alejando de usted a mayor velocidad que la onda.

Gracias a esa buena onda que usted generó: ¡Su existencia tiene más sentido! ahora comenzará a develarse el misterio ante usted; porque si ellos logran captar la buena onda que usted generó, entonces de alguna manera podrá saber si esas otras naves están en reposo o en movimiento respecto al agua, y con seguridad también usted podrá saber si su nave se desplaza respecto al agua, al observar si se aleja o se queda en el centro de la onda que usted mismo creó.

Luego de algún tiempo, su esperanza se transforma en alegría al escuchar los mensajes de algunos que logran ver la onda y determinan su velocidad, algunas inferiores y otras superiores a la que usted midió. Eso significa, qué si recolectan suficientes datos, podrían triangular y calcular trayectorias, y hasta predecir si se podrán encontrar o al menos divisar en un futuro cercano. Además, si los pilotos de esas otras naves logran visualizar la forma circular de la onda, podrían determinar aproximadamente la dirección en la cual usted se encuentra.

De cualquier modo, y aunque sea necesario recopilar datos y generar varias ondas, ahora la vida es otra no solo para usted sino para las otras naves: gracias a esa buena onda que usted irradió ahora todos podrán planificar sus vidas y sentir que hay un futuro esperándolos.

Lo más importante de este caso, es que las personas en esas naves han utilizado ese océano de agua igual que como nosotros utilizamos el tiempo y el espacio en la mecánica de Newton: como un sistema de referencia absoluto. Se ha asumido que el agua está inmóvil desde donde se observe, de manera similar nuestras medidas de tiempo y distancias son un sistema de referencia absoluto cuando abordamos cualquier problema de la vida diaria: Sin importar el sistema de referencia desde donde hagamos la observación de un evento físico-mecánico, el tiempo transcurrido para un evento y las longitudes de los objetos que participan en ese evento serán siempre medidas de carácter absoluto sin importar el sistema donde se encuentran.

El tiempo y el espacio son referencias absolutas para la mecánica newtoniana.

Ahora avancemos un poco más manteniendo siempre la esencia del Ejemplo 2: Imaginemos el espacio entero del universo totalmente lleno con esa agua; y transmutemos esa agua en una sustancia imperceptible a la cual llamaremos Éter luminifero, el cual permanece inmóvil en el espacio. Transformemos también esa onda que usted generó en el agua, en ondas electromagnéticas de luz que se desplazan soportadas por ese mágico éter luminifero. Y finalmente convirtamos la nave en nuestro planeta tierra. En este ejemplo solo cambiaron los nombres; pero la esencia del conjunto sigue siendo similar a la de la nave y el reservorio de agua.

Si lográsemos realizar experimentos similares a los del Ejemplo 2, asumiendo que el éter es un sistema de referencia absoluto, entonces podríamos establecer si la tierra se mueve o está en reposo respecto a ese éter. De esa manera, lograríamos fundar sobre sólida base científica las teorías del movimiento de los planetas y el sol. Me refiero a las teorías de Copérnico y Kepler quien junto con Tycho Brahe contradijo el modelo astronómico plasmado en el ancestral Almagesto de Claudio Ptolomeo y las órbitas excéntricas de Apolonio de Perga.

Precisamente ese extraño éter luminifero que hemos referido en este último ejemplo, fue la única explicación que idearon los científicos de finales del siglo XIX para justificar el desplazamiento de las ondas de luz en el vacío del espacio infinito; porque toda onda tiene que estar soportada por un medio, y aunque no lo podamos percibir debería haber algo allí en el espacio que sirva como medio para soportar las ondas de la luz.

Lamentablemente en la realidad, las ondas de la luz no pueden ser analizadas con la misma facilidad que analizamos las ondas sobre el agua:

¿Cómo utilizar entonces la luz para la tarea de determinar si realmente nuestra nave (la tierra) se mueve en el espacio?

Las ondas tienen la importante propiedad que cuando interfieren unas con otras se genera una resultante, y esa onda resultante tendrá una amplitud mayor o menor que las que le dieron origen; y además dependerá del desfase y la forma que tengan las ondas que interfieren entre sí.

Para finales del siglo XIX ya se habían realizado experimentos con aparatos llamados interferómetros que demostraban el carácter ondulatorio de la luz. Ese aparato hace que un haz de luz se divida en dos haces que recorren diferentes distancias y finalmente regresan y coinciden en una misma área en una pantalla. La diferencia de tiempo con que llegan a ese punto de coincidencia, es decir: el desfase entre los valles y las crestas de esas dos ondas, produce un patrón de bandas oscuras y luminosas en el área de donde finalmente se encuentran esos haces. Esas bandas son producidas porque: los valles y las crestas de las ondas interfieren entre sí, se suman o se restan dependiendo del desfase; generando zonas (bandas) donde la onda incrementa su amplitud o intensidad luminosa, y otras zonas dónde se reduce.

Ya se habían realizado pruebas donde se demostró que la velocidad de la luz es: c = 300.000 Km/s aproximadamente.

¿Pero esa velocidad está referida a qué sistema?

Evidentemente está referida a la tierra porque es desde la tierra que se ejecutan esos experimentos. Entonces resulta imperativo comprobar el estado de movimiento o reposo de la tierra respecto a algún sistema de referencia fijo en el espacio, y es allí donde juega un papel importante la idea de la existencia de un éter sobre el cual la onda de luz se desplaza en el espacio.

La luz viaja a una velocidad enorme, y la longitud de onda de luz amarilla es del orden de $590 * 10^{-9}$ metros, increíblemente pequeña, a nivel nanométrico, por tanto, no es tan fácil de observar como las ondas en el agua.

Como consecuencia de esa dificultad, Michelson y Morley a finales del siglo XIX crearon un interferómetro especial para demostrar que la tierra si tiene un movimiento absoluto; es decir, que se mueve respecto al inmóvil éter.

Básicamente, un grupo de espejos con una fuente de luz, ubicados sobre una mesa giratoria apoyada sobre una base antivibratoria. El haz de luz original podía orientarse en cualquier dirección respecto al movimiento de la tierra.

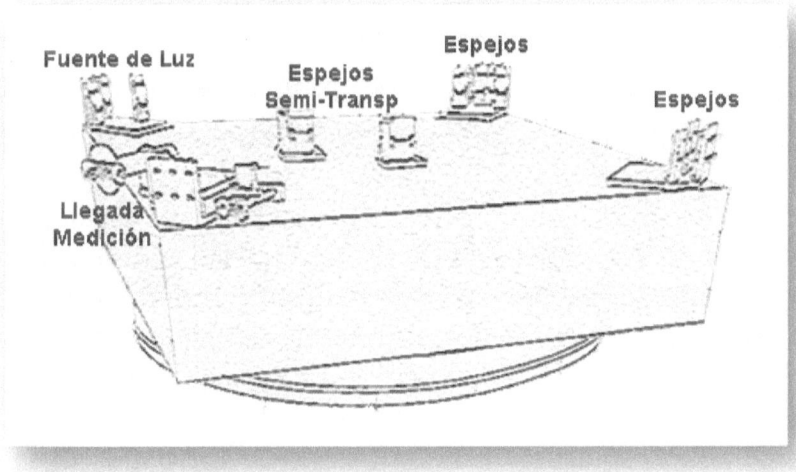

Mediante cálculos matemáticos y geométricos dedujeron que el haz que se mueve en dirección del desplazamiento tierra, llegaría al punto de convergencia en un tiempo menor que el otro haz; y por tanto al encontrarse ambos haces, las crestas y valles de su onda estarían desfasadas.

Ese desfase entre ambos haces formaría en la pantalla un patrón de interferencia conformado por bandas oscuras y otras más claras cuya separación sería igual a la longitud de la onda de luz utilizada.

Como ya se dijo, esas bandas representan zonas de mayor y menor amplitud (luminosidad) de la resultante de ambas ondas.

Desde una fuente de luz emitieron un haz de luz, utilizando diferentes orientaciones de la mesa y en diferentes épocas del año.

Mediante espejos semitransparentes colocados en el área central de la mesa, permitieron que el haz se dividiera en dos, uno en la misma dirección original y otro en dirección perpendicular, ambos haces eran reflejados varias veces en espejos ubicados en las esquinas de la mesa de manera que su trayectoria fuese suficientemente larga, y finalmente regresaban y convergieran en una misma área de llegada. En esa zona de medición es dónde se podrían observar bandas de mayor y menor luminosidad debido a la interferencia constructiva o destructiva de las ondas de los dos haces que convergían allí.

Al girar 90 grados todo el aparato entonces se debía notar un desplazamiento en esas bandas; ya que el haz que antes llegaba tarde ahora llega antes, y viceversa.

El experimento se realizó con toda la precisión requerida, y los científicos de esa época esperaban ver el desplazamiento teórico esperado de esas bandas; pero el desplazamiento obtenido no cumplió con las expectativas. Apenas se pudo detectar un desplazamiento que era 20 veces menor al esperado; y peor aún, los errores propios del experimento podían ser la causa de ese despreciable desplazamiento.

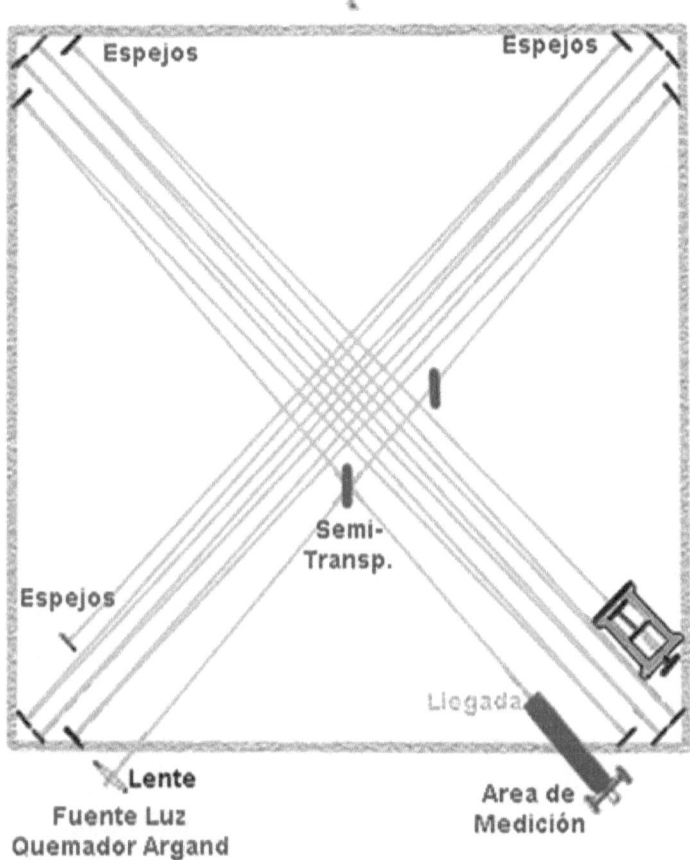

Así, para sorpresa de todos, esas ondas de luz parecían llegar con igual fase al punto de coincidencia, sin importar la dirección en que se colocara el aparato ni la distancia entre espejos, ni la época del año. Por consiguiente, el experimento constituyó un serio revés, ya que no se puede asegurar científicamente que la tierra tiene un movimiento absoluto, e inclusive no se puede asegurar que la luz se comporta como onda.

Le resultaba muy cuesta arriba a los científicos de la época concluir que la tierra no se mueve respecto al éter, y que el esquema planteado por Kepler no era ni lejanamente correcto. Recién había ocurrido una revolución científica que rebatía las ancestrales mediciones de antiguos líderes de la teoría geocéntrica; y por tanto no podían dar un paso atrás. De cierta manera, este tipo de sucesos se repite cíclicamente en la historia de la humanidad: mientras una revolución está en curso nada la va a detener, ni siquiera la verdad.

Los autores del experimento inicialmente defendieron el resultado, aduciendo que eso demostraba que no había viento del éter, que el éter era arrastrado por la tierra en su movimiento y que por tanto la luz también era arrastrada por ese éter, y de esa manera las ecuaciones daban el mismo resultado que el experimento. Pero lamentablemente un científico llamado Fresnel había demostrado que eso estaría en contradicción con la explicación experimental (ya validada y certificada) del efecto de la aberración estelar que está basada en la inmovilidad del éter, y por tanto ese argumento no era válido.

La situación se tornó crítica, y había que buscar alguna alternativa distinta: algo que explicara ese revés sin tener que retroceder ni modificar de manera alguna las teorías astronómicas ya establecidas.

Inmediatamente surgieron todo tipo de teorías relacionadas con la luz, el éter, el tiempo, y el espacio. Se abrió la temporada para la creación de algún esquema más general que abarcara el caso en cuestión. Ahora estaban en juego muchos intereses.

Disculpa Nasanti, le digo:

A esta altura de la narración me veo obligado a interrumpirte, es que muchas personas, especialmente académicos fanáticos de la teoría de la relatividad serían capaces de abandonar la sala; y eso no sería muy beneficioso para nadie. A lo que Nasanti me responde: Primero Simeón, todos saben muy bien que muchos académicos de esa época quedaron muy insatisfechos tanto con ese resultado como con las teorías que trataban de justificar ese revés, tanto así, que después de muchos intentos, recientemente para 1960 volvieron a realizar ese experimento de M&M, esta vez utilizando relojes atómicos y el resultado fue el mismo, y para estos días todavía nadie termina de entender realmente lo que sucede allí; además Simeón: bien sabes que no es tiempo ahora de cuidar las formas; estamos iniciando una nueva era la cual no dependerá de la opinión de nadie. La iniciativa ahora es nuestra, ya tenemos décadas sometidos a la dictadura de demasiadas teorías egocéntricas, ya basta de colocar parches. Pero no te preocupes, respeto mucho tu sugerencia, y usaré diplomacia, pero no podré evitar enfatizar: que el problema no es la generación de nuevas teorías sin importar lo absurdas que pudieran parecer, eso por el contrario puede ser bueno en algunas ocasiones. El problema es que posteriormente esas teorías no son tratadas como lo que son, sino que muchos académicos en sus publicaciones y alocuciones hablan de ellas como hechos ya comprobados y consumados; y las utilizan como medio para ejercer poder sobre otros, y para la obtención de recursos financieros y posiciones de privilegio. Todo se convierte en un ciclo vicioso que no parece tener fin porque hay demasiados intereses económicos en juego que nada tienen que ver con la ciencia.

Guardo silencio asintiendo lo que acaba de decir Nasanti, y lo respaldo sabiendo que debido a intereses personales y económicos siempre encontraremos alguna fuerte oposición inicial. De cualquier modo, no deja de sorprenderme la actitud ahora algo agresiva de Nasanti, ya que su carácter siempre fue conciliador y apacible, muy contrario al mío. Evidentemente los resultados de nuestro trabajo le ayudaron a colocarse en una perspectiva diferente, y por tanto sin dudarlo no haré más comentarios, y lo exhorto a que continúe su exposición.

Gracias Simeón, por favor continuemos con la exposición, y veamos ahora cuáles fueron nuestras dudas, y posteriormente nuestras objeciones acerca del experimento de M&M:

M&M determinaron matemáticamente en su artículo para el American Journal of Science titulado "On the relative motion of the Earth and the Luminiferous Ether", que la diferencia entre las distancias recorridas por los dos haces es:

$$L \frac{V_t^2}{C^2}$$

Y al rotar en 90 grados el desplazamiento de las bandas en la pantalla sería el doble de esa cantidad, ya que se invierte simétricamente el efecto:

$$2L \frac{V_t^2}{C^2}$$

En este punto, Michelson y Morley dicen que si la velocidad de la tierra v_t es 30 Km/seg. entonces el orden de magnitud de ese desplazamiento sería:

$$2L*(2x10^{-8})$$

La longitud de onda de la luz amarilla que utilizaron mide aproximadamente:

590 nanómetros= 590x10^{-9} metros

La longitud L del brazo del aparato es L=11.8 metros.

Por tanto, el mencionado desplazamiento de las bandas de interferencia:

$$2L \frac{V_t^2}{C^2}$$

estaría en el orden de cuatro décimas la longitud de onda de esa luz amarilla.

Sin embargo, el experimento arrojó como resultado apenas 1/20 del desplazamiento esperado para las bandas de interferencia, y según sus mismas palabras probablemente era en realidad 1/40 debido a posibles errores del sistema, y por tanto concluyeron que la velocidad de la tierra respecto al éter sería menor que una sexta parte su velocidad orbital alrededor del sol, y con seguridad menor a 1/4 de esa velocidad.

Es importante reconocer la similitud de este experimento con el Ejemplo 2 que analizamos anteriormente, ya que en ese caso no aplicaba el principio de la relatividad básica de Galileo, esto es: que cualquier experimento realizado en reposo o en movimiento debe dar el mismo resultado, ya que no se trataba de un solo sistema inercial sino dos sistemas: la nave y el canal de agua. En el experimento de M&M el planeta tierra y el éter son igualmente dos sistemas inerciales distintos, y sin embargo el experimento estaba dando siempre el mismo resultado, lo cual era una contradicción.

En las conclusiones, M&M admitieron que la tierra se movía mucho menos de lo esperado, cosa que tenía que resultarles bastante extraña, porque aparte de otras consideraciones: ¿Qué ocurre entonces con los modelos astronómicos aceptados? ¿Cuál debería ser la velocidad y trayectoria del sol respecto del éter, para que la velocidad de la tierra respecto al éter sea mucho menor que la de 30 Km/seg. alrededor del sol?

Pero, en ese experimento se utiliza la velocidad orbital de la tierra alrededor del sol la cual está referida a otro sistema: el sol. La velocidad de la tierra respecto al éter es desconocida, determinarla era uno de los objetivos del experimento. De manera que ese dato no tenía por qué ser considerado en ningún cálculo, sin embargo, lo usaron en todas sus estimaciones, y eso no tiene sentido ni siquiera como aproximación.

Otro aspecto clave, es un criterio de cálculo correcto introducido por M&M en su segunda versión del experimento, gracias a las observaciones que les envió un físico-matemático de nombre Poitier y luego por un análisis muy detallado del conocido científico Lorentz, que consiste en la influencia del movimiento de la tierra en el desplazamiento del haz de luz perpendicular al movimiento, aspecto éste que no fue considerado en el primer experimento de Michelson. Como veremos más adelante, ese criterio posteriormente quedó anclado como un silente y misterioso gazapo y muy convenientemente, en todos los análisis y teorías creadas posteriormente.

La trayectoria del haz de luz que va dirigido perpendicularmente al viento del éter, es decir, perpendicular al desplazamiento de la tierra, fue esquematizada por Michelson y Morley en el artículo original de la siguiente manera:

Como se puede ver en la siguiente gráfica, la trayectoria es una V invertida *a-b-a₁*, supuestamente producto del viento del éter que está inmóvil, el cual se percibiría cuando la tierra se mueve a través de él, hipotéticamente tal como sentiríamos el viento en la cara al viajar en tren al descubierto aun cuando el viento estuviera inmóvil, o en otro sentido, tal como sentiríamos la corriente de un río cuando tratamos de atravesarlo.

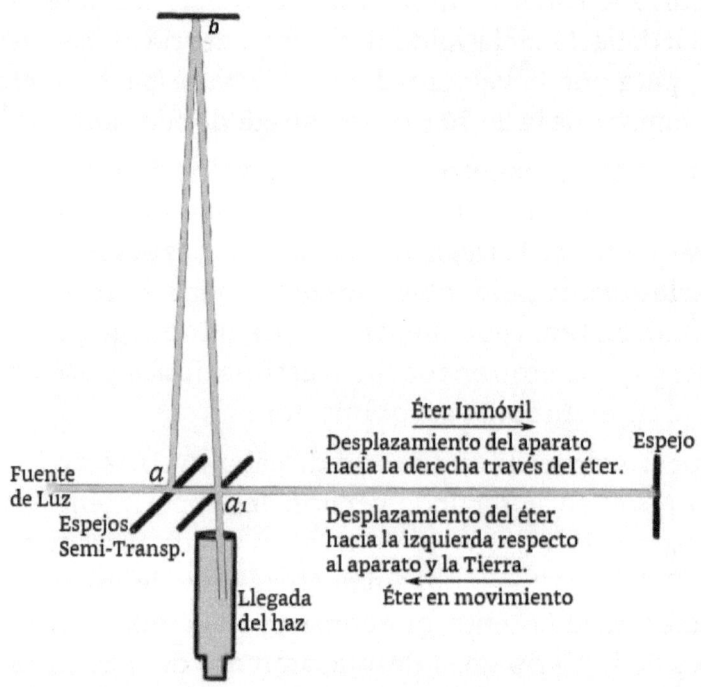

Para poder aprobar o desaprobar la imagen ofrecida por M&M, debemos recordar que la onda de luz se supone que se apoya en el éter el cual además está en reposo según lo indicado por M&M. Al moverse el aparato debido al desplazamiento de la tierra, entonces hay dos puntos de vista válidos para visualizar lo que sucede con el haz de luz:

1. Asumir como sistema de referencia o punto de vista el éter inmóvil, y es el aparato el que se mueve

2.- Asumir como referencia la tierra, es decir que el aparato está inmóvil y es el éter el que se mueve hacia la izquierda de la imagen (ese sería el viento del éter que observaríamos debido al desplazamiento de la tierra-aparato.

Para ambas opciones, la gráfica dibujada por M&M no tiene sentido, especialmente debido a ese espejo en el punto *a* que parece indicar el inicio de la trayectoria perpendicular del fotón de luz en lugar de ser el final del recorrido; pareciera que con ese gráfico intentaron esquematizar alguna equivalencia con el conocido fenómeno de la aberración estelar.

Por supuesto, la geometría final de la trayectoria que indica M&M concuerda perfectamente con los cálculos de distancia y tiempo recorridos por el haz, pero la verdadera gráfica de la trayectoria tomando como referencia la tierra se debería mostrar de la manera que veremos a continuación.

En la siguiente gráfica que muestra solo la trayectoria del haz vertical, Una vez que el fotón deja el espejo en *a* y se dirige hacia *b*, va sujetado al éter y se desplaza verticalmente en él, pero desde el punto de vista del aparato (tierra), se le ve alejándose desplazado junto con el éter hacia la izquierda y con velocidad lateral igual a la del aparato.

La impresión desde el aparato es entonces el viento del éter que arrastra al fotón; pero de acuerdo a los experimentos de aberración estelar ya era conocido que el éter no se mueve, y como ya dijimos el fotón en realidad se desplaza verticalmente soportado por ese misterioso medio.

La geometría final de ambas imágenes coincide para efectos de cálculo, pero no expresan la misma cosa, y eso ha producido confusión en mucha gente, porque lo que aparenta a primera vista la imagen de M&M es un haz de luz avanzando hacia adelante (en esa V invertida) junto con el aparato, como si la velocidad del aparato le hubiese dado un impulso lateral.

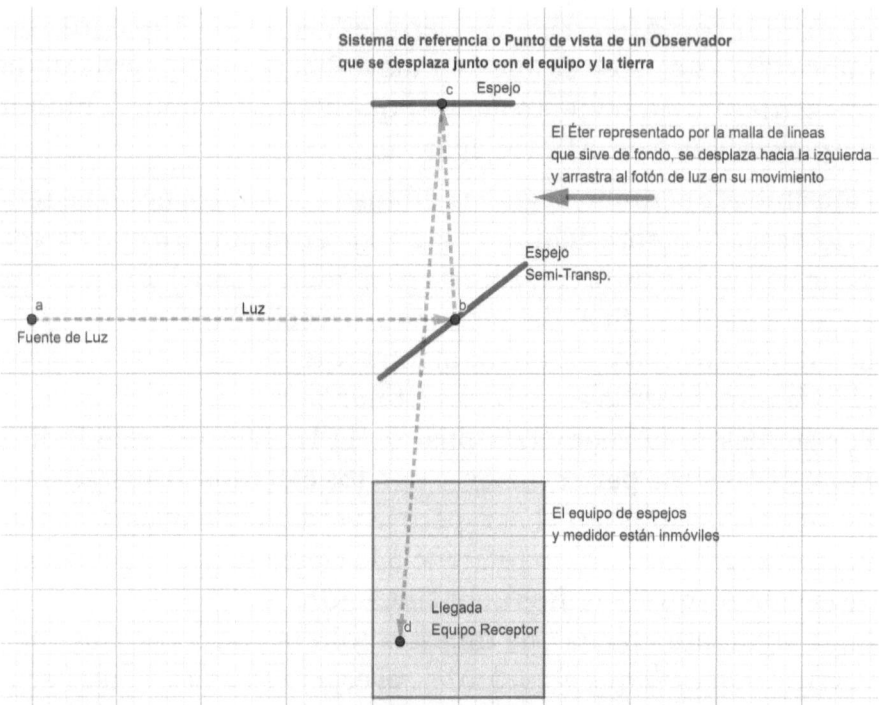

Ese impulso lateral sugerido por esa imagen de M&M, sirvió como herramienta a los relativistas, para convencer a la gente que el tiempo es relativo y no absoluto, por cierto, que en adelante con la palabra "relativistas" me referiré a todo fanático de la relatividad especial de Einstein; lo aclaro para recalcar que ese apodo no está dirigido a la relatividad galileana.

Efectivamente, esa trayectoria en V invertida, fue utilizada para un experimento mental, que analizaremos en detalle más adelante, y el cual consiste en un reloj construido con un par de espejos paralelos y un fotón de luz rebotando entre ellos (de alguna manera similar al caso del experimento de M&M), el sistema del reloj se desplaza, y entonces los relativistas explican que un espectador desde afuera (desde otro sistema inercial en reposo) observaría que el fotón se desplaza hacia adelante en una trayectoria de V invertida, y aquí hay que detenerse un momento, porque hay que acotar que para el momento de la narrativa de ese "reloj imaginario" ya el éter había dejado de existir, porque como detallaremos más adelante su existencia fue descartada por Einstein y los relativistas debido al fracaso del experimento de M&M. Sin embargo, ellos mantuvieron esa trayectoria en forma de V invertida de M&M, sin explicar la causa de ese movimiento lateral de la luz supuestamente visto desde el reposo.

En ese reloj imaginario y sin la existencia del éter, una trayectoria inclinada hacia adelante solo podría ser explicada si se considera que el fotón de luz es una partícula de materia a la cual el desplazamiento del reloj le imprime un impulso lateral en la dirección de ese movimiento, tal como ocurriría cuando uno lanza una pelota hacia arriba en un vehículo en movimiento y la pelota es observada desde afuera del vehículo por alguien que está en reposo.

Nadie hasta la fecha, ha demostrado que la luz puede recibir un empuje lateral como el referido. Todo esto lo detallaremos más adelante junto con un experimento real que ideamos para demostrar la invalidez de esa trayectoria en ese reloj imaginario; pero primero analizaremos qué fue lo que condujo a la creación de ese experimento mental para intentar demostrar la relatividad del tiempo, así como muchas otras exquisiteces que uno no desearía pensar que fueron propuestas de esa manera con alguna obscura intención, en verdad, uno no desea pensar eso.

El punto importante aquí es que el fracaso del experimento, condujo a Michelson a decir que seguramente el éter era arrastrado por la tierra, y por ende la luz también, y ese argumento hacía que el resultado coincidiera con los cálculos. Lamentablemente para Michelson, ese argumento no se podía sostener ya que cierto tiempo atrás: el científico Fresnel había demostrado que el éter no se desplaza y no puede ser arrastrado, gracias a sus experimentos de la aberración estelar.

El resultado del experimento de M&M, indicaba no solo una contradicción con la velocidad estimada de la tierra sino con el esquema planetario en general aceptado para la época, pero ese revés no iba a ser la causa de algún cambio en el estatus-quo revolucionario copernicano que venía gestándose desde algunos siglos atrás.

Puesto que no podían decir que la tierra no se mueve, entonces la explicación era que la luz se comporta igual sin importar que la tierra se mueva o no, es decir que tiene velocidad constante. Y puesto que en el sistema de ecuaciones que utilizó Maxwell para modelar la onda de la luz, su velocidad se calculaba en función de dos constantes, la permeabilidad ε y la permisividad μ del vacío:

$$c = \sqrt{\frac{1}{\varepsilon_0 \mu_0}}$$

Cuya configuración es similar a la ecuación de la velocidad del sonido en el aire. Entonces, al depender de dos constantes esa velocidad debía ser una constante, pero para el medio en la cual se mide, no para cualquier observador, las ecuaciones de Maxell no estaban basadas en ningún criterio relativista especial.

En resumen, Einstein junto con otros que le siguieron, idearon como posible solución al conflicto el considerar que no era necesaria la existencia del éter, y que la velocidad de la luz es igual para cualquier sistema de referencia, porque el principio de la relatividad básica galileana si aplicaría si se elimina el éter, ya que solo existiría un sistema inercial aislado: La tierra.

Pero la utilización de Maxwell de dos constantes que supuestamente eran propiedades de algo (que llamaron vacío y que al fin y al cabo es el espacio mismo) implicaba que si un "algo" tiene una propiedad entonces ese algo existe, no puede ser la nada, y por esa razón es que los primeros estudiosos bautizaron a ese algo con el nombre de éter. Entonces, si se usan esas constantes en las ecuaciones de Maxwell y da que la velocidad de la luz es una constante, entonces no se puede eliminar la noción de un éter. Es evidente, que todo es una contradicción absurda, solo elucubraciones, porque es elemental preguntarse lo siguiente:

¿A qué sistema está referida la velocidad calculada en las ecuaciones de Maxwell?

¿Acaso no es respecto al éter?

La luz pasó a ser una onda que en realidad no es onda porque inexplicablemente no tiene un medio donde desplazarse, pero tampoco es partícula, nadie lo ha demostrado. De esa manera, al descartar el éter y al afirmar que la luz viaja a la misma velocidad sin importar desde donde se le observe, entonces: era lógico que el experimento de M&M no diera el resultado esperado, y por tanto quedaba totalmente descalificado como método válido para ofrecer cualquier conclusión acerca de la luz y el movimiento de la tierra.

La conclusión de Einstein fue que no importa la velocidad a la que uno se mueva, la luz siempre se desplazará a aproximadamente 300.000 km/seg., desde dónde sea observada, sea quien sea quien esté en reposo o en movimiento. Esa fue la única manera que encontró Einstein de arrojar al suelo la mesa y el tablero de juego. La solución era invalidar totalmente el experimento de M&M, entre muchas otras cosas.

Es evidente la similitud entre el experimento de M&M y el experimento del Ejemplo 2 mostrado al inicio de esta exposición, el cual utilizamos para explicar casos en los cuales no aplica el principio de la relatividad galileana. Einstein y su grupo sabían eso, y se encontraban en una encrucijada, una emboscada que le tendió la luz al grupo de revolucionarios copernicanos, y frente a eso decidieron saltar la barda y huir hacia adelante afirmando que el éter no existía. De esa manera eliminaron lo que correspondería al canal de agua de nuestro Ejemplo 2, y así solo queda la nave: el planeta tierra; donde si aplica el principio de la relatividad básica por ser un solo sistema inercial, y por tanto el experimento de M&M no tenía sentido, no daría ningún resultado valedero, ya que es imposible determinar si uno está en reposo o en movimiento dentro de un sistema inercial.

Por supuesto no se sintieron nunca obligados, a explicar cómo se traslada esa onda de luz si no hay un medio que la soporte. Y esas preguntas quedaron sin ser respondidas hasta el día de hoy. Ningún académico asumió el liderazgo para luchar contra todo ese absurdo, pareciera más importante para muchos académicos mantenerse con la corriente del uso y continuar ocupando sin perturbación algún conveniente, tranquilo y provechoso lugar en el status-quo, con seguro, prestaciones y jubilación.

Más desagradable aun es el silencio de tantos cuando esas teorías relativistas son expuestas en los auditorios de algunas universidades; que no se le ocurra a algún espectador levantarse a protestar, porque su estadía en la institución se le hará muy difícil.

Pero el teatro tenía que ser montado con todos sus elementos, el telón, las luces, los efectos y la utilería, y por esa razón toda esta vuelta que le dieron al experimento de M&M, fue adornada por Einstein con un ejemplo de Simultaneidad de Eventos, donde basado en sus dos postulados:

1.- El principio de la relatividad básica galileana

2.- La velocidad absoluta de la luz

concluyó que es imposible determinar la simultaneidad de dos eventos separados por una distancia, y por tanto es imposible determinar el movimiento respecto al éter utilizando la luz. Y con eso terminaba de darle sepultura definitiva al experimento de M&M. El experimento mental de simultaneidad con el que manipuladoramente expuso ese argumento, se trata de un foco que dispara fotones y está colocado en un vehículo que se desplaza a velocidad constante v, el foco dispara al mismo tiempo, fotones en la dirección del movimiento y en la dirección contraria, y a igual distancia del foco dentro del vehículo se encuentran sensores que detectan si los fotones llegan al mismo tiempo ya que fueron sincronizados al inicio. De esa manera, quien está dentro del vehículo ve que los fotones llegan al mismo tiempo, pero observador afuera en reposo ve que llegan a distinto tiempo porque la velocidad de la luz es constante, no se ve afectada por la velocidad del vehículo.

Pero siempre hay algo escondido que no mencionan:

¿Y si se coloca adicionalmente, otro foco distinto que dispare fotones hacia arriba y hacia abajo, es decir, en la dirección perpendicular al movimiento:

¿Habría simultaneidad de eventos?

Para el foco que dispara verticalmente sí la hay, ambos observadores los verían llegar al mismo tiempo, pero para el otro foco que dispara horizontalmente no la hay. Eso quiere decir que esa prueba de la simultaneidad de Einstein no sirve para demostrar nada, porque sí se puede medir la simultaneidad en una dirección. De la misma manera, qué Einstein invalidó el experimento de M&M por una contradicción, entonces también su demostración de no-simultaneidad es igualmente inválida, porque hay una contradicción y no puede ser utilizada para demostrar que no se puede medir la simultaneidad. Resulta insólito que en ningún texto mencionen nada acerca de colocar otro foco en la dirección perpendicular, es abrumador ver la parcialidad fanática y absurda que se creó alrededor del relativismo especial.

Y durante muchas décadas muy poca gente opuso resistencia a todo eso, seguramente debido a los intereses en juego, y es que por más que no sea aconsejable, el tema científico no se puede desligar de los temas políticos y económicos.

Afortunadamente en los últimos tiempos y gracias a la internet, la libertad de expresión de los que no están de acuerdo con todas esas teorías se ha incrementado exponencialmente, y ahora vemos innumerables personas alzando su voz contra el relativismo en todo tipo de foros en las redes, y mucha gente se entera ahora de detalles que desconocían en esa área, porque antes solo tenían acceso a textos que de manera incondicional apoyaban el relativismo. Aún a pesar del poder económico de los consorcios que se han beneficiado durante décadas de todo esto, sin embargo, el libre albedrío se abre paso, lento pero seguro. Y cuando todas esas personas de alma libre y criterio propio se enteren de lo que se revelará aquí entonces ese será el fin definitivo de fanatismo relativista-general, y lo más importante, será el inicio de una nueva era.

Retomando el tema, toda clase de elucubraciones surgieron alrededor de los conceptos del tiempo y el espacio: Einstein y varios científicos de la época idearon un nuevo marco "más general" cuyo corazón palpitante básicamente latía al ritmo relativista del reloj imaginario que comentamos antes:

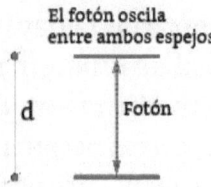

Un haz de luz rebota entre dos espejos que se encuentran en reposo respecto a su observador, y ya que la distancia total de ida y vuelta del haz de luz es **2d** y la velocidad de la luz es **c**.
Entonces el tiempo necesario para una oscilación completa de ese haz es:

$$t = \frac{2d}{c}$$

Ese aparato podría ser utilizado entonces como un reloj medidor del tiempo **t**, por cualquier persona que se encuentre dentro de ese sistema de referencia conformado por los dos espejos. Si ahora todo ese sistema se desplaza horizontalmente hacia la derecha con una velocidad uniforme **v**:

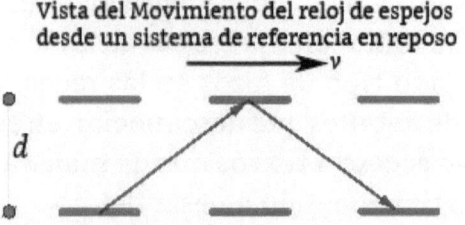

Entonces según lo que indican todos los textos de los relativistas especiales y de buena parte de la comunidad académica, el observador que está afuera en reposo ve la luz desplazarse siguiendo una trayectoria inclinada.

Por el principio de la relatividad galileana, un observador que se encuentre dentro de ese sistema en movimiento ve la luz desplazarse hacia arriba y hacia abajo sobre una vertical, es decir que el tiempo de una oscilación del haz de luz es:

$$t = \frac{2d}{c}$$

pero un observador que se encuentre fuera de ese sistema y en reposo, apreciará lo que se muestra en la figura, que la luz recorre una trayectoria inclinada cuya longitud total es mayor que $2d$.

El problema ahora es que de acuerdo a Einstein la velocidad de la luz es igual sin importar el sistema desde el cuál sea observada.

Por consiguiente, para el observador externo el haz de luz recorre ahora mayor distancia, pero a la misma velocidad c de la luz.

Por lo tanto, el tiempo total necesario para una oscilación es:

$$t = \frac{2d}{c\left(\sqrt{1 - \frac{v^2}{c^2}}\right)}$$

Es decir, el observador que se encuentra en el exterior de ese sistema y en reposo, aprecia que transcurre más tiempo que el que apreciaría el observador que se encuentra moviéndose junto con el reloj, y el factor de incremento del tiempo es:

$$\Psi = \frac{1}{\sqrt{1 - \frac{v^2}{c^2}}}$$

y si la velocidad de ese sistema de espejos llegara a ser igual a la de la luz entonces ese factor Ψ tendría un valor infinito, lo que quiere decir que él observador exterior apreciaría que el tiempo que tarda en oscilar la luz es infinito, el tiempo se detendría. Sin embargo, si desde el punto de vista de un observador externo, el tiempo dentro de ese sistema que viaja a la velocidad de la luz es infinitamente lento, entonces no hay tiempo, y para ese observador la luz realmente no se desplaza entre los dos espejos; ni siquiera llega a ver el haz de luz, y no hay tiempo que pueda medir.

Apartando esas consideraciones, continuemos con el análisis del caso: Lorentz utilizó expresiones como la del factor Ψ para argüir que la causa para que el experimento de M&M no reflejara nada (siendo que las distancias recorridas por los haces eran distintas y la velocidad de la luz era constante), era que el éter comprimía el espacio en un factor similar a Ψ, y así se podían cuadrar todos los resultados contradictorios de ese experimento, comprimiendo y alargando espacio y tiempo para que todo cuadre. Similar a como lo haría un contador para forzar que las cuentas de una compañía cierren como sea.

Además, ya que también se puede argüir que los átomos de la materia están controlados por campos electromagnéticas entonces todo resulta controlado por este fenómeno relativista de compresión y expansión del espacio y el tiempo.

Pero, un momento, si a ese reloj imaginario lo acompañamos del otro reloj similar pero en posición horizontal, es decir, el mismo caso del experimento de Michelson, pero ahora son dos aparatos separados similares, que viajan a la misma velocidad y un observador en reposo los ve desplazarse, entonces ese observador percibiría dos tiempos distintos, uno para el reloj en posición vertical y otro para el reloj horizontal, entonces, la conclusión sería que para un mismo objeto y el mismo observador: existen tiempos distintos en infinitas direcciones; eso lo que demuestra es que ese experimento mental del reloj tampoco sirve para demostrar nada, al igual que el de la simultaneidad.

Esto y muchas cosas más, no son mencionadas en la literatura, y no causarían el más mínimo remordimiento o preocupación en los relativistas especiales debido a su fanatismo lunático. Por mi parte, considero que lo que han hecho muchos académicos con este tema no tiene excusa alguna.

De acuerdo a los dos postulados de Einstein ahora el tiempo es relativo, ya no es absoluto como en la mecánica de Galileo y de

Newton. Aunque muchos afirman que la teoría de Einstein ha sido comprobada mediante múltiples experimentos, hay muchísimos otros académicos que opinan lo contrario y con bases científicas muy sólidas, sin embargo, todos ellos son aplastados por los intereses de grandes consorcios que participan en ese negocio desde sus inicios.

Resumiendo, los científicos de la época decidieron no exponerse a la humillante tarea de revisar otras posibles alternativas al sistema planetario impuesto desde los tiempos de Kepler, o revisar la teoría de Maxwell, y por consiguiente decidieron establecer como dogma que la luz es una onda que no necesita medio para trasladarse, es una onda que no es onda. Sin poder dar una explicación medianamente coherente de cómo se desplaza la luz en el vacío total, algunos han llegado al extremo de decir que no interesa saber nada de eso, mientras sirva para demostrar la teoría especial de la relatividad.

Luego de imponer toda esa teoría en todo tipo de publicaciones y medios, y construir toda una industria a su alrededor, pudieron entonces avanzar más allá en toda clase de teorías descabelladas. La academia se había transformado en una especie de bufete de abogados de la teoría de la relatividad especial, y todo académico debe respetar el nuevo Contrato-Académico, so pena de ser acusado y sentenciado, además de quedar sin posibilidad alguna de poder publicar ningún artículo en ninguna de las famosas revistas financiadas por los consorcios que promueven la teoría de Einstein desde hace tantos años. Un nuevo conglomerado económico había surgido gracias al experimento de M&M, aunque esa no hubiese sido ni remotamente su intención.

Michelson y Morley al parecer no opusieron demasiada resistencia ante todas las teorías emergentes, por lo menos públicamente; sabemos el destino que les hubiese esperado. A tal extremo llegó la publicidad favorable de la teoría de la relatividad general, que mucha gente piensa que la bomba atómica fue el resultado directo o indirecto de la ecuación de Einstein:

$$E=mc^2$$

eso es totalmente falso. Además, ningún aspecto de la teoría de la relatividad ha sido de utilidad alguna para la humanidad, simplemente han invertido miles de millones de dólares para realizar experimentos intentando demostrar que la teoría se cumple, pero mientras más experimentos hacen, más argumentos surgen en contra de todo lo dicho por Einstein; y al mismo tiempo más dinero acumulan con cada intento.

Todo lo explicado hasta aquí, nos motivó grandemente a tratar de demostrar la posibilidad o imposibilidad de la trayectoria en V invertida del haz de luz impuesta en los libros de texto que explican la contracción del tiempo y el espacio, especialmente en esa imagen del reloj con el haz de luz rebotando entre espejos, y siendo observado desde otro sistema inercial.

Por esa razón decidimos realizar un experimento, para comprobar si la luz puede adquirir un impulso lateral que la haga desplazarse de esa manera. Ese experimento fue el inicio del camino hasta lo que finalmente se develó ante nosotros, y que la audiencia conocerá al final de esta exposición.

En la figura se muestra el esquema básico del experimento, una fuente de láser se hace girar en un círculo de radio 1 metro, a 20000 revoluciones por minuto, lo cual equivale a una velocidad lineal de 2094.4 m/s.

Cuando el haz del láser pasa por el punto *a*, el obstáculo colocado allí impide el paso del haz hacia el sensor que está a 72 mtrs. y los fotones que hasta llegar a ese punto *a* venían hipotéticamente con un impulso lateral debido a la velocidad lineal que le imprimió el movimiento rotatorio, siguen la trayectoria inclinada indicada *a-b'*, y en lugar de impactar en el punto *b* del sensor, lo fotones de luz impactan en el punto *b'*.

Ya que la luz viaja a tanta velocidad, necesitamos saber cuál es el tiempo que se tarda la luz en recorrer la distancia *a->b*. y con ese tiempo podemos determinar la desviación lateral b->b' que tendría el fotón.

Se determinó que para una desviación $b\rightarrow b'$ igual a 0.5 milímetros la distancia $a\rightarrow b$ debía ser 71.57 metros. De esta manera:

Tiempo necesario para recorrer lateralmente 0.5 mm a velocidad de 2094 m/s:

$$t = d/v_t = 0.0005/2094.4$$

y en ese lapso de tiempo t, el fotón habría recorrido la distancia:

$D = c*t = 299792458 * (0.0005/2094.4) = 71.57$ metros

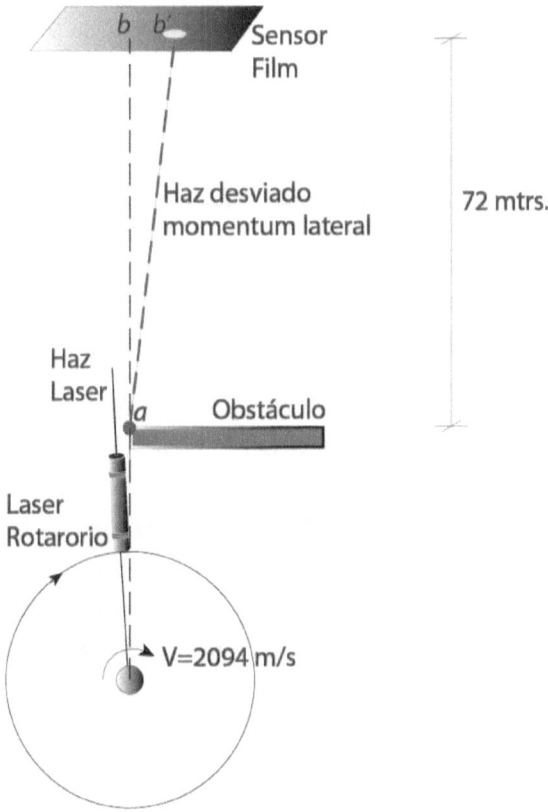

Por consiguiente, en nuestro experimento debemos fijar una distancia de 72.0 metros ($a\rightarrow b$) para que el fotón se desvíe aprox. 0.5mm ($b\rightarrow b'$).

Se intentó reducir la distancia de 72.00 a 8.00 metros mediante 9 espejos, pero la tecnología necesaria para que los espejos pudieran reflejar un ángulo de incidencia casi perpendicular (demasiado cercano a 90°) nos impidió realizarlo ya que luego de contactar muchos distribuidores no pudimos tener certeza que los espejos funcionarían con la precisión requerida. Por tanto, debimos conseguir un film sensible especial dónde se pudiera detectar el desplazamiento de 0.5 mm, y también se intentó mediante cámara digital receptora de muy alta resolución óptica, ya que un pixel equivale a aproximadamente 0.26 mm, se podría entonces diferenciar el desplazamiento de 0.5 mm que equivaldría a aprox. 2 pixels.

El resultado fue definitivo, el detector fotoeléctrico indicó que ningún fotón de luz llegó al punto b', nunca pasaba hacia la derecha de b. Se realizaron varias modificaciones de distancias y se incrementó la velocidad lineal de la fuente de luz; sin embargo, los resultados de esas variaciones confirmaron rotundamente que la luz no se desvía lateralmente debido a la velocidad lineal de la fuente, y por tanto la trayectoria mostrada por los relativistas en sus explicaciones acerca del tiempo relativo caían ante nosotros como falso mito.

Todo lo lo establecido en ese reloj imaginario era una gran mentira, y de antemano, ya resultaba absurdo que hablaran de la velocidad constante de la luz, es decir, que no es afectada por la velocidad de la fuente, y al mismo tiempo utilizaran esa trayectoria inclinada que implica que la luz si es impulsada por el movimiento lateral, eso no tenía justificación alguna.

De cualquier modo, esto demostraba la falsedad de ese impulso lateral de la luz, y rebate los argumentos expuestos en los textos modernos que intentan fanática e irracionalmente dar apoyo a la teoría de la relatividad especial y las ideas relativistas del espacio y el tiempo.

Ninguna institución hasta la fecha parece haberse interesado nunca en comprobar la veracidad del impulso lateral del fotón de luz indicado por los relativistas en sus esquemas. Inclusive, en toda información difundida en internet acerca del experimento de Michelson y Morley, siempre muestran una trayectoria del haz perpendicular de la misma manera que la exponen los relativistas en sus exposiciones sobre el tiempo relativo, y eso es curioso porque parecieran obviar el hecho que Michelson asumía la existencia de un éter mientras que los relativistas no.

En resumen, lo que quiero decir, es que pareciera existir una intencionalidad en crear confusión en este tema, en no clarificar en detalle lo que sucede con esa trayectoria del haz perpendicular (como se puede ver en todos los videos difundidos en la internet), y como evidenciamos anteriormente en el caso del experimento del reloj imaginario y en el de la simultaneidad.

Pero lo peor de todo, es que han pretendido hacer creer a la gente, que el punto de vista cambia la realidad, es decir, que si alguien acepta que todo está bien con ese reloj imaginario entonces tiene que aceptar que el tiempo y el espacio cambian en el sistema observado y en el observador, más al punto:

> *Si sumerjo un lápiz en el agua, lo veo doblado y puedo medir que su longitud es 5 cm, pero desde el punto de vista de alguien que esté dentro del agua el lápiz tiene forma recta y mide 10 cm ¿Quiere decir que el espacio se contrae?*

Por supuesto que no, es ridículo solo mencionarlo, mi punto de vista jamás cambiará el mundo real, ni el tiempo, ni el espacio cambiarán, simplemente hay que encontrar la explicación al fenómeno observado, y si no se encuentra: insistir en buscarla, pero no optar por plantear como cierto lo que es falso, o maquinar manipulaciones que no pueden ser demostradas.

Sin embargo, a tantas personas inclusive académicos le ha parecido una gracia afirmar ese tipo de barbaridades basándose en el reloj imaginario, aun a pesar que la trayectoria de la luz que esquematizan allí es totalmente falsa, y lo saben.

Por supuesto, a lo largo de los años nunca invirtieron un solo centavo en corroborar esa trayectoria inclinada de los relativistas, sin embargo, para intentar convencer al mundo que Einstein tenía razón acerca de su pandeo del espacio-tiempo y sus ondas gravitacionales, se han invertido y se siguen invirtiendo fortunas como por ejemplo en los proyectos LIGO y LISA, solo accesibles a una 'coterie' selecta, e inaccesible al público educado en general. De manera, que todo queda reducido entonces a tener fe ciega en lo que esa 'coterie' dictamine acerca de los resultados de esos experimentos; exactamente lo mismo que ocurría en antiguas tribus como la de acadios y sumerios, quienes debían tener fe en los resultados de las consultas del rey ante los dioses Anu, Enki, Enlil e Innana, so pena de ser ejecutados.

Hago una pausa ahora en mi exposición, por favor discúlpenme Antoine y Simeón; aunque parezca muy extraño y ajeno al tema que estamos tratando, esto me recuerda Simeón lo que ocurrió en tu país: La clase política dirigente creó ideas democráticas que podían considerarse revolucionarias para el ambiente que se vivía en la década de los años 50, logró consolidarse en el poder, y posteriormente se dedicó a abusar de ese poder y de esas ideas, y con los años adoptó una actitud tan perjudicial, que luego de un tiempo la sociedad solo deseaba quitarlos a la fuerza. No deseaban verlos más nunca en puestos de poder, ni a ellos ni a ninguno de sus relacionados. Como consecuencia, llegó un nuevo gobierno que aprovechó ese resentimiento de la gente, y logró extender su mandato mediante triquiñuelas legales modificando la constitución ajustándola a voluntad a sus intereses. La economía ahora caía en picada, pero a la gente no le importaba, no se arrepentían, todo con tal que lo anteriores gobernantes no regresaran. De esa manera, el país llegó al borde de la destrucción. Y ahora que lo pienso, eso evidentemente ocurre en todos los aspectos del ser humano, no solamente en la política sino también inclusive en la ciencia y otras áreas.

El hecho de manejar muy sofisticadas instalaciones a los cuales solo tienen acceso unos pocos, y cuyos resultados son exclusivamente manipulados por ellos de acuerdo a los intereses económicos creados alrededor, todo eso conforma un terrible marco para la ciencia moderna, porque eso le da un poder inestimable a un pequeño grupo quienes pueden aprovecharse de esa situación a su antojo, sin que tan siquiera pueda haber una auditoría técnica, porque los únicos que la pueden auditar son ellos mismos. Este tema debería revisarse muy a fondo, y los gobiernos serios tendrían que adoptar medidas para que esos pequeños grupos aislados no puedan hacerse de una única "verdad" dictaminada por ellos, ellos que tienen control de un mundo supuestamente en "caos", donde no hay un orden natural, sino solamente las leyes que publican en sus revistas científicas; hacedores de esas leyes físicas, tienen el control de todo, y alrededor de los cuales la gente común, e inclusive la muy educada debe postrarse a rendirles culto de fe tal como en ocurría en tiempos primitivos.

Toda teoría que imponga el Caos como el principio de todo, será aceptada sin titubeos y sin importar lo demencial que sea, porque en ese Caos ellos pasan a tener el control, ellos son los únicos que pueden decirle al mundo hacia cuál dirección avanzar, en ese Caos ellos son la luz al final del túnel. Por esa razón rechazan cualquier intento que pretenda ir en la dirección del descubrimiento de un Orden Natural, eso no existe para ellos, porque allí pierden todo su gigantesco poder de control económico y social. Maestros de la manipulación salen airosos, difundiendo e imponiendo todo tipo de fantasías comercializables, pero de cualquier modo, la vida siempre se abre paso por sí sola, y todo sale a la luz tarde o temprano, imposible evitarlo.

Luego de ese breve receso de Nasanti, para ofrecernos sus comentarios al margen, les sugiero a todos hacer un muy breve descanso para preparar café, la jornada sería larga hoy, apenas estamos comenzando, y aprovecho a decirles que ahora es mi turno: Nasanti, puedes descansar, en adelante continuaré yo, por favor Antoine cuando puedas continúa la grabación.

TRAS LA HUELLA DE LA LUZ

El experimento de M&M no dio los resultados que todos esperaban y decidieron arrojar la mesa y el tablero de juego, invalidaron el experimento; establecieron nuevas teorías comercializables violando todo tipo de leyes físicas e ignorando cualquier obligación de dar explicaciones acerca de cómo una onda podría viajar sin el soporte de algún medio.

Habiendo llegado a este punto, realmente ya no nos interesaba ahondar más en análisis sobre los detalles de lo se constituyó finalmente cómo la teoría de la relatividad general que incluía sistemas acelerados, ni los diagramas de Minkowski del espacio-tiempo (ct, x) con su cono de la luz, porque si como consecuencia del experimento de M&M se llegó al extremo de aceptar la trayectoria inclinada del haz de luz en el reloj imaginario, entonces solo les restaba un pequeño paso para afirmar que los planetas pueden moldear el espacio vacío que habitan, desplazándose en curvas de ese espacio perturbado, y donde la gravedad como fuerza no existe.

Apartamos a un lado todas esas teorías y nos dedicamos a investigar que sucedía realmente con la luz y el espacio. Estaba suficientemente claro que nadie conoce realmente qué es la luz y mucho menos el espacio. Si Einstein podía afirmar que un planeta puede modificar el espacio, entonces nadie podría criticarnos el afirmar que una gran cantidad de energía puede hacer el mismo trabajo, o mucho más.

Decidimos concentrar grandes cantidades de energía en un punto y realizar algunos experimentos, si la luz transita por los caminos del espacio entonces esa energía podría estampar alguna huella en el espacio, y nosotros estábamos dispuestos a ir tras ella. La concentración de energía en un punto no sería algo nuevo, de hecho, cuando una bomba explota se genera una gran concentración de energía localizada. Lo interesante era idear una manera de detectar si alguna traza de esa explosión quedaba impresa en el espacio. Una muy extraña pero muy novedosa y atractiva idea, solo que no podíamos utilizar energía atómica ya que eso estaba fuera de nuestro alcance, y las regulaciones gubernamentales nos impedirían cualquier tipo de pruebas de esa índole, teníamos que utilizar otro medio.

Justo ahora debo interrumpir mi exposición ya que suena mi celular, disculpa Antoine por favor coloca en pausa la grabación; es nuestro abogado, un tanto alterado y no logro entender claramente lo que explica. Le solicito repita, y ahora si logro captar lo que dice. Escucha Nasanti, lo pongo en altavoz, por favor puede hablar doctor estamos los tres aquí escuchándole: Saludos a todos, con referencia a la visita que recibieron en su oficina, acabo de comprobar con fuentes confiables que las dos personas que llegaron a sus oficinas no son funcionarios del CSIS, sus nombres no pertenecen a esa institución, eso está confirmado. He tratado de comunicarme con el suplidor de ustedes Zahid Advani y no contesta, ni en el celular, ni en su trabajo, ni en su casa, nadie contesta. Por favor traten de contactarlo y tomen las previsiones, puedo enviarles el teléfono de un contacto que puede realizar una revisión minuciosa en sus instalaciones para ver si alguien colocó aparatos electrónicos o algo inusual; les recomiendo retirarse de allí hasta que hagan la revisión. Ya la denuncia fue colocada en la policía y seguramente tendrán que ir hoy mismo a dar los detalles de esas personas. Tengan cuidado, cualquier cosa inusual por favor avísenme de inmediato, saludos estaremos en contacto en un rato.

Los tres nos quedamos petrificados, me despido del abogado y sin decir palabras desconectamos todo, apagamos las luces y nos retiramos de la oficina. Las personas que nos visitaron en el laboratorio haciendo preguntas eran impostores, pero ¿con qué intención hicieron eso? Ahora caminamos hacia el estacionamiento con una gran sensación de intranquilidad, realmente no sabemos que está ocurriendo, empezamos a temer por nuestras familias y por esa razón las estamos alertando en este instante; pero tratando de no causarles ninguna alarma e intranquilidad, solo asegurarnos que estén seguros y se alejen de cualquier persona extraña.

Antes de abordar los vehículos, nos ponemos de acuerdo en lo que debemos hacer cada uno, Nasanti asume la tarea de traer unos técnicos de su confianza para que inspeccionen la oficina y el laboratorio exhaustivamente hoy mismo. Yo por mi parte trataré de contactar a Zahid y terminaré de arreglar algunos aspectos de mi parte en la exposición. Por tu parte Antoine te encargarás de revisar todo el software y el sistema de email de la compañía, utiliza antivirus, busca spybots, malaware, cualquier cosa, eso lo puedes hacer hoy mismo mientras los técnicos revisan la electrónica del lugar.

A veces, de un momento a otro, las situaciones se tornan extrañas, todo cambia. No tengo idea a que se debe todo esto, podría ser un caso de espionaje; pero hay mejores vías de hacer eso. No tiene sentido que vinieran a la oficina de esa manera, ahora que lo pienso esa pareciera ser más bien una acción desesperada, como si fuese la última carta que se estarían jugando. Y es que lo hicieron aún a sabiendas que rápidamente podríamos investigar que eran impostores. Entonces, ese accionar parece más bien una especie de arrebato de última hora; pero ¿Por qué? ¿A qué se deberá todo esto?

Intento comunicarme con Zahid; pero no es posible, tendré que buscar alguna otra vía de comunicación; aunque primero debo llegar a casa. El corto viaje se me hacía interminable, pero finalmente logro llegar a casa, que agradable llegar al hogar, encontrarse con quienes amas, todo es paz y tranquilidad y me alivia mucho ver que me reciben entusiasmados. Le explico la situación a mi esposa y ella me apura para que coordine con el abogado una visita inmediata a la estación de policía, mientras tanto ella y nuestro hijo irán a casa de una tía de Nasanti; se quedarán hasta el lunes, afortunadamente ya habían acordado eso antes que yo llegara. Yo si me quedaré en casa porque tengo mucho que trabajar; no obstante, estaré muy pendiente de cualquier eventualidad.

Al rato, mi esposa y mi hijo partieron, y yo me dirijo a la estación de policía. Tal como habíamos acordado el abogado me esperaba allí, hacemos la denuncia de la desaparición de Zahid, y la policía nos informa que algún familiar debe ser contactado para informar cuánto tiempo lleva desaparecido, y así consignar la respectiva denuncia como es debido. Los familiares de Zahid residen fuera del país así que el abogado tratará de contactarlos para seguir los trámites que él considere conveniente. Pienso que será una larga espera hasta que la policía empiece a actuar, si es que no aparece antes.

Aunque ya es tarde, un par de agentes policiales se dirigirán ahora al laboratorio para recolectar la grabación de las cámaras de video, así como otros detalles de lo ocurrido. Al salir de la estación y despedirme del abogado, ya conduciendo por la autopista: suena mi celular, es un número desconocido, y titubeo si contestar o no, nunca he atendido números desconocidos. Es una costumbre desde que vivía en mi país de origen donde generalmente ese tipo de llamadas nunca eran para algo bueno. Decidí no contestarla, e inmediatamente después pienso: mal hecho considerando los acontecimientos recientes, la próxima vez atenderé. De cualquier modo, quien quiera que haya sido no insistió, así que pudo ser alguien que marcó equivocado.

Regreso de nuevo a casa, organizo mejor mis ideas cuando recibo la llamada de Nasanti desde la oficina, habían encontrado dos aparatos electrónicos de escucha, y otro que usualmente lo llaman: piña, es un aparato de muy pequeñas dimensiones, básicamente un wifi que puede enviar una señal de internet con identificación clonada de nuestra línea. Con ese aparato podían manejar todo lo que hiciéramos en la web y nuestros correos. Lo más probable es que la señal la estuvieran enviando o la pensaran enviar desde un vehículo o una edificación cercana, la policía ya está al tanto y harán las investigaciones, tratarán de determinar desde cuándo podrían haber estado esos aparatos allí. Por su parte Antoine no encontró nada en el software ni el hardware del laboratorio, el ingreso a nuestro laboratorio ha sido siempre restringido a muy pocas personas, y las labores de limpieza las realizamos nosotros mismos o son supervisadas estrictamente. Ahora no me arrepiento de haber tomado esas medidas que parecían exageradas hace algún tiempo.

Ya es muy tarde en la noche, he tratado infructuosamente contactar a Zahid con mi celular, inclusive hablé con sus familiares en el exterior vía WhatsApp; pero no obtuve ninguna información de utilidad.

Luego de ese ajetreo, decido conversar un rato con mi esposa por teléfono acerca de todo lo acontecido, e inclusive acerca de la llamada del número desconocido en el celular, ella me da la idea que lo investigue en la internet, le agradezco sus consejos siempre sabios y les envío un beso a ella y mi hijo. Inmediatamente, abro mi laptop que siempre tengo a mano y rápidamente encuentro varias coincidencias de ese número con localización en Canadá, específicamente en la provincia de Alberta. Lo que más llama mi atención es que ese número aparece en sitios de compra y venta de materiales, específicamente en una sección de preguntas a proveedores, pero no aparece el nombre de la persona que hace las consultas sino solamente un alias:

Laser1432

Y ahora me pregunto: ¿Por qué alguien que consulta por materiales en internet tendría interés en llamarme? En tal caso llamaría a Zahid quien se encargaba de toda la procura, yo nunca realicé gestiones de ese tipo. Se me ocurre entonces que podría ser alguien que conoce a Zahid y por lo tanto era importante tratar de contactarlo. Evitaré llamar a ese número desconocido desde mi propio celular, intentaré con otro celular el lunes temprano; pero antes de terminar anoto todos los detalles de los materiales y los distribuidores que 'Laser1432' consultó en la web. Cerré la laptop y me dispuse a dormir, mañana domingo trataré de adelantar todo lo relacionado con la exposición.

Ya es lunes en la mañana, ayer pude adelantar bastante trabajo. Ahora me apresto para salir hacia la oficina a continuar con la preparación de la exposición, no sin antes intentar llamar al número telefónico desconocido.

Esta vez utilizaré otro celular que tenemos en casa y cuyo número solo conoce mi esposa. Marco el número, suena varias veces y nadie contesta. Vuelvo a insistir y finalmente me atiende alguien con un simple: "si, diga", se me ocurre hacerme pasar por uno de los distribuidores a los que 'Laser1432' consultaba en internet, le ofrezco otras nuevas variantes de materiales y equipos, y acerté, hice lo correcto, logré que me diera la dirección de su taller para llevarle algunas muestras.

Ya lo tengo ubicado, ahora debo actuar con inteligencia, no puedo encargarme de esto solo, me dirijo a la oficina para avisar a Nasanti de mis movimientos. Al enterarse, Nasanti expresa mucha extrañeza porque cae en cuenta que todos los materiales y equipos que esa persona consultaba en internet eran similares a los que le usualmente solicitábamos a Zahid. Decidimos ir inmediatamente a la dirección indicada y observar el área, no tenemos base suficiente como para llamar a la policía, esto es algo que tenemos que averiguarlo primero nosotros mismos.

Llegamos a la calle Fisher en el área Fairview Industrial en las afueras de Calgary, una antigua y pequeña edificación con aspecto de almacén sin ningún tipo de aviso en su exterior, tan solo resaltaba a la vista un pequeño cartel con el número 1432.

Nasanti me dice, que es mejor esperar aquí a distancia prudente, y ver quienes entran y salen.

La edificación está bastante desprolija en su fachada exterior, apenas un cercado con varias aberturas por las cuales cualquiera podría entrar, algunos recipientes que obstaculizan la acera, y no se ven cámaras de video alrededor.

Ya pasó una hora y recién vemos que alguien salió, se montó en su vehículo lujoso y dejó el lugar, entonces no queda otra que inspeccionar, a lo cual me ofrezco sin dudar. Mientras tanto, Nasanti queda pendiente y me alertará de inmediato con la bocina si sucede cualquier eventualidad.

Me acerco y atravieso la cerca por una de las aberturas más alejadas de la puerta principal, y noto que detrás hay una especie de galpón muy bien construido con algunos grandes ventanales. Pienso que no debería estar haciendo nada de esto, pero no resisto la tentación y me acerco a los ventanales. Tan solo es un depósito de materiales; algunos de ellos similares a los que utilizamos en nuestro laboratorio incluyendo equipos láser de distintos tipos; y entre todo ese montón de aparatos logro identificar uno que nosotros modificamos para hacer unas pruebas y que al quedar averiado le permitimos a Zahid que se lo llevara, no había duda alguna era el mismo aparato, sí.

¿Pero qué hace aquí un equipo que le cedimos a Zahid?

Recuerdo que ese aparato no dio los resultados esperados, y por esa causa tuvimos un impase con Zahid ya que él fue quien nos suministró los materiales y ayudó en su ensamblaje. Posteriormente a ese impase, todo se aclaró y decidimos obsequiarle el equipo. Y recordando esa contrariedad que tuvimos con Zahid, mi curiosidad se incrementó, por lo que no pude evitar caminar más allá hacia la parte posterior donde se escuchaba un suave sonido de maquinaria encendida. Subo por una escalera de caracol fabricada toda en aluminio; y justo cuando diviso una abertura de ventilación por la cual podría ver hacia el interior del galpón: escucho la corneta de nuestro vehículo y salgo disparado entre varios recovecos, tropezando y ocultándome.

Por fin alcanzo la abertura más lejana de la cerca, apenas me asomo y veo que regresó el vehículo que habíamos visto salir. Los ocupantes del vehículo ahora son más, y ya están ingresando por la puerta principal; aprovecho a salir apresuradamente hacia nuestro vehículo.

Con la respiración entrecortada por la carrera, ya dentro el vehículo le describo a Nasanti lo que acabo de ver. Pensamientos negativos empiezan a llegar a mi mente acerca de toda esta situación, por lo que al dejar el lugar decido llamar directamente desde mi celular al número del personaje apodado Laser1432, para informarle que en mi celular había una llamada perdida de su número telefónico. Me parece acertado hacerlo para conocer las razones que tenía para llamarme, y comprobar si definitivamente está relacionado con Zahid. Repica varias veces y finalmente contesta la misma persona que me atendió en la llamada anterior, trato de modular mi voz, haciéndola más ronca tipo italiano y usando un pañuelo. Luego de escuchar lo que tenía que decirle, Laser1432 me contesta con cierta sorpresa y hasta con disgusto: afirmado que él nunca hizo llamada alguna a mi número telefónico. Su acento no es canadiense definitivamente, y al insistirle simplemente dijo de manera muy cortante y ruda:

Está equivocado señor, debe haber sido un error.

...y cortó bruscamente.

Le manifiesto a Nasanti las dudas que comienzo a tener acerca del tema de la desaparición de Zahid, y con alguna ansiedad le pido que recuerde algo extraño en su actitud en los últimos tiempos que tuvimos contacto con él, a lo que Nasanti me responde categóricamente que nunca observó nada extraño en Zahid; siempre se comportó como un amigo más que un suplidor, especialmente porque estaba agradecido conmigo por las gestiones que realicé para que pudiera instalarse y trabajar en este país. Mientras terminaba de explicarme, noto un dejo de desagrado en el rostro de Nasanti y lo comprendo, no continuaré con ese tema.

Una tormenta de interrogantes y pensamientos oscuros nublan ahora mi mente, pienso que es necesario avisar a nuestro abogado acerca de lo que vi en ese sitio. Mientras Nasanti sigue conduciendo, yo intento comunicarme con el abogado, pero no es posible, así que decido esperar a llegar a la oficina.

Ya más calmados en la oficina, logramos contactarlo, nuestro abogado nos dice que esa información podría ser útil en algún momento; pero no puede asegurarnos nada. Además, hay que esperar el tiempo estipulado por la policía para que se considere a Zahid como desaparecido.

Seguimos en una calle ciega exclama Nasanti, a lo que le contesto: Todo lo contrario, ahora se están descubriendo cosas importantes Nasanti, debemos encontrar y confrontar lo antes posible a Zahid, la única manera que ese equipo esté en ese sitio es porque esa gente estuvo en contacto con él. Zahid sabía que no podía mostrar ni entregar ese aparato a ninguna persona, se lo dimos exclusivamente para que lo desmontara, y utilizara sus piezas para otras actividades o para venderlas; y lo hicimos porque lo responsabilizamos injustamente a él por la falla que apareció en los resultados de los experimentos con ese equipo, pero luego caímos en cuenta que había sido nuestra culpa y no del aparato.

Nadie más tenía acceso a nuestros equipos, planos y laboratorio sino solamente Nasanti, yo y Antoine. La única excepción que hicimos fue con Zahid que en varias ocasiones ingresó al interior de nuestro laboratorio para realizar actividades que nosotros no podíamos ejecutar. En varias oportunidades revisó nuestros planos, y aunque sus actividades no eran por largos períodos de tiempo, él es la única persona aparte de nosotros con acceso casi total a nuestro trabajo.

A medida que lo pensaba más y más, todo me parecía cada vez más desagradable; pero aún en situaciones así siempre hay herramientas para lograr enfocarse y lograr el relax mental necesario. Efectivamente, siempre que me encuentro en situaciones críticas a las cuales no les encuentro solución rápida, recuerdo las palabras que dijo el agente *K* al agente *J* en la película Hombres de negro III: "We need a pie", refiriéndose a lo que le aconsejaba siempre su abuelo, que cuando estuviera en aprietos se tomara un momento para comer un pastel, "un pastel siempre hace bien" decía el abuelo.

Muy al punto, ya cerca del mediodía, me despido de Antoine y Nasanti y regreso a casa para almorzar. En el camino me detengo a comprar un pastel de manzana, y observo que contiguo a la pastelería hay un local árabe donde aprovecho a comprar tres raciones de shawarma.

Mi esposa y mi hijo recién habían regresado de casa de la tía de Nasanti, y se alegraron mucho al verme llegar especialmente por el pastel que traía y que no comemos muy a menudo. Luego de almorzar lo deliciosos shawarmas, nos tomamos un momento para degustar el rico pastel. En ese instante, a mi esposa le llama mucho la atención el bonito decorado de la bolsa que contenía los shawarmas, era la imagen de un hermoso templo árabe y sobre él impresa las palabras Badshahi Masjid, demasiado llamativas como para no intentar buscarlas en internet, abro mi laptop, y vemos que su significado es: Mezquita del Rey; se trata de uno de los atractivos turísticos más importantes de Pakistán, una de las mezquitas más hermosas del mundo construida en 1673 que además incluye un museo que contiene reliquias del profeta Mahoma. Mientras detallamos imágenes de esa hermosa mezquita, mi esposa pregunta:

Simeón, ¿Qué religión profesa Zahid? y al responderle que él es musulmán, repentinamente emergió una idea en mi mente, tan potencialmente valiosa que le di mil gracias a mi esposa y un gran abrazo, me acabas de dar una clave, y de inmediato con cariño me despido de ella sonriendo y exclamándole:

¿Te fijas?

!Comer un pastel siempre hace bien!

Salí a toda prisa de vuelta a la oficina. Mi esposa se debe haber quedado intrigada, aunque sospecho que al igual que yo debe haber intuido que Zahid seguramente no faltaba nunca en visitar alguna mezquita; de hecho, la mayor mezquita de Canadá se encuentra aquí en Calgary lo recuerdo porque fue noticia hace años, creo que en el 2008 si mal no recuerdo.

Al llegar a la oficina Nasanti me responde afirmativamente al respecto: Efectivamente Simeón, Zahid acostumbra a visitar la mezquita llamada Baitun Nur cuya traducción del árabe es:

Casa de Luz

Y ahora recuerdo Simeón: en varias oportunidades le di un aventón hasta allí de salida de la oficina.

Por Dios Santo, Nasanti:

¿De veras se llama así?

¿Casa de Luz?

!Es que nuestro trabajo se trata precisamente de la Luz!

Así es Simeón, y se encuentra al lado del Parque Pradera del Viento (Wind Prairie Park) aquí en Calgary, y es la mezquita más grande de Canadá.

Bueno Nasanti, !vaya coincidencia!

Hasta el parque incluye la palabra 'viento', no me extrañaría ahora que resultara que el viento en ese parque estuviera relacionado de alguna manera con el viento del éter que analizaban M&M en su experimento. De cierto te digo Nasanti que el agente K tenía toda la razón: comer pastel hace bien, a lo cual Nasanti me responde extrañado:

¿De qué hablas Simeón?

En el camino a la mezquita te explicaré Nasanti.

A cada momento surgen más piezas de este pequeño rompecabezas, nuestro objetivo ahora es contactar alguna persona en esa mezquita que pueda ayudarnos, llevemos una foto de Zahid y tratemos de averiguar cuando lo vieron por última vez.

Mis sospechas y dudas acerca de Zahid se hacen cada vez más fuertes Nasanti.

Sin embargo, ante mi inquietud, Nasanti se muestra apacible y trata de convencerme de mantener la calma, como siempre lo ha hecho, excepto cuando enciende sus motores para explicar sus avances en nuestras investigaciones; allí extrañamente no se muestra así.

No queda tan lejos la mezquita, lo difícil será saber a quién contactar. Ya en las afueras, son las tres y media de la tarde, y podemos ver algunos musulmanes reunidos para sus plegarias de la tarde. Algunos ya están dentro, y realmente no sabemos qué hacer, cómo y a quién pedirle la información que necesitamos, deambulamos por los alrededores hasta que de repente Nasanti exclama en alta voz:

!Espera Simeón¡ Creo reconocer a uno de ellos, ese que está entrando a la mezquita es un amigo de Zahid, lo recuerdo porque lo saludó en dos oportunidades.

Pasó un largo rato, esperamos a que terminara sus plegarias; al verlo salir Nasanti lo aborda y afortunadamente esa persona lo reconoce, su nombre es Habib Assaf, es un tipo delgado de baja estatura. Nasanti le explica la situación con Zahid y muy amablemente nos indicó que a él le había extrañado no verlo más por la mezquita, la última vez fue hace aproximadamente mes y medio cuando vino acompañado de otro señor quien lo esperó afuera hasta que terminara sus plegarias. Inmediatamente le mostramos la foto de los dos falsos agentes que visitaron nuestro laboratorio y efectivamente reconoce a uno de ellos como el acompañante de Zahid: era el falso agente Ethan Gagnon de aspecto latino o quizás árabe. Antes de despedirnos intercambiamos números de teléfono y le rogamos que si recuerda algo más nos avise. Regresamos de vuelta a la oficina con algo más de información, estamos en buen camino.

Durante el regreso le digo a Nasanti, ahora sabemos que Zahid ha estado en contacto con esos extraños personajes, creo que ya es hora que la policía intervenga definitivamente en esto; tenemos una conexión directa entre Zahid y las personas que intentaban violar la privacidad de nuestras instalaciones.

Al llegar a la oficina contactamos al abogado para que hiciera lo pertinente ante la policía, y apenas terminamos de acordar y revisar con el abogado todo lo acontecido: nuestro asistente Antoine irrumpe en la oficina con una expresión de admiración en su rostro, en sus manos trae una gran caja, y con voz entrecortada nos dice: Esto lo envía Zahid.

Todos nos quedamos en silencio, observando la gran caja, nadie se atrevía a abrirla.

¿Por qué habría de enviarnos material si desde hace varios meses no le hemos solicitado nada?

Solo atinábamos a ver la hoja con la descripción del envío, aunque el remitente era Zahid esa caja provenía de un distribuidor de Calgary muy conocido por nosotros, venía totalmente sellada; pero lo que más nos llamó la atención fue la fecha:

¡La envió el día viernes pasado¡ Exclamamos todos.

Antoine reposó su oído en la caja, como tratando de escuchar algún sonido extraño, y levemente la sacudió, a pesar de su tamaño en verdad pesaba poco. Era evidente que nada malo contenía, y la curiosidad nos rebasaba.

Cuidadosamente la abrimos, y en su interior: algunos tubos, cristales semi-reflectantes especiales, soportes, y una muy pequeña lámina de aleación cobre-fósforo-tungsteno con forma hexagonal que reconocimos inmediatamente. Esa lámina era idéntica a la que utilizamos en uno de nuestros experimentos fallidos con aquel equipo láser que le obsequiamos a Zahid. Recuerdo que el contratiempo con ese aparato empezó por esa lámina, en esa oportunidad culpamos a Zahid y le reprochamos duramente el no habernos suministrado la aleación específica que le solicitamos, y nuestra molestia era tanta que hasta le hicimos ver que en adelante utilizaríamos los servicios de otra persona. En ese entonces Zahid se mostró muy afectado y nos rogó confianza, nos aseguró que era la aleación y distribución de densidades correcta; y para nuestra gran vergüenza, posteriormente se comprobó que Zahid tenía la razón, el resultado fallido había sido responsabilidad nuestra, y nunca no tuvo nada que ver con el material que él nos suministraba.

Sacamos la pequeña lámina de la caja, y vemos que en su parte posterior viene adosado con cinta adhesiva un pequeño papel con una nota escrita: parece ser una dirección, y para nuestra sorpresa la nota indica la ubicación de ese edificio: Laser1432, donde estuvimos recientemente.

Nos quedamos de nuevo sin palabras, no entendemos absolutamente nada, revisamos minuciosamente todos los demás objetos y no encontramos nada, ninguna otra nota, ni marcas, ni algún tipo de grabados.

Esto ya es demasiado extraño.

¿Por qué trae una nota con esa dirección?

¿Por qué la envió sin avisar y para qué?

Y lo más importante:

!Esto quiere decir que Zahid no está desaparecido¡

Antoine, Nasanti, por favor pensemos antes de actuar acerca del significado de todo esto.

Nasanti inmediatamente exclama: Ahora la situación es peor, porque de acuerdo a esto Zahid se encuentra bien y lo único que podemos hacer ahora es esperar a poder contactarlo. Deberíamos contactar al distribuidor para ver si efectivamente Zahid pasó por allí el viernes.

Antoine inmediatamente contacta al distribuidor por teléfono y efectivamente Zahid fue quien remitió esa caja. En esa oficina distribuidora lo conocen desde hace bastante tiempo. No hay lugar a dudas, además nos indican que estaba acompañado de otra persona, y al indagar más con el vendedor caemos en cuenta que esa persona que lo acompañaba en esa distribuidora tiene las mismas características del falso agente Ethan Gagnon.

Ante toda esa evidencia, Antoine, Nasanti y yo nos avocamos a contactar a Zahid inclusive utilizando otras líneas telefónicas; pero todo fue inútil.

Luego de eso, un largo silencio nos envolvió, y exclamé en voz alta: Antoine, Nasanti, es suficiente, no perdamos más el tiempo en esto, simplemente esperemos; ya sabemos que Zahid no está desaparecido, informemos a su familia y al abogado sobre esto, y dediquémonos a lo nuestro. Ya va a anochecer, nos veremos mañana de nuevo temprano para continuar con el resumen de la exposición, ya que tenemos mucho trabajo por hacer. Cerramos la oficina, apagamos las luces y todos nos mantuvimos en silencio hasta que nos despedimos en el estacionamiento, las interrogantes eran tantas que decidimos ir a descansar, mañana sería otro día.

Día Martes, amanece y he llegado hoy muy temprano a la oficina, son las 6:00 AM. Preparo el café, y espero a Antoine y Nasanti mientras repaso mi trabajo, y preparo la computadora junto con el proyector de imágenes.

No tuve que esperar mucho, se nota que llegaron con ánimos renovados, entusiasmados por continuar con la exposición.

Antoine termina de preparar todo y comienzo la grabación de mi charla tal como si no la hubiera interrumpido, donde la dejé la última vez, La Luz y el Espacio.

Comienzo Antoine, por favor continúa la grabación:

Debíamos entonces avanzar un paso adelante, debíamos concentrar energía en un punto del espacio, a un nivel equivalente a la energía requerida para que un planeta logre curvar el espacio tal como afirman los relativistas.

No podíamos concentrar energía mediante explosiones de ningún tipo, eso requeriría permisos prácticamente imposibles de obtener para un ente privado.

La solución tenía que residir en la Luz: el rayo láser, o alguna innovación de ese concepto; una mejora que permitiera una enorme concentración de energía de la luz en un punto. Sin embargo, con la configuración de los equipos de rayo láser modernos no podíamos generar el nivel de energía necesaria.

Los fotones de luz son paquetes cuya energía es:

$$E = hf$$

Donde E es la energía del fotón, h la constante de Plank, f la frecuencia de la onda de luz en el vacío.

El rayo láser básicamente consiste en emitir fotones desde una fuente de luz exterior, y hacerlos pasar a través de un material o medio cuyos átomos están a un nivel de energía específico, y al pasar el fotón cerca de uno de esos átomos, entonces ese átomo desprende energía en la forma de un fotón adicional: un clon del fotón original. Se genera así un fotón hermano que acompaña ahora al fotón original en su recorrido; y ese proceso ocurre para una infinidad de fotones y átomos, por lo cual se generan muchos fotones clonados. A continuación, mediante espejos los fotones vuelven a pasar repetidas veces por el mismo material hasta que se generan tantos fotones que la energía así producida es capaz de impulsar fotones a través del espejo semitransparente colocado en el otro extremo opuesto a la fuente original de luz; proyectándose así hacia afuera como un haz unidireccional de mucha mayor intensidad que la luz de la fuente.

Todo el sistema de espejos que obliga a los fotones a pasar repetidas veces por el material hasta lograr suficiente intensidad, se denomina Cavidad Óptica o Resonador Óptico. Y es curioso que utilizaran ese nombre que está relacionado con el conocido fenómeno de la resonancia, porque eso fue lo que nos dio la idea para generar un rayo láser verdaderamente resonante. Y es que el término resonancia se utiliza cuando la amplitud de una onda es incrementada exponencialmente debido a una solicitación externa que tiene la misma frecuencia de la onda original.

Para aplicar más adecuadamente ese fenómeno de la resonancia, y lograr generar amplitudes de magnitud mucho mayor que la obtenida con esos clones de fotones en los equipos láser estándar, donde solo se logra multiplicar la energía por 2 en cada recorrido, decidimos entonces idear un método distinto para incrementar la energía con un exponente muy superior a 2.

Fue a partir de estas nuevas ideas, que todo aquel esfuerzo de tantos años de mi juventud dedicado a descifrar el fenómeno de la consonancia en las escalas musicales empezaba a dar sus frutos. Y aunque consonancia y resonancia son dos conceptos distintos, ese esfuerzo en la música me brindó los elementos necesarios para desarrollar una ley general que abarcaría el tema del incremento resonante de energía en los fotones.

Efectivamente, descubrimos que al emitir fotones con frecuencias que siguen una secuencia numérica generada mediante la Media Racional, esto es: la misma operación con que construí la escala del Tríplice y con la que Brocot generó todos los racionales de manera secuencial, entonces se genera un efecto adicional, y como consecuencia logramos alcanzar un incremento resonante en el láser con muy altos niveles de energía.

Al generar las emisiones de fotones descritas en la Cavidad Óptica, el nivel de energía se incrementaba de manera exponencial. Estábamos cerca de conseguir algo especial. Innumerables veces tuvimos que reconstruir todo el sistema láser ya que las piezas eran destruidas por la energía generada.

Luego de muchas pruebas que conllevan un alto riesgo para nuestra seguridad, logramos dar con los materiales y el nivel de energía adecuado, las series numéricas nos proporcionaban niveles de energía superiores a los de cualquier láser fabricado hasta ahora y con un equipo mucho más pequeño. Evidentemente estábamos en el camino a lograr algo importante, y entonces bautizamos al sistema con el nombre: Láser-SN.

Una mañana, antes de salir a la oficina y empezar todas mis actividades, miro de reojo un programa en la televisión sobre la historia de la antigua Grecia, pasaron imágenes de la mitología griega y grabados de sátiros sosteniendo aulos, y eso me trajo a la mente aquellas series armónicas incompletas de los antiguos Modos Griegos que con tanto énfasis se dedicó a estudiar la Sra. Schlesinger, esos Modos Griegos expresados mediante agujeros en aulos de plata que Sir Leonard Woolley encontró en sus excavaciones arqueológicas, y también me trajo el recuerdo de la afirmación de la Sra. Schlesinger sobre las particulares series de razones que utilizaban en esos modos:

"The history of theory of music offers no analogue for a concept so momentous, yet capable of being so simply, and concisely resumed by the phrase 'Number and equal measure', which carries with its implications of great subtlety and of far-reaching significance..." [cut]

"It will certainly have to be conceded that the seven interrelated ancient modes, born of equal measure, out of which the Modal System was evolved, do indeed constitute a new musical fact of fundamental importance, not only to the past history of music, but we believe that it also holds the germ of the future development of the Art"

En ese momento decidí revisitar todas las imágenes y estudios de esas flautas antiguas, realizados por especialistas de distintas nacionalidades, y recordé las críticas que algún autor le hacía a la Sra. Schlesinger porque según él, los agujeros realmente no están siempre a la misma distancia, y que debido a la deformación que esas flautas con los siglos no podía afirmarse con precisión lo que ella argumentaba respecto a las series armónicas de frecuencias y la división en partes iguales de la longitud.

Pero en algún momento, cuando con un procesador de imágenes jugaba con las fotos y esquemas de todas esas antiguas piezas: las flautas de Ur, los fragmentos de huesos de Sparta, y las de Ephesus y Locri, me encontré con una gran sorpresa:

Todas esas flautas no eran más que piezas de un gran rompecabezas, y al disponerlas una al lado de otra según una secuencia específica, sus agujeros formaban una figura que me resultaba muy familiar, y presentía que eso podía responder a todas mis interrogantes.

Efectivamente, al unir todas esas flautas, luego de revisar una y otra vez, logré ver que en el entramado de todos sus agujeros se dibujaban curvas imaginarias muy bien definidas, y al analizar las longitudes desde la base de cada flauta hasta los agujeros que estaban conectados por esas curvas, descubrí que se trataba de las mismas razones que utilicé al crear la Escala del Tríplice, las mismas razones que extraje de aquellas curvas del jardín de las armonías: la distribución de picos de amplitud versus las razones de Frecuencia de las secuencias de Brocot. Todo estaba allí, como un código secreto escrito con los agujeros de esa estructura que había logrado formar con todas esas flautas.

Estimados señores, aprovecho a decirles ahora a todos en esta audiencia que se les ha proporcionado todo el material con esta información en sus respectivos puestos, allí pueden ver las imágenes de las flautas a que me he referido, por favor tomen un tiempo para revisarlas.

Ahora permítanme continuar con la exposición:

En ese momento me resultaba difícil contener la emoción, porque esa coincidencia significaba que había un significado superior en todas esas pequeñas piezas tan antiguas. Eso significaba que el interés de los antiguos no era solo por las notas de un Aulos, sino la armonía de muchos, lo que buscaban era lograr acordes con más de dos flautas; aunque eso es lo primero que pude advertir, sin embargo, sospechaba que en la genialidad plasmada en aquellos aulos yacía escondido otro misterio, lo que había visto hasta ahora era suficiente evidencia como para pensar eso y mucho más, porque ahora la pregunta era:

¿Cómo llegaron a elaborar esas divisiones de las flautas para que juntas conformen un avanzado esquema?

¿Cuál era el objetivo final con las armonías del aulos?

Y ahora entiendo que el masivo trabajo numérico de la Sra. Schlesinger, posiblemente se debió a que percibía que algo muy misterioso y mucho más avanzado residía en el Aulos.

Y en ese momento pensé:

¿Por qué no intentar en el láser la serie completa de razones de esa escala del Tríplice, extraída de los racionales de Brocot y la Media Racional?

Rápidamente busqué entre todos mis papeles aquellas tablas a partir de las cuales seleccioné la escala del Tríplice, y decidí revisar otras alternativas a la escala completándola con otros valores que había desestimado.

Anoté las secuencias de números y me dispuse a salir hacia la oficina, sentía una extraña inspiración y entusiasmo por intentar algunas pruebas con esas nuevas series y el equipo láser S/N, era como si las notas del aulos de Atenea renacieran con el brillo de las aguas del Permeso, y junto a Hesíodo entonaran en coro celestial el Himno a las Musas de Helicón, infundiendo de nuevo la voz divina del portador de la égida.

Al llegar me ubiqué en mi escritorio y abrí el correo electrónico, tenía demasiadas cosas por hacer, y para no retrasar la agenda de pruebas pautadas, le trasmití a Antoine las secuencias extendidas del Tríplice, y le encomendé que las utilizara en las pruebas del día de hoy en lugar de las que teníamos pautadas con antelación. Mientras tanto, yo tuve que salir a realizar alguna diligencias personales con urgencia.

Sin embargo, al poco tiempo recibí una llamada de Antoine indicándome que debía regresar inmediatamente a la oficina porque algo que escapaba de su control estaba ocurriendo con el sistema láser, al parecer todo el sistema había colapsado.

Al regresar casi de inmediato, Antoine me indicó que la secuencia de números que le entregué, creó un nivel de energía resonante muy particular, a partir del cual el haz de luz entre los dos espejos desapareció. El haz de luz dentro de la cavidad resonante ya no atravesaba el espejo semitransparente en el otro extremo del aparato. Todo rastro de luz había desaparecido pero la fuente de luz seguía enviando su haz hacia la cavidad resonante, y el nivel de energía registrado en su interior llegó a un extremo nunca alcanzado antes, y repentinamente la medición del nivel de energía también bajó a cero.

Antoine estuvo tentado de apagar todo por su seguridad. Fue un momento de mucha confusión, no teníamos idea del por qué la luz no aparecía dentro del aparato. Hicimos muchas otras pruebas, pero siempre se repetía lo mismo: era como si dentro de la Cavidad Óptica algo impidiera que el proceso continuara; había algo que no estaba funcionando bien en el equipo; o el proceso había alcanzado una especie de punto muerto, a un nivel de energía muy elevado, pero al introducir cualquier medidor dentro del aparato no se registraba energía alguna, aún a pesar que la fuente seguía enviando su haz de luz hacia dentro del equipo.

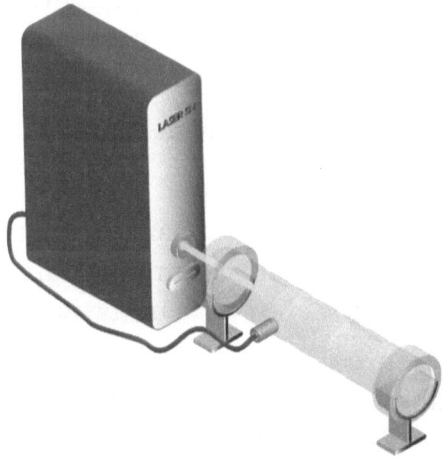

Había una fuga en nuestro aparato, la energía se desvanecía sin explicación alguna. O quizás era como si repentinamente se formara una barrera dentro de la cavidad resonante, una barrera que no reflecta ni deja pasar los fotones: ¡Los hace desaparecer¡. No ocurre explosión alguna, no hay liberación violenta de energía, simplemente el haz se esfuma. Eso violenta todos los principios de la física, y especialmente el de la conservación de la energía.

Y entonces:

¿Hacia dónde irá toda esa energía?

¿En qué se transforma?

La respuesta a esas preguntas parecía imposible encontrarla. Y lo que más me impactaba de todo esto, es que este extraño fenómeno parecía ser el resultado de esas secuencias numéricas de razones de frecuencias del Tríplice, elaborada manteniendo los mínimos índices geométricos de disonancia:

!La escala del Tríplice!

eso era algo abrumador, y hasta el momento no se lo había comentado a nadie en el laboratorio.

Durante meses, hicimos toda clase de pruebas y el resultado siempre era el mismo: La energía simplemente desaparece y en el área muerta no hay generación de calor, ni explosión, ni ningún otro fenómeno.

Nasanti, Antoine, creo que es hora de detener la grabación.

¿Están de acuerdo?

Así Antoine tendrá algún tiempo para organizar mejor las imágenes y gráficas. Mientras tanto, tomemos un café y repasemos los siguientes puntos a incluir en la narrativa.

No pasó mucho tiempo, cuando Nasanti recibe una llamada en su celular de Habib Assaf el amigo de Zahid que contactamos ayer en la mezquita, había olvidado mencionar otro detalle de su último encuentro con Zahid: al parecer en esa oportunidad Zahid le entregó una pequeña lámina hexagonal con perforaciones y al ver la imagen que nos envía por el celular, exclamamos:

!Es una copia de la lámina que recibimos en la caja enviada por Zahid el viernes¡

Zahid le rogó que por favor la guardara ya que no podría llevarla de vuelta a su oficina, que posteriormente él lo visitaría en su casa para buscarla, o enviaría a un amigo del trabajo para que se la entregara en la mezquita.

Habib nos dice, que si ese amigo a quién se refería Zahid era alguno de nosotros entonces con gusto nos la entregaría. Nos despedimos de Habib agradeciéndole su gesto, y de nuevo nos encontramos frente a una sorpresa: evidentemente esa pequeña lámina debe significar algo, esa lámina parece ser un mensaje.

¿Pero mensaje sobre qué y para qué, Nasanti?

A lo que Nasanti responde:

¡Zahid podría estar en problemas Simeón¡

Seguramente nos envió ese mensaje con una intención. Le hemos enviado emails, mensajes texto, mensajes de Whatsapp y llamadas telefónicas, sus familiares no saben dónde está, y lo único que recibimos es esa lámina, entonces Simeón es evidente que está en problemas y nos está pidiendo ayuda.

Es cierto Nasanti, el único mensaje que entenderíamos sería el de esa lámina, la cual no necesitamos, pero conocemos su historia y significado.

Debemos actuar inmediatamente: la lámina de la caja tenía la dirección de Láser-1432, no tenemos suficientes elementos para avisar a la policía, así que iremos entre las 12:00 y la 1:00 pm; es posible que a esa hora salgan a almorzar y pueda escurrirme en el galpón, ahora presiento que Zahid podría estar allí.

Esperamos a que se hiciera mediodía, y ya estamos frente a la edificación 1432, luego de observar por largo rato efectivamente un par de personas salen y se alejan caminando, es mi oportunidad para dar un vistazo por ese ducto de ventilación por el que no pude observar hacia adentro en la ocasión anterior. Esta vez por otro camino llego a la escalera y finalmente al ducto, y cuando observo hacia adentro del galpón mi sorpresa fue mayúscula: era una réplica de nuestro laboratorio, toda la configuración, los equipos, todo elaborado hasta el más mínimo detalle, era realmente asombroso todo aquello, y una mezcla de enojo y ganas inmensas de irrumpir allí empieza a apoderarse de mí; pero pienso que Zahid podría estar allí y me contengo. No puedo cometer errores, me dispongo a bajar y salir de allí, ya alejado cuando volteo de nuevo hacia arriba veo el rostro de Zahid en una pequeña ventana de lo que parecía un baño al lado del ducto de ventilación, me hace un evidente gesto que mantenga silencio, por un instante casi le grito; pero me conformo con mostrarle mi extrañeza a lo que respondió con un gesto más firme de guardar silencio. No me queda alternativa, sigo hacia la salida volteo de nuevo y ya no está; pero repentinamente, desde no sé dónde, salió una persona que me sujeta por el hombro, y a continuación llega otro y trata de taparme la boca, solo atino a ver de reojo que Nasanti me observa desde el vehículo que se encuentra a bastante distancia. Siento algún alivio al comprobar que Nasanti no sale del vehículo, eso seguramente sería peor para todos. Rápidamente, esas personas me conducen a la fuerza hacia dentro del galpón.

Estoy ahora sentado solo en la habitación que sirve de depósito y donde está el aparato que reconocí en mi primera visita a este sitio, mi esperanza es que Nasanti haya podido llamar al 911, estoy empezando a sentir temor, la expresión en los rostros de los tipos que me atraparon no parecen vaticinar nada bueno. Tengo manos y pies atados, un tirro cubre mi boca, y apenas puedo escuchar una discusión a través de las paredes; pero el ruido de fondo de la maquinaria no me permite captar qué dicen exactamente. Estoy empezando a arrepentirme mucho de haber embarcado en semejante aventura por mi cuenta.

Han pasado ya 15 minutos y no ha ocurrido nada, ni siquiera han venido a interrogarme, y temo por Nasanti. Pienso que tal vez no se haya percatado de lo ocurrido, o que por el contrario se haya acercado para ayudarme y lo atraparon también. De repente, empiezo a percibir muchos ruidos junto con sirenas de policía o de ambulancias, el corazón se me acelera, empiezo a tratar de desatar las cuerdas; pero no puedo, solo alcanzo a tirarme al piso y comienzo a empujar con los pies para apilar objetos y equipos frente a la puerta y así evitar que puedan abrirla fácilmente; no dejaré que me utilicen como rehén. Ahora están tratando de abrirla; los hombres que me atraparon parecen enfurecidos, no pueden entrar y me amenazan con que será mucho peor para mí, sin embargo, resisto lo más que puedo. Milagrosamente, puedo ahora escuchar la voz de alto de la policía, no lo puedo creer, siento que nací de nuevo. Parece que los sometieron y tienen todo bajo control; ahora trato de despejar los obstáculos hasta que al fin logran abrir la puerta, entra la policía me desatan y me conducen rápidamente hacia el exterior.

Afuera están varias patrullas, Nasanti y Zahid se acercan inmediatamente hacia mí preocupados por mi salud. Zahid me da un fuerte abrazo dándome las gracias y en medio de la confusión y exaltación solo se me ocurre decir: No entiendo nada Zahid, por favor explícanos; pero en ese momento la policía y los paramédicos nos interrumpen y me conducen a una ambulancia por medidas de seguridad, y aun cuando opongo resistencia porque no tengo ninguna lesión sin embargo insisten y no hay nada que hacer, luego hablaremos de todo esto.

Apenas llegamos al hospital los paramédicos informan que no tengo lesión más allá del shock nervioso, y son muy amables en llamar un taxi para llevarme hasta la estación de policía. En el camino, caigo en cuenta que no tengo mi celular, quienes me maniataron seguramente lo tomaron, no logro recordar muy bien ese detalle.

Ya en la estación de policía, Nasanti me cuenta todo: que Zahid fue secuestrado bajo la amenaza de hacerle daño a varios miembros de su familia en el exterior, le dieron pruebas con fotografías enviadas por Skype en vivo mostrándole que sabían su ubicación y que tenían gente allá, que la amenaza era real. Lo obligaron a reconstruir nuestro trabajo en ese galpón, él tenía todos los detalles de cada aparato que instalamos y sabía cómo hacerlos funcionar, así que lo tuvieron retenido cerca de un mes medio trabajando día y noche. Los secuestradores tenían un jefe que era precisamente el agente Ethan Gagnon, en realidad era un nombre falso, y era la persona que casi no habló cuando nos visitaron en el laboratorio. El secuestro de Zahid se efectuó el día en que Habib lo encontró en la mezquita, cuando le dio la lámina hexagonal. Zahid cuenta que se le ocurrió utilizarla como mensaje para nosotros, ya que estaba acompañado de Ethan Gagnon y no podía avisar ni enviar mensajes de ningún tipo. Lo abordaron en su vehículo antes de entrar a la mezquita y lo único que le respetaron fue que ingresara adentro y terminara sus plegarias, de allí en adelante estuvo encerrado en ese galpón y bajo vigilancia constante.

Durante el tiempo de secuestro Zahid advirtió que solo uno de sus secuestradores tenía algún conocimiento técnico, pero no era suficiente, razón por la cual eran asesorados desde el exterior por gente bastante calificada ubicada en alguna locación muy remota.

Zahid comentó que solo faltaban unas piezas para terminar todo el trabajo; pero se las ingenió para convencer a sus secuestradores que solo él podía explicar a los técnicos de la empresa distribuidora la configuración técnica y calibración específica de las piezas necesarias para finalizar la instalación, y no pudieron rehusarse ya que estaban urgidos que concluyera todo el trabajo lo más pronto posible.

De manera que el viernes lo llevaron hasta la empresa distribuidora, lo primero que se le ocurrió a Zahid fue preparar y llevar una lámina hexagonal que fuese una réplica de la que nosotros conocíamos muy bien, y habiendo ya hablado con el vendedor de la distribuidora logró engañar a su custodio haciéndole ver que colocaba la dirección de Láser-1432 en un papel adosado a la lámina para que supuestamente enviaran todos materiales allí. Sin embargo, hábilmente no le mencionó nada de eso al vendedor, quién por conocerlo desde hace tanto tiempo entendió que debía enviarlo a la dirección de siempre.

La esperanza de Zahid es que entendiéramos el mensaje que había enviado y por partida triple, porque no solamente fueron las dos láminas hexagonales: la de Habib y la de la distribuidora, sino que también estando en el galpón en un momento de descuido de su captor marcó tu número de celular Simeón, y por esa razón recibiste esa llamada perdida. Zahid pensó: que aun cuando él no podía hablar ni dejar un mensaje, de esa manera se crearía una conexión entre la gente que lo tenía secuestrado y nosotros, y esa fue una gran idea de su parte.

Zahid es un tipo realmente inteligente, y creo que aparte de los rastros que nos dejó también nos ayudó mucho el hecho que su familia nos llamara desde el exterior para decirnos que no sabían nada de él, eso nos impulsó a investigar.

Pero, Nasanti:

¿Qué ocurrió con la familia de Zahid?

Todos están bien, inmediatamente se les alertó y ellos avisaron a la policía. Afortunadamente no tenían a ningún familiar secuestrado, era simplemente una amenaza; pero en la grabación de Skype aparecían las dos personas que lo amenazaban, y ya fueron ubicadas por los servicios de seguridad en ese país.

Zahid también contó que prolongó la construcción lo más que pudo, inclusive en algunas ocasiones solicitó materiales con características inadecuadas para que las pruebas fallaran y retardar el proceso; pero hubo momentos en que sus captores se pusieron muy violentos por su tardanza, y tuvo mucho temor por su propia vida.

Esto quiere decir Nasanti, que he recibido una gran lección acerca de la confianza y la amistad. Zahid estuvo arriesgando su vida todo este tiempo, y mientras tanto, hubo momentos en que llegué a dudar de él. En medio de la alegría que todo terminara muy bien, me siento realmente mal por eso; esto no lo olvidaré.

Gracias a Dios no hay nada que lamentar Simeón, es importante ahora saber quién está detrás de todo esto, y desde cuando nos espiaban. Eso se lo dejaremos a la policía ahora. Fuimos algo ingenuos en algunos aspectos de nuestro trabajo, quizás porque no pensábamos lograr algo tan importante. El resultado que hemos obtenido trae consecuencias y ahora sabemos que debemos estar preparados para cualquier cosa que se nos presente.

Así es Nasanti, ahora por favor vete a casa a descansar, lo necesitas al igual que yo, quizás esta noche celebremos un rato con Zahid para que nos cuente más detalles de su odisea, y mañana continuaré con el punto más importante de mi parte de la exposición, lo que encontramos más allá de la luz, la otra luz.

MÁS ALLÁ DE LA LUZ
LA OTRA LUZ

Ya estamos a mitad de semana, hoy miércoles en la madrugada partió nuestro amigo Zahid hacia el exterior al encuentro con su familia, pero antes logramos conversar con él, y fue una reunión muy emotiva donde recordamos todas nuestras aventuras y desventuras en este proyecto. Pudimos disfrutar de un rato muy agradable y nos reímos mucho, ahora nuestra amistad estaba consolidada para siempre, él es parte de todos nuestros logros y así se lo hicimos saber, su nombre estará en toda referencia que se haga a este trabajo. Más adelante, tendremos tiempo de averiguar que se esconde detrás de ese atentado del que fuimos objeto, pero ahora es imperativo continuar adelante sin más interrupciones.

Antoine se ocupa ahora de poner a funcionar la grabadora de video mientras Nasanti ayuda con los papeles, y continúo la narración el punto en que la dejé ayer:

¿A dónde va la luz?

¿A dónde va la energía?

Toda clase de especulaciones surgieron en su momento:

¿Acaso abrimos un portal hacia otra dimensión?

¿Un agujero negro para la luz, pero no para la materia?

¿Radiación desconocida que no podemos detectar?

¿Acaso el espacio dentro de la cavidad resonante sufrió alguna alteración?

Mucho tiempo nos ocuparon esas y otras preguntas. Mientras tanto empezamos a crear un nuevo glosario: bautizamos 'Punto de Fuga' al nivel de energía en que desaparece todo rastro de luz, un hermoso símil de lo que los artistas de la pintura acostumbran llamar: Línea o punto de Fuga. El punto donde convergen las líneas en el infinito, y para nosotros: el punto donde los fotones de muy alta frecuencia se desvanecen. Una pincelada de Dios, una pincelada de fuga Divina.

Por otro lado, al quedarse contemplando Antoine el haz que desaparece cuando se llega al Punto de Fuga, en algún momento exclamó:

!Es un Haz en Fuga!

y con ese nombre quedó bautizado el haz invisible.

Colocamos toda clase de dispositivos de medición dentro y fuera del equipo, y no había nada que nos indicara la causa de semejante fenómeno, nos sentíamos realmente agobiados y sobrepasados por la situación. Empezamos a tomar con más seriedad la posibilidad que el espacio dentro del equipo se hubiera visto alterado debido a las frecuencias resonantes y el nivel de energía, o que estuviéramos frente a algún efecto desconocido de la dinámica de ondas.

Luego de cada prueba, apagábamos el equipo, esperábamos cierto tiempo para reiniciar haciendo pasar un rayo de luz con bajo nivel de energía, y colocábamos sensores especiales esperando poder detectar algún efecto inusual en la luz producto de alguna alteración del espacio dentro de la cavidad resonante, pero nunca logramos observar nada irregular.

No encontrando respuesta alguna y quizás llevado por el nerviosismo y la desesperación por entender la causa de ese extraño fenómeno, de nuevo, fue el azar quién nos condujo a un descubrimiento todavía más sorprendente: En pleno funcionamiento del equipo cuando se había llegado al Punto de Fuga, y el rayo Láser-SN había desaparecido dentro de la cavidad resonante; torpemente en mi nerviosismo perdí el equilibrio y tropecé violentamente contra el equipo y desprendí la estructura de la cavidad resonante de la fuente de luz.

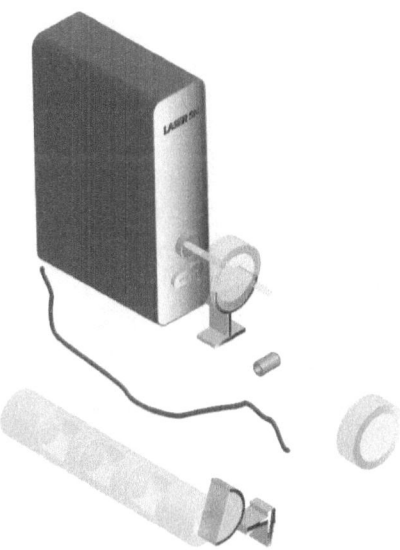

El equipo se rompió y cayó sobre la mesa, excepto el procesador y la fuente de luz que continuaban funcionando gracias a que estaban anclados a la mesa, y fue allí, gracias a esa obra de la casualidad que topamos con los que sería la develación más extraordinaria y sorprendente:

¡El Haz en Fuga permanecía allí¡

¡La otra luz ¡

La fuente seguía emanando luz, pero su haz simplemente desaparecía al pasar por la zona donde antes estaba la cavidad resonante del equipo, eso era algo inexplicable, algo ocurría ahora en ese espacio vacío.

¡El haz de luz desaparecía en el espacio donde antes estaba ubicada la cavidad resonante que destruí!

Inmediatamente, apagamos la fuente de luz, e hicimos pruebas con varias linternas que teníamos a mano, y comprobamos que la luz de ellas también desaparecía al pasar por esa área vacía, pero aparecía de nuevo al atravesarla, y seguía su curso proyectándose en la pared del laboratorio.

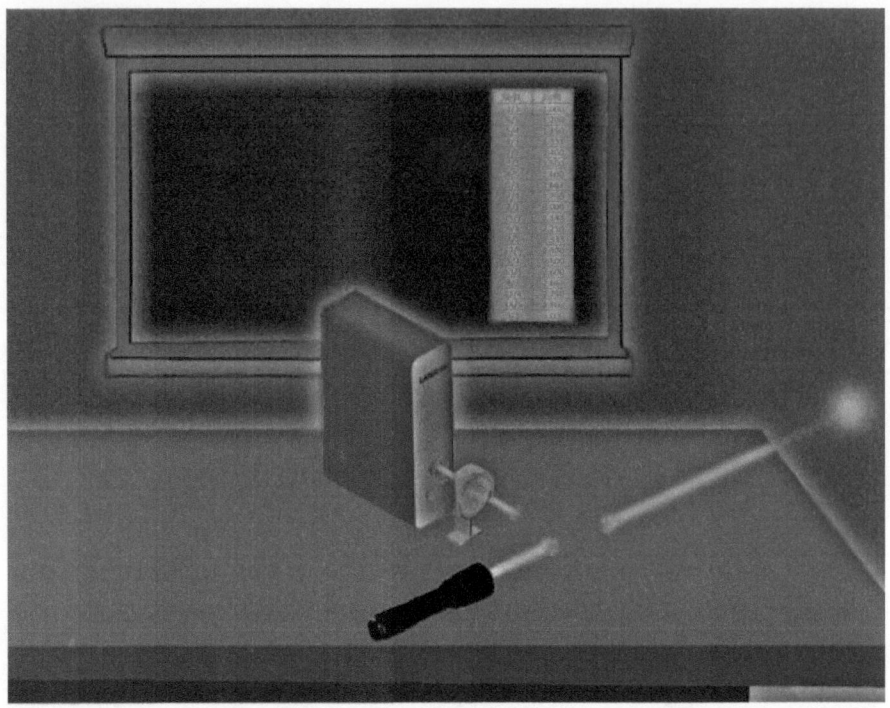

No quedaba duda alguna, la luz desaparece dentro del Haz en Fuga, pero sigue existiendo, porque al salir de allí se manifiesta de nuevo, sin ningún cambio:

¡Misterioso Haz en Fuga hacia la Nada, o al Infinito!

Era como si el espacio hubiese sido alterado, como si un interruptor apagara instantáneamente el brillo del haz de luz que emitía la fuente. Eso desafiaba todas las leyes conocidas de la física y nuestro sentido común.

Con la fuente de luz encendida, colocamos láminas-reflectantes transversales con sensores foto-eléctricos en la trayectoria del haz en fuga, pero los detectores no indicaban la presencia de energía lumínica. Y aun cuando sabíamos que debía estar allí, la luz simplemente no se manifestaba, sin importar el material o aparato que usáramos para intentar detectarla.

Pero si eso nos parecía sorprendente, tuvimos que parar durante un tiempo para reflexionar, frente a lo que atestiguamos a continuación: lo más desafiante ocurrió al percatarnos que el Haz en Fuga tiene un tiempo de vida, luego de ese tiempo todo vuelve a la normalidad, la luz proveniente de la fuente se hace visible de nuevo mientras atraviesa el área del Haz en Fuga.

Es el Haz en Fuga regresaba a su lugar de origen, como si el espacio se auto-reseteara a sí mismo y permitiera que todo regresara a la normalidad, a su lugar de origen.

Muchas otras preguntas nos aturdían ahora:

¿Por qué todo vuelve a la normalidad?

¿El espacio se auto-resetea?

¿Es acaso de una especie de virus lumínico o espacial?

El Haz en Fuga empezaba inclusive a causarnos cierto temor, y eso es normal, porque así reaccionamos siempre los humanos con todo aquello que no conocemos. Nasanti, Antoine y yo éramos los únicos que teníamos la suerte de presenciar semejante fenómeno; estoy seguro que de haber habido más personas se habría generado una histeria colectiva difícil de controlar.

Creo que la serenidad de Nasanti ayudó mucho a salvarnos del caos en ese momento, teníamos que afrontar ese acontecimiento solos, y no era fácil mantener la calma. Todo parecía desafiar la lógica, y para ese momento ya no me parecían tan descabellados los cuentos de Flatland y el Teseracto que tanto criticaba antes. Todo era ahora un conflicto existencial para mí.

Afortunadamente, disponíamos de varios equipos similares para realizar más pruebas inmediatamente.

El procedimiento está claro: Hacer funcionar el aparato, generar el láser-SN hasta el punto de fuga, se apaga y se remueve el aparato, y el haz en fuga debe quedar allí flotando en el espacio que antes ocupaba el rayo Láser-SN.

Colocamos toda suerte de objetos y sensores en el área de fuga:

Brújulas, péndulos, mecanismos, relojes, pero no observamos nada especial. Ningún material se veía afectado al ser colocado en el área del Haz en Fuga, tan solo la luz que desaparecía.

Y la pregunta original:

¿Hacia dónde va la energía? continuaba sin respuesta.

Logramos determinar que el lapso de permanencia del haz en fuga hasta el gradual regreso de la luz es de aproximadamente 31 horas, con alguna fracción adicional.

Aprovechamos entonces ese lapso de tiempo para colocar en el área de fuga varios cultivos especiales de células vegetales y animales en cápsulas de Pietri, y para nuestra sorpresa algo asombrosamente atemorizante ocurrió:

¡Las células morían y empezaban un muy lento proceso de desintegración!

Entonces comprendimos, que todo material colocado en esa área si resultaba afectado por ese fenómeno, pero el proceso llevaba su tiempo, y por lo tanto era necesario afinar con más precisión las observaciones.

Esto parecía una larga cadena de asombrosos misterios: Habíamos presenciado consecuencias del Haz en Fuga que eran muy atemorizantes, porque afectan la existencia, amenazan la vida.

A partir de allí iniciamos una infinidad de pruebas mucho mejor orientadas y con mayor nivel de protección y seguridad: comenzamos a estudiar el proceso de desintegración de las estructuras nanométricas de los materiales, y pudimos corroborar que todo material se veía afectado en mayor o menor grado, y en lapsos de tiempo variados. Sin embargo, no teníamos la menor idea de cuál sería la causa de esa afectación en la materia orgánica e inorgánica, la cual actuaba luego de largo tiempo después de haber apagado todo el equipo.

Era como si las leyes que rigen los enlaces de moleculares y atómicos simplemente dejaran de funcionar gradualmente al ser colocados en el Haz en Fuga, inclusive la ley de la gravedad, porque todo objeto colocado allí inexplicablemente flotaba.

Pareciera que algo le ordenara a la materia comportarse de otra manera en esa área. Y fue así, que nuestras investigaciones se centraron en esa dirección: analizar cómo desaparecían las conexiones o instrucciones más elementales a nivel molecular, el nivel de energía desprendido, y cuál podría ser la causa de todo ese proceso. Muchas veces la mejor manera de dilucidar cuál es la estructura de algo es mediante su destrucción controlada, y ese era el caso aquí.

Luego de muchísimas pruebas realizadas inclusive en condiciones de vacío, no había lugar a dudas: Ningún agente externo intervenía en esa inexplicable reacción, y para mayor sorpresa no había ninguna emisión de energía en ese desacoplamiento atómico. La única causa tenía entonces que provenir de la configuración del espacio mismo y sus propiedades, pero hasta ahora, y descartando el concepto de éter que fue rechazado por los relativistas especiales, las únicas propiedades conocidas del espacio, aparte de la permisividad y la permeabilidad usadas por Maxwell en sus ecuaciones:

1.- Recipiente de materia y energía

2.- Permite libre desplazamiento de materia y energía

3.- No se le conocen condiciones de frontera

La idea nos resultaba demasiado extraña a nosotros mismos, pero las evidencias eran contundentes. Eso nos impulsó a testear minuciosamente a nivel molecular y atómico la influencia que ejercían distintos puntos en el espacio en el desacoplamiento de propiedades y funciones de los átomos y moléculas. Un trabajo de muy alta precisión y rigurosidad que requirió una muy alta inversión de dinero en equipos, pero que finalmente nos ayudó a comprender la impactante verdad.

La causa que originaba todo este fenómeno reside en las instrucciones que el espacio mismo le imprime a cada cosa existente en nuestro mundo. Una especie de Código de Programación impreso en puntos del espacio que es captado por los átomos y moléculas, y el cual contiene las instrucciones necesarias para que la materia adopte las diversas manifestaciones y funciones que observamos en nuestro universo. Ese código espacial fue borrado temporalmente por el Láser-SN cuando su energía llega al Punto de Fuga. A partir de ese punto, el Láser-SN sigue estando allí, pero deja de ser visible ante nuestros ojos, porque el código de programación espacial que controla el comportamiento de la luz es borrado por el Láser-SN, y a partir de allí se comporta de acuerdo a otras leyes, y permanece así por un corto lapso luego que es desconectado el aparato.

Toda la materia existente es controlada por ese código colocado misteriosamente en cada punto del espacio, una matriz espacial de instrucciones que ocupa todo nuestro espacio, y la cual se regenera automáticamente luego de ser borrada, tal como lo hacen algunos virus en los circuitos digitales.

Todos los días de nuestras vidas, respiramos ese código, pero no sentimos su oxígeno, lo consumimos pero no lo saboreamos, lo olfateamos pero no sentimos su fragancia, lo tocamos pero no lo sentimos, lo vemos pero es transparente a nuestros ojos. Ya no nos quedaban dudas respecto a la causa del increíble fenómeno que se había descubierto ante nuestros ojos, ahora nuestra interrogante principal era:

¿Quién colocó esa red informática en cada punto del espacio, y cómo?

Porque para existir un código impreso en cada punto del espacio, debe existir también alguien que lo programó y lo colocó allí. Y siendo ese el caso, entonces el espacio ha servido en realidad como un enorme contenedor de información oculta codificada. Pero para buscar respuestas a nuestras preguntas, era necesario primero establecer y enunciar los primeros dos postulados de nuestra tesis basada en los datos experimentales obtenidos:

Primer Postulado

El espacio lleva impreso un código de programación que tiene la propiedad de auto-resetearse o regenerase cuando es borrado. Una manera de efectuar el borrado de ese código es mediante la emisión de rayos Láser-SN en niveles de altas frecuencias sincronizadas secuencialmente de acuerdo a las series numéricas del Tríplice. Ese código no solamente se reescribe, sino que también se clona en otros puntos del espacio, expandiéndose junto con nuestro pequeño universo.

A ese postulado siguen las preguntas:

¿Quién escribió ese código?

¿Cómo se pudo condensar semejante número de instrucciones de programación en un punto del espacio?

¿Cómo permanece ese código impreso en el espacio?

Sabíamos que no podríamos obtener respuestas a tantas interrogantes en tan corto tiempo, pero en resumen, pudimos comprobar que el código está entrelazado por un enlace de tipo electromagnético, aunque no lo podemos afirmar 100%, y conforma una matriz de puntos en el espacio cuya separación es de magnitud subatómica, son unidades de almacenamiento, una red conformada por tetraedros regulares. Esos tetraedros contienen una inmensa fuente de información de control, incontables subrutinas las cuales se conectan entre sí de muy diversas maneras. La forma de esos nano-receptáculos de información fue inferida de las observaciones que hicimos a partículas cuya destrucción se realizó de manera controlada, o mejor dicho desvanecidas de manera controlada por el efecto del haz en fuga.

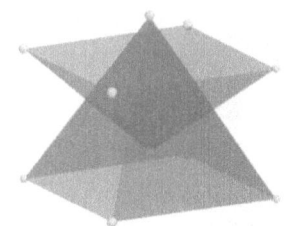

Desde el origen de nuestro mundo, las partículas de materia a nivel atómico y subatómico fueron configuradas para captar, cual antenas receptoras, todas las instrucciones del código impreso en esa gran matriz espacial de información.

El código configura la estructura particular de cada elemento de nuestro universo: Las formas, propiedades, patrones y todas las manifestaciones que observamos en nuestro mundo. Todo está adaptado y controlado por ese código, y cada átomo de nuestro mundo está equipado con los elementos receptores y transmisores requeridos para recibir y procesar las instrucciones. Basados en esta nueva revelación, enunciamos el segundo postulado o manifiesto:

Segundo Postulado

Todo está escrito en cada punto del espacio: Subrutinas captadas y procesadas por nuestros receptores atómicos en cada punto del espacio y en tiempo real; y a medida que esos receptores (antenas) acumulan información, crece su capacidad para captar información adicional más compleja, en una especie de evolución. De esa manera los átomos se organizan y adoptan las más diversas formas y manifestaciones. Los receptores a su vez, se adaptan, evolucionan con la información recibida, y conforman nuevas estructuras de recepción capaces de recibir y entender nuevos tipos de subrutinas, hasta el límite establecido por el código mismo para cada tipo de receptor.

Es así como se formó nuestro pequeño mundo particular, no

hay un Dios ante nosotros que controle todo lo que hacemos, estamos simplemente sujetos a un código de programación espacial, un código a nivel subatómico, el cual captamos porque nuestras partículas son receptores elementales que reciben las instrucciones de código, para posteriormente ejecutar el llamado a las subrutinas correspondientes. Son nuestras antenas atómicas originarias de captación y llamado a subrutinas.

Ante nuestros ojos, se devela el misterio de la física cuántica. Ahora podemos comprender el por qué no concordaban las leyes de la mecánica de Newton con el comportamiento los átomos. Y aún más maravilloso es el hecho, que ahora podemos dar respuesta a una de las preguntas más difíciles de responder:

¿Qué es la Gravedad?

La gravedad no es una fuerza, ni tampoco es la consecuencia de una perturbación del espacio: La gravedad es una instrucción impresa en cada punto del espacio, una línea de código escrito por alguien. Al colocar cualquier pequeño objeto dentro del espacio del haz en fuga, el objeto flota y no se ve afectado por lo que hasta ahora llamábamos la gravedad. No es necesario remarcar la utilidad que tendrá esto para el mundo:

¡Hemos vencido la gravedad¡

¡Ahora sabemos qué es la gravedad!

Pero eso no es todo, no podíamos dejar de pensar en el hecho que aun cuando el haz del láser desaparecía en el punto de fuga, sin embargo, el espacio del haz en fuga no era oscuro, ni impide ver lo que hay del otro lado, el haz en fuga es transparente, permite ver todo objeto que esté en el otro lado.

¿Cómo era eso posible?

La respuesta es que aunque la luz de nuestro mundo deja de existir como tal en el haz en fuga, sin embargo pasa a convertirse en la otra luz, la luz que existe en el mundo originario, el espacio donde no hay impreso ningún código, y mediante un mecanismo totalmente distinto al que conocemos, permite la visión.

Eso nos condujo, a colocar el rostro de una persona amiga e invidente en el espacio del haz en fuga, claro está, con su total consentimiento, explicándole el riesgo y las posibles consecuencias, que éramos ignorantes haciendo pruebas sin saber de qué se trataba todo esto. Sin embargo, gracias al cielo, nuestra intuición fue correcta:

!Aunque era ciega, esa persona pudo ver¡

Para ella eso era un milagro divino, pero nosotros ahora sabíamos que el mecanismo de esa otra luz no funciona como lo hace la luz que conocemos, la otra luz funciona directamente con nuestra mente y nuestra alma.

Habíamos llegado entonces a un terreno milagroso donde no sabíamos cómo contener nuestras emociones, y lamentábamos mucho que el haz en fuga durara poco tiempo, sin embargo, ella nos agradeció infinitamente la oportunidad de haber podido ver, y por supuesto frente a semejante milagro se puso a disposición para muchas otras pruebas más.

Ahora podemos probar que los relativistas especiales-generales solo divagaban en teorías totalmente erradas que jamás podrían ser probadas, aun contando con la solidaridad fanática y ciega de tantos académicos. Einstein creó una teoría a la cual algunos le otorgaron arbitrariamente la condición de verdad irrefutable, y manipularon experimentos para intentar darle veracidad y convencer a inversionistas sin conocimientos en el tema. Aunque siempre reitero, el problema no está en crear una teoría, lo perjudicial está en insistir en difundirla haciéndola aparecer a la fuerza como algo comprobado, aun sabiendo que solo es una teoría o ficción.

Ahora muchas preguntas sin respuesta saldrán a la luz, en lo filosófico, lo existencial, lo científico y lo religioso, y todo ha sido gracias a la otra luz, el Haz en Fuga.

Quienes intentaron hacer negocios con la ciencia sin importar la verdad, quedaran expuestos ante el mundo entero. Sabemos la responsabilidad y los riesgos a los que estaremos expuestos debido a esto, pero lo afrontamos con orgullo y sin temor.

Necesitábamos estar completamente seguros, no dejar cabos sueltos, y realizamos todo un sistema de pruebas con funciones básicas y elementales para esa malla espacial, dentro y fuera de la franja de fuga. Pudimos de esa manera descifrar y replicar una infinitésima parte de ese código impreso en el espacio, y lo hemos modelado en realidad virtual mediante los lenguajes de programación más avanzados, lo que nos permitió tener una imagen un poco más clara de lo que estábamos empezando a manejar, aunque estando muy lejos todavía de poder comprenderlo vagamente.

¡La Nada y el Infinito en un punto, eso lo que hallamos!

Un punto del espacio conteniendo una cantidad infinita de información, receptáculo de todas las leyes de la vida, la materia y la energía.

¡La otra luz, vibrando con las armonías del aulos!

¡El Tríplice!

La respuesta a la pregunta:

¿A dónde va la energía? era ahora evidente.

La energía deja de existir temporalmente en nuestro pequeño universo, pero pasa a funcionar de una manera muy distinta, como lo hace en el universo originario.

Hemos abierto una ventana al verdadero universo originario, al universo del desarollador del código.

Lo que queda en el espacio cuando el código es borrado es el Universo Originario, el Espacio sin Código, el espacio donde todo se originó, el espacio donde fue creado nuestro pequeño universo preprogramado.

La energía que da movimiento a las cosas en nuestro pequeño universo no es más que una secuencia de instrucciones de un código fuente de programación, y cuando ese código es borrado como lo hicimos utilizando el Láser-SN entonces sus propiedades, efectos y consecuencias simplemente dejan de existir temporalmente en nuestro mundo, y pasan a ser otros sus efectos y propiedades en el espacio originario.

El verdadero espacio, el espacio originario, la Nada y el Infinito, el verdadero espacio original, y alguien que escribió ese código, alguien al que podríamos llamar: Dios. Y es que ese código fue escrito, comprimido y colocado allí por algo o alguien, es imposible que esté allí por azar, un libro de instrucciones requiere que alguien lo planifique y lo imprima.

Y todo esto converge hacia una paradoja sin precedentes para los adoradores de la tecnología, para los residentes de Silicon Valley, para todos aquellos que se han sentido cada día más alejados de cualquier concepto relacionado con la existencia de un Dios, debido al progreso acelerado de la tecnología.

Ahora encontrarán frente a sus ojos, la huella indiscutible de un muy hábil desarrollador de código de programación con rango Universal, un desarrollador 'Nivel Dios', como lo llamarían los fanáticos de videojuegos.

Lo más curioso y fácil de advertir es que ese código impreso en esa matriz de puntos, se mueve con nosotros en el espacio, así es, porque todo Haz en Fuga que hemos creado en nuestros experimentos nunca se aleja ni se acerca a nosotros, entonces eso quiere decir que se mueve en conjunto con la tierra a través del espacio. Y así la otra luz abre otro nuevo camino para el entendimiento de las observaciones de los astrónomos respecto al desplazamiento de las galaxias y la famosa teoría del Big Bang, y además, este es sin dudas el fin del camino para las fantásticas historias de los relativistas especiales.

Y cuando pienso que todo esto se originó con la intervención de secuencias numéricas que de alguna manera están relacionadas con el aulos de aquellas civilizaciones tan antiguas, me vino a la mente de nuevo el programa de televisión que me movilizó finalmente a usar la secuencia del Tríplice, porque allí relataban muchos aspectos interesantes de la mitología que los más antiguos griegos crearon, y eso me motivó a plantearle a Nasanti algunas imaginativas ideas como las siguientes:

¿Acaso el efecto que hemos observado con el láser, tendrá otras formas de manifestarse, ya conocidas por los antiguos, quienes aprendieron a manejarlas y controlarlas?

La mitología griega nos dice que Atenea inventó el Aulos: ¿Acaso será qué con el poder del conocimiento de la generación del Número, algunos de los primeros atenienses se convirtieron en semi-dioses, pero luego entraron en conflicto entre ellos mismos por no saber manejar todo el poder que encontraron, y finalmente se perdió todo ese conocimiento, y pasó convertirse en una mitología que mantuvo movilizada esa cultura por siglos?

Quizás todas esas reflexiones que hacía Nicómaco de Gerasa en su Manual de Armónicos (100 D.C.) acerca de la relación entre la música y el ordenamiento del universo con la armonía de las esferas, tenía profundas raíces en conocimientos insospechados que manejaron sus antepasados.

Es difícil no dejar volar la imaginación, y es lógico querer verla volar especialmente frente a lo que estamos presenciando.

Resumiendo, podemos entonces intuir que en el comienzo solo existían el Infinito y la Nada en constante conflicto. El Cero y el Infinito, imagen del Número:

$$0/1 \quad 1/0$$

extremos contrapuestos en forma y función, y al mismo tiempo en necesidad absoluta de conexión mutua, de cuyos inteligibles e infinitos nexos podía surgir todo el conocimiento para crear, destruir, desarrollar, para dar vida o quitarla.

Sin embargo, esos nexos no existían al inicio, solo existían la Nada y el Infinito en contraposición total, en permanente conflicto, explosión sin principio ni fin. Lo que el Infinito instantáneamente construía, la Nada lo desvanecía; pero al mismo tiempo lo que la Nada desaparecía el Infinito lo construía, todo era tinieblas, todo oscuridad absoluta.

Entre esos extremos, en medio de esa oscuridad, solo existía la Necesidad de existencia, la necesidad de un nexo, de una unión. Y de esa Necesidad surgió el Gran Desarrollador, que ahora llamamos Dios.

De ese nexo racional, de esa unión, de esa adición entre las formas del Infinito 1/0 y la Nada 0/1 surgió la unidad entre ellos, como en la secuencia de todos los números racionales de Brocot:

$$0/1 \qquad\qquad\qquad 1/0$$
$$(1+1)/(0+1) = 1/1$$
$$0/1 \qquad 1/1 \qquad 0/1$$

Y esa Unidad, esa necesidad de nexo, esa necesidad de adición, todo eso, era Dios mismo.

Y de similares nexos, de similares uniones racionales, entre la Unidad y ambos extremos de la antítesis, de la Media Racional: Unidad-Infinito, y de la Media Racional: Unidad-Cero, surgieron otros entes inteligibles, otras magnitudes racionales.

Seguramente tanto Brocot como Farey jamás sospecharon que esas estructuras aritméticas en las que trabajaron y les causó tanta curiosidad, podían tener un significado tan profundo en la cosmología, pero ocurre qué en los detalles más simples está siempre la clave.

$$\frac{0}{1} \quad \frac{1}{0}$$

$$\frac{0}{1} \quad \frac{1}{1} \quad \frac{1}{0}$$

$$\frac{0}{1} \quad \frac{1}{2} \quad \frac{1}{1} \quad \frac{2}{1} \quad \frac{1}{0}$$

$$\frac{0}{1} \quad \frac{1}{3} \quad \frac{1}{2} \quad \frac{2}{3} \quad \frac{1}{1} \quad \frac{3}{2} \quad \frac{2}{1} \quad \frac{3}{1} \quad \frac{1}{0}$$

$$\frac{0}{1} \quad \frac{1}{4} \quad \frac{1}{3} \quad \frac{2}{5} \quad \frac{1}{2} \quad \frac{3}{5} \quad \frac{2}{3} \quad \frac{3}{4} \quad \frac{1}{1} \quad \frac{4}{3} \quad \frac{3}{2} \quad \frac{5}{3} \quad \frac{2}{1} \quad \frac{5}{2} \quad \frac{3}{1} \quad \frac{4}{1} \quad \frac{1}{0}$$

Como lo dijo el reconocido filósofo matemático Charles Sanders Peirce (Collected papers, Hardvard U. Press, 1933, Vol. IV, art. 681, p. 580) cuando intentaba demostrar el orden numerable del conjunto de los números racionales, y desarrolló las mismas secuencias de Brocot para ese fin, y expresó su admiración por la operación Media Racional, aunque no mencionó ningún nombre:

> "...It is because [of] this form of relation of rational consequence that numbers are of such stupendous importance in reasoning. But the highest and last lesson which the numbers whisper in our ears is that of the supremacy of the forms of relation for which their tawdry outside is the mere shell of the casket..."

Sorprendente declaración de tan famoso filósofo ante tan sencilla (en apariencia) operación aritmética.

De la unión mediante esa elemental operación, surgían entonces todas las cosas: de la Unidad surgió primero la luz, y así Dios podía ahora crear un infinito número de cosas en infinitos lugares, con tan solo utilizar ese nexo, esa elemental adición racional. Y el Número como manifestación primera de la cantidad tenía infinitas formas, así como las cuerdas lanzan al aire variedad de acordes consonantes, así como las flores reparten distintos aromas, así era el jardín originario de la Cantidad cultivado por el Desarrollador Supremo.

Y ese Desarrollador disfrutaba manejar todas esas formas y manifestaciones, como el niño que siente la exaltación y felicidad de estar vivo, como el ave que juega con el aire, y de esa manera surgió al tiempo de la creación: tiempo que cual mágico y eterno péndulo oscilaba ahora en medio de la serenidad entre el infinito y la Nada, marcando el ritmo de las armonías del universo, como música celestial en total armonía numérica. Ese compás, ese tiempo, le permitía ahora percibir los celestiales y consonantes acordes musicales que producían sus inimaginables creaciones, ondulante océano de armonías dispuesto a ser explorado.

Eran creaciones nunca comparadas con el mundo que conocemos los humanos y con nada que pudiéramos imaginar ahora: El universo originario; y claro, llegó el momento en que Dios ya no deseaba crear por crear, deseaba que ellos se crearan por sí mismos, sin su intervención, así que escribió un código celestial con infinitos comandos de programación, con infinitos nexos, y trató de concentrarlo en un punto del espacio, para que desde ese punto pudieran surgir nuevos mundos fractales insospechados para él mismo, era la nueva semilla en su jardín.

Aún para el mismo Desarrollador Supremo el intentar concentrar ese código en un punto, el infinito y la Nada en un punto, era una tarea prácticamente imposible, y aunque el infinito y la nada podían ser conectados por él mediante nexos, parecía imposible lograr que el Infinito y la Nada cohabitaran permanentemente en un mismo punto, pero Dios deseaba intentarlo, y al hacerlo:

!La explosión fue de magnitud universal!

Todas sus creaciones salieron expelidas alejándose de aquel punto, incluyendo al Gran Desarrollador, el Gran Artesano del Big-Bang.

Y nos expandimos con infinita violencia, y Dios fue arrojado a los cofines más alejados del Infinito y la Nada. Y se alejó de nosotros, de nuestro pequeño universo programado con sus nexos y su código, nuestro pequeño universo formado por galaxias, nebulosas y sistemas planetarios; y ahora permanecemos a la deriva, navegando a través del universo originario en una carrera sin tiempo como resultado de esa explosión.

Sí, a la deriva, sin rumbo en esta nube codificada que habitamos, nuestra nave, que se comporta de acuerdo al código que el gran desarrollador escribió.

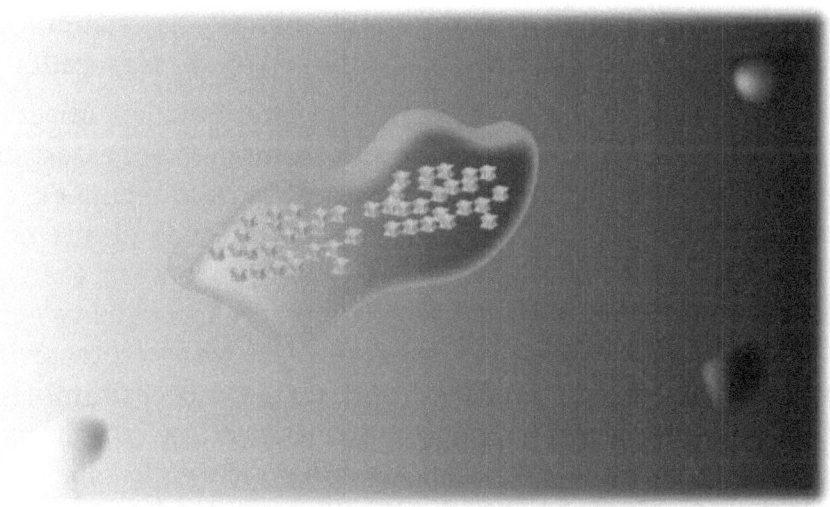

Eso es lo que somos, y así estamos, abandonados y sin rumbo, controlados por un código impreso en nuestra pequeña nave, y ahora intentando lanzar un grito al universo imaginario, y desconocemos cuántos otros mundos similares al nuestro estarán también a la deriva acompañándonos a la distancia en esta travesía.

De nuestras observaciones con el haz en fuga, podemos afirmar que los mundos que el desarrollador supremo creó en el universo originario no funcionan con código programable como lo hace nuestro universo, no hay matriz de puntos con código, las cosas simplemente funcionan de manera pura porque Él creó sus nexos para que funcionaran de la manera en que lo hacen, no requieren de instrucciones paso a paso, y pueden ocurrir varios eventos al mismo tiempo y en el mismo espacio.

Es algo casi imposible de comprender para nuestras mentes, sin embargo, ahora somos privilegiados al poder tener una muy pequeña ventana abierta para intentar entender lo que realmente somos y de dónde venimos, porque hacia dónde vamos ahora no lo sabemos.

Lamentablemente, o afortunadamente, es difícil decidir eso, el desarrollador intentó y erró, esa fue su gran aventura, quería plantar una semilla cósmica y ver su cosecha crecer por sí sola, pero la semilla se expandió violentamente y se esparció más allá del infinito. Y nosotros solo somos restos de esa semilla.

Pero intuimos, que ahora él debe estar intentando reconectarse de nuevo con el Infinito y la Nada, con sus creaciones, establecer nuevos nexos entre ellos, y por sobre todo recuperar este pequeño universo codificado que extravió, y en el que nosotros solo somos náufragos, esa es nuestra esperanza. Creo que sí, que el desarrollador quiere encontrarnos, porque tenemos un código maravilloso que no le será fácil volver a reescribir. Nos necesita, y quizás más que lo nosotros lo necesitamos a él, Dios tiene una necesidad imperiosa de conectarse con nosotros, necesita saber dónde estamos, posiblemente no lo sepa aún, o quizás sí. Es probable que la humanidad logre verlo en un futuro lejano, o quizás mañana, si es que este pequeño universo logra sobrevivir en este largo viaje a la deriva.

¿Sobrevivirá nuestro ADN?

Nuestro ADN no es más que un grupo de comandos de llamados a subrutinas impresas en los puntos del espacio. Saber eso, nos permite ahora tener acceso al código de todo lo que vive en nuestro mundo. Un descubrimiento que marcará un hito en la historia de la humanidad, ya que podremos manejar los interruptores para apagar o prender cualquier función genética.

Conociéndonos a la deriva en el universo y sin contacto con Dios por ahora, el control total del ADN por lo menos nos permitirá intentar sobrevivir y permanecer en este largo viaje por el espacio, y quizás podamos ser nosotros mismos quienes contactemos a Dios desde este lugar dónde fuimos arrojados.

Por ir tras las huellas de la Luz, la otra Luz, logramos encontrar este nuevo camino al conocimiento, una ventana al universo originario. Podemos decir entonces, que la otra Luz nos brindó el control de nuestro deambular, y tenía que ser así, porque fue la Luz originaria el instrumento que utilizó Dios para escribir su código de programación, para escribir la Vida.

En el universo originario la Luz que no es controlada por ningún código, fue creada para iluminarlo todo, para estar en todas partes, para permitir ver, no existen lentes de aumento para esa luz, ella es martillo y cincel celestial que le permite al desarrollador escribir su código de creación.

¿Será posible entonces que la otra Luz, la Luz Originaria, nos permita ir tras la huella del Gran Desarrollador para finalmente conectarnos con él?

TRAS LA HUELLA DEL GRAN DESARROLLADOR

Bajo esta nueva perspectiva, bajo este nuevo esquema universal, ya nada será igual, ya no existirán barreras para el conocimiento de nuestro mundo. Ahora no tendré qué escuchar lo que afirme cualquier erudito acerca de su interpretación de los resultados de un experimento sobre la Teoría de la Relatividad General. Ahora no tendré que aceptar especulaciones como las de FlatLand ni el Teseracto, ahora no tendré que depositar mi Fe en las argumentaciones de ningún experto, tal como lo hacían los primitivos sumerios con sus sacerdotes y dioses. Se respiran aires de libertad y autodeterminación, porque ahora ningún grupo de expertos agrupados en consorcio, podrá utilizar el poder del caos y la relatividad para convertirse en los únicos podeedores de la luz al final del túnel.

!Ahora todos tendremos el control!

Y así seguramente podremos emprender la verdadera búsqueda de Dios. De hecho, si encontramos la manera de enviar señales utilizando el haz en fuga; entonces, es posible que podamos obtener respuesta desde algún lugar más allá de nuestro universo, desde el universo originario.

La luz originaria es instantánea, no tiene velocidad, y si logramos sacar un haz de nuestro universo y llegar al universo imaginario quizás podamos contactar al desarrollador instantáneamente.

Claro, al mismo tiempo que intentemos eso, tendremos que organizar equipos para la valoración de todas las incontables aplicaciones que esta nueva herramienta nos ofrece para nuestro mundo. Es una enorme empresa la que se inicia ahora, pero no para ganar dinero ni un puesto en el status-quo, sino para el bien de la humanidad, y para contactar a Dios por primera vez, y no con oraciones falsas. Sé que tendremos como enemigos a muchos religiosos, pero nada importa ya, la nueva era ha comenzado.

A primera vista parecía muy difícil el envío de señales al espacio originario, no tanto por el hecho que abrir un Haz en fuga hacia el espacio infinito en una sola dirección es como encontrar una aguja en un pajar, sino por la elección del tipo de señales que deberían ser enviadas por esa vía, y la mayor preocupación: ¿En cuánto tiempo llegarían? Porque eso dependería entonces exclusivamente del verdadero tamaño del universo en que viajamos, y no tenemos ese dato. Durante una etapa el haz viajaría a la velocidad de la luz de nuestro universo, pero al salir de él su llegada sería instantánea.

Una vez que se apaga el aparato y se suspende la energía en el punto de fuga, el Haz en Fuga tiene un tiempo bastante limitado de permanencia, de hecho, inicialmente determinamos que el tiempo de permanencia del Haz en Fuga era de 31 horas, pero al afinar nuestra precisión en la determinación de ese tiempo, curiosamente nos encontramos con que con bastante aproximación era en realidad Diez veces el número Pi en horas.

Respecto al tipo de señales a enviar, serían emisiones secuenciales a intervalos que seguirían secuencias matemáticas como las secuencias del Tríplice, Brocot, Farey, Fibonacci, secuencias armónicas, aritméticas, etc.

Asumiendo que Dios al ser arrojado por la explosión del Big Bang se encuentra perdido en cualquier lugar, entonces no podemos saber hacia dónde direccionar el haz en fuga, pero si en el espacio originario la luz es absoluta, no tiene velocidad porque ocupa todo el espacio instantáneamente, entonces no tendremos problema, porque al salir de nuestro pequeño universo, llegará hasta donde se encuentre el gran desarrollador.

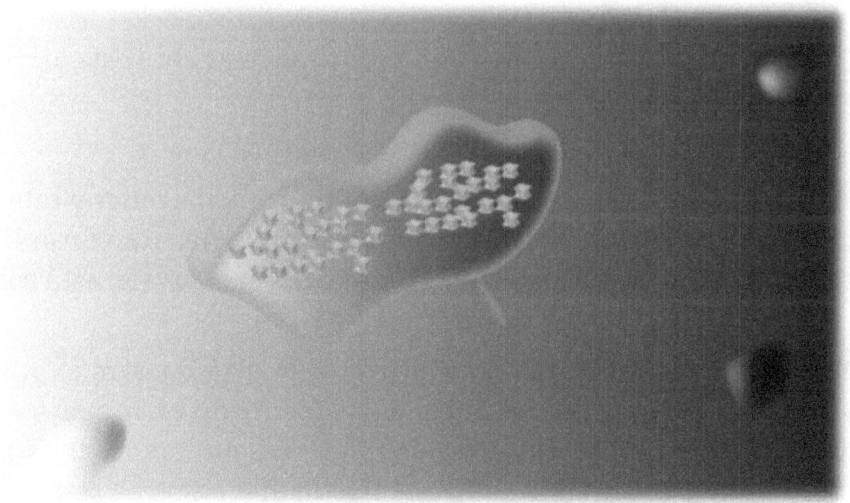

A muchos podrá parecerles absurda esa tarea y verán como una insensata pérdida de tiempo esa búsqueda de Dios, y no faltará quien asegure que ese código no es una obra de Dios, sino que es un virus informático insertado en un área del Universo por quién sabe qué fenómeno azaroso o por alguna civilización intergaláctica, y que nuestros esfuerzos se deberían orientar más bien a conocer ese virus para eliminarlo. Por otro lado, otros fanáticos asegurarán que no se trata de un virus, sino de un antivirus que nos protege, y del cual depende nuestra existencia, y que por lo tanto estamos poniendo en peligro a la humanidad.

Otros lo verán como una nueva esperanza que se abre ante sus ojos, una ventana a la otra Luz, la verdadera Luz; pero lo más importante es que así no fuese cierto que Dios fue afectado por ese Big Bang, estoy seguro que dondequiera que se encuentre ahora, valorará nuestro gesto de intentar contactarlo, como un acto de Fe, una señal de consideración, un conmovedor gesto de la humanidad, y convicción de su existencia. Es por eso, que sin importar la fanática y despiadada oposición o críticas que encontremos, siempre preferiremos ir tras la huella del desarrollador originario, y no tras el fantasma de alguna civilización, o de algún virus.

Esa es la propuesta final que vinimos a mostrar ante esta atenta y tan variada audiencia.

!Listo Antoine!, aquí concluye la exposición.

Por favor ya puedes empezar a ensamblar las imágenes y tablas de los experimentos en las láminas, la cuales deberán estar listas sin falta para el viernes a más tardar. La exposición está pautada para el próximo día domingo.

Pudimos al fin terminar de armar lo que será nuestra exposición ante tan variada audiencia proveniente de varios países, y aunque algunos académicos y religiosos seguramente mostrarán indignación, no hay duda que irremediablemente se avocarán al estudio de este fenómeno sin precedentes. Esperamos con ansias el día domingo, en el aire se puede percibir el grado de ansiedad, y estoy seguro que igual le debe ocurrir ahora a Zahid dónde quiera que esté en este momento.

Listo para volver a casa, me despido de todos, ya seguiré mañana afinando los últimos detalles.

Anoche descansé plenamente, hoy ya es día jueves, son las 8:30 AM y he decidido quedarme en casa. Tengo muchas cosas que hacer, y no quiero interrumpir el trabajo de Antoine en la oficina, él también tiene muchas tareas que realizar, ya me llamará si tiene algún problema.

Luego de desayunar, suena el teléfono; pero no es Antoine, es Nasanti y me informa que el abogado está muy extrañado, ya que por órdenes superiores le quitaron todo acceso al expediente en el caso de los secuestradores de Zahid, los detenidos fueron trasladados no se sabe a dónde, nadie sabe nada. Me explica además que el caso quedó paralizado y nadie sabe dónde está el expediente, lo que ha ocurrido no tiene explicación alguna, es una eventualidad inaudita.

Esperemos tranquilos Nasanti, no nos ocupemos ahora de eso, tenemos demasiado qué hacer y eso podría contrariar todos nuestros planes para la exposición. Ya veremos la próxima semana. Y así lo acordamos, hoy nada interrumpirá nuestra actividad. Hoy pasaré el día trabajando, mañana veremos.

Es día viernes ya, me apresto a salir a la oficina para ver los detalles finales de lo realizado por Antoine. Al salir de mi casa y empezar a avanzar con mi vehículo, dos camionetas Cadillac negras trancan mi salida, de ellas se bajan 6 personas vestidas con trajes oscuros y me piden autoritariamente acompañarlos. Intento gritar fuertemente para avisar a mi familia en la casa, pero ya mi esposa había salido y varios de ellos la toman del brazo. No hay alternativa, esta gente parecen funcionarios del gobierno. Nos transportan a todos en un vehículo, no podemos ver el camino, hemos estado rodando algo más de una hora. Llegamos a una especie de hangar con una pequeña pista para aviones, a la fuerza hemos ingresado en un pequeño jet y luego de cierto tiempo de vuelo hemos llegado a otra pequeña pista en un sitio desértico, no tenemos idea de dónde nos encontramos. Aunque trato de tranquilizar a mi esposa y a mi hijo, todos estamos realmente asustados, y no importó lo que insistimos no obteníamos ninguna respuesta, simplemente nos aseguraban que no nos ocurriría nada malo, que mantuviéramos la calma, que asistiríamos a una importante reunión en ese sitio.

Fue muy rápido el viaje desde esa pista hasta unas instalaciones subterráneas escondidas en unas montañas cercanas, donde esperamos en una habitación lujosa y espaciosa durante aproximadamente 2 horas, hasta que nos llevaron a una sala de videoconferencias, donde tenían una gran pantalla con conexión vía satélite en la cual podíamos ver personas cuyos rostros no reconocíamos, algunos de aspecto ruso o de Europa del este, no podría decirlo con seguridad. Para nuestra sorpresa, se abrió otra puerta de la sala, y entraron Zahid acompañado de Nasanti y su familia, y todos nos quedamos petrificados de la impresión.

Para este momento, ya he logrado entender lo que ocurre, ya no necesitan explicarme nada, esa será nuestra morada por mucho tiempo, y nadie sabrá de nosotros hasta que decidan liberarnos y obtengan lo que desean. No puedo creer que todas nuestras ingenuas expectativas terminen de esta manera, y quien sabe qué objetivos tendrá esta gente. Evidentemente no supimos manejar todo lo que enfrentábamos.

Muy estimado lector, sin juramento me podrás creer que esta narración la terminé de escribir hace largo tiempo, el 3 de marzo del año 2030, recién ahora he agregado esta última parte al texto, como mensaje de auxilio que te hago llegar a tí, pienso que ahora ellos ya no sospecharán porque ya lo habían revisado muy bien, y no creo que vayan a hacerlo de nuevo.

Ya ha transcurrido mucho tiempo desde que nos secuestraron contra nuestra voluntad en estas instalaciones, y algo me dice que estaremos por años. Sé que han ocurrido muchas cosas en el mundo en nuestra ausencia y probablemente te agobien problemas, pero ahora eres más que un lector para mí y para el mundo. Apreciado amigo, aparte de otros mensajes cortos de auxilio que he logrado filtrar entre la basura y las cloacas de este recinto, y de los cuales no tengo idea el destino que hayan tenido, este escrito en especial lo he protegido en una angosta cajita de plástico sellada, su aspecto exterior lo configuré intencionalmente para hacerlo aparecer como parte de los desechos, y lo he colocado entre la basura, con la esperanza que no sea detectado por nuestros captores. Espero que este texto logre salir al exterior de estas instalaciones, para que mediante algún milagro sea recogido algún día por ti. Nunca lo intenté de esta manera, mis amigos me han ayudado, si me descubren ahora será nuestro fin, pero ya no vemos otra alternativa, es necesario que se conozca la historia completa, que la otra luz sea revelada.

Amigo lector, todo ocurrió tal como lo he narrado y ten presente que la intención es que sea difundido por el mundo entero, el que lo hayas encontrado y leído hasta el final es prueba fehaciente que la humanidad si logrará encontrar finalmente al desarrollador, y que el camino a seguir es el que hemos propuesto. Ahora sabemos que fuimos atrapados por el servicio secreto ruso quienes estuvieron espiándonos todo el tiempo en territorio canadiense. Los rusos descubrieron nuestro trabajo por pura casualidad, cuando realizaban otras labores relacionadas con su plan de control de Latinoamérica y Europa mediante el financiamiento de sistemas de gobierno que generen caos social y económico, y que les permitan posteriormente tomar control total de naciones y regiones continentales completas.

Se apropiaron de nuestro trabajo, y su único interés es utilizarlo como arma de control mundial. No están interesados en ayudar a la humanidad, hemos intentado sabotear sus pruebas de la manera más inteligente posible, pero no es fácil, los técnicos rusos han ideado modificaciones y otras posibles aplicaciones que nunca habíamos imaginado y las cuales están especialmente dirigidas al área militar. El mundo está en un gran peligro ahora, como nunca antes lo estuvo.

Ya nos queda muy poco tiempo, cada día están más cerca de lograr lo que desean. Creo que nos han inyectado substancias en más de una ocasión para sacarnos información, pero no les ha resultado conmigo, algo sucede con mi sangre y mi resistencia física y mental, no sé si será por causa de los experimentos que he realizado exponiéndome en muchas oportunidades al haz en fuga. De cualquier modo, la única esperanza que nos queda es que la información contenida en este texto llegue a buen destino, y sea leída y difundida por ese lector a quien desde ahora bendigo y considero mi amigo. Que las armonías del aulos y el Tríplice alcancen todos los confines de la tierra, que la verdad sea difundida, que todas las almas buenas puedan ver la otra luz.

Apreciado lector, tú eres la esperanza, tú que por azar del destino has encontrado este mensaje permítete a ti mismo poder mirar la otra luz y conocer al Gran Desarrollador, ten Fe, y por favor difunde estas palabras al mundo entero.

www.ingramcontent.com/pod-product-compliance
Lightning Source LLC
Chambersburg PA
CBHW031611210526
45464CB00004B/1529